易中天 ……………… 著

谈美随笔

ON
AESTHETICS

浙江文艺出版社
Zhejiang Literature & Art Publishing House

果麦文化 出品

目 录

第一卷 谈美随笔 — 001

第一章 理性的狡计 — 003

第二章 赋质料以生命 — 010

第三章 化瞬间为永恒 — 018

第四章 改变生活的艺术 — 026

第五章 走下楼梯的裸体者 — 033

第二卷 美学论文 — 041

第一章 重新寻找文艺学体系的逻辑起点 — 043

第二章 艺术实践性论纲 — 052

第三章 中国美学史的内在逻辑与历史环节 — 063

第四章 艺术分类新说 — 074

084 — 第五章
中国艺术精神的美学构成

094 — 第六章
中国戏曲艺术的美学特征

106 — 第七章
论艺术学的学科体系

115 — 第八章
论艺术标准

125 — 第九章
走向"后实践美学",还是走向"新实践美学"

134 — 第十章
从"前艺术"到"后艺术"

145 — 第十一章
论审美的发生

155 — **第三卷**
《文心雕龙》美学思想论稿

157 — 序

162 — 上篇
自然之道

163 — 第一章
时代骄子

180 — 第二章
自然之道

第三章
文学的特质　　　— 189

**中篇
神理之数**　　　— 203

第四章
神思之理　　　— 204

第五章
性情之数　　　— 225

**下篇
雅丽之文**　　　— 241

第六章
真善美原则　　　— 242

第七章
风骨与体势　　　— 254

第八章
中和之美　　　— 270

简短的结论　　　— 287

后记　　　— 290

第一卷

谈美随笔

第一章
理性的狡计

〖一〗

如果你也曾离乡背井，如果你也曾外出谋生，如果你也曾只身一人乘坐夜行的列车在无边的黑暗中穿行，却突然发现远处的天边有一片灯火，哪怕只是一间茅舍，一盏孤灯，你也会被深深地触动。也许，还会情不自禁地流下泪来。

有灯火的地方必有建筑。

有建筑的地方必有人家。

"万家灯火"四个字，凝聚了人类丰富的情感，浓缩了人类漫长的历史。

人类原本是没有建筑的。他们也没有灯火。每当夜幕降临，初萌的人类只能蜷缩在洞穴里，像夜行的人一样，为无边的黑暗所包围，不知那漫漫长夜何时才是尽头。

伴随着黑暗的是恐惧。

黑暗对于人而言，无论如何都是一个恐怖的事实。就连现代人，也不能完全摆脱对黑暗的畏惧。因为黑暗首先意味着死亡。人死了以后，都要闭上眼睛；而一旦闭上眼睛，眼前就是一片黑暗。当然，闭上眼睛也可能是睡眠。但睡眠总在黑夜，死亡不过是长眠。这就很容易使人把黑暗与死亡联系起来。黑暗中的事物是看不见的。人死后，他的灵魂我们也看不见。因此，鬼魂一定生活在黑暗之中，黑暗的王国即等于鬼魂的世界。所以，在多数民族的神话和宗教中，阴间和地狱都是黑色的，鬼魂也只有在晚上才出来活动，因为鬼魂只有在黑暗中才安全。然而对于鬼魂是安全的，对于人来说就不一定安全，甚至一定不安全。不安全的东西当然只能让人感到恐惧。

黑暗不但意味着死亡，也意味着神秘。神秘的原因是不可知。这不仅因为我们在黑暗中看不见任何东西，还因为黑暗本身深不可测。一盏灯能照多远，这是清清楚楚的。灯火之外的黑暗却没有界限，没有边际。这就让人心里没底，而"不知底细"最让人不安。黑帮、黑幕、黑道、黑手党、黑社会、黑名单之所以恐怖，就因为"黑"。黑，就无从把握；黑，就防不胜防。

黑暗不但恐怖，而且有一种无形的力量。任何强大有力的东西，比如虎豹豺狼，一旦走进黑暗，就立即被消解、溶化、失去轮廓，无影无踪，就像盐溶入水一样。这就不能不让人怀疑，我们如果也走进黑暗，还能再回到现实中来吗？这可没有谱。

黑暗，岂能不恐怖！

〖二〗

同样，遥远也是恐怖的。

遥远往往与黑暗、死亡联系在一起。黑暗是从哪里来的？是从遥远的天边来的。每天晚上，天，总是先从远处黑下来。下雨之前，乌云也总是从遥远的天边压过来。这样，人们就会想象黑暗王国其实就在遥远的地方。那遥远的地方同时也就是死神的住处。亲人们死去以后不再回来，就因为他们走得太远。遥远，是不是即意味着死亡？

事实上，在原始人的心目中，空间的遥远和时间的遥远是同一个概念。因为一个人要走得很远，就必须走得久。同样，一个人如果走得很久，那他也一定走得很远。那些去世很久的人，他们的灵魂一定到了遥远的地方，再也回不来了。因此，只有对那些刚去世的人才能招魂，因为他们走得还不太远。

遥远和黑暗一样，也是不可测量的。有谁能说出遥远有多远呢？一个人，无论他走多远，也无论他走多久，哪怕走到最远的地方，遥远依然是遥远。遥远甚至比黑暗还要恐怖。黑暗虽然天天降临，却也天天离去，遥远却永远是遥远。

不过，遥远虽然远在天边，却又近在眼前，因为它与每个人身边的世界都连成一体，没有界限。这样一来，人就无论在观念上还是在现实中，都被不可知的神秘所包围。原始人不用多高的智力就知道：就数量而言，死人总是比活人多；就时间而言，过去总是比现在长；就空间而言，未知领域总是比已知领域广阔。更可怕的是，人虽然不能到达遥远，死亡却随时随地都能从遥远的地方突然来到自己面前。这实在太恐怖了。

于是，人就产生了一个念头、一种渴望，要用一种实实在在的，一种看得见、摸得着、靠得住的方式，也就是说，用一种物质手段，把自己与黑暗、遥远、死亡隔离开来，并在这隔离中求得安全。

这个手段就是建筑。

〖三〗

目前我们所能知道的最早的建筑物，是1960年在非洲坦桑尼亚的奥杜威峡谷（Olduvai Gorge）发现的。它的建造者，可能是生活在旧石器时代早期的"能人"，距今已有约一百七十五万年的历史。然而，人类这"最早的建筑物"又是何等的不起眼啊！它不是圣殿，不是庙堂，不是宏伟华丽的楼宇，也不是温馨舒适的住所，而只不过是一堵墙，一堵松散的、粗糙的、用熔岩块堆砌而成的围墙。

不要小看这堵墙，它的意义是极为深远和不同寻常的。

首先，有了墙，人就有了安全感。因为墙的功能，首先是阻挡和遮蔽——遮自己，挡别人。遮住自己，别人就不会发现；挡住别人，自己就不受侵害。事实上，从奥杜威峡谷的围墙，到许多原始民族都有的"风篱"，人类最早的建筑物都不过是些"挡风的墙"。墙既然能挡住风沙和烈日，想必也能挡住死亡和灾难，挡住野兽、鬼怪和精灵。俗话说，为人不做亏心事，半夜不怕鬼敲门。鬼要敲门，说明门墙之于鬼怪，多少也能抵挡一阵子。所以，人们一旦有了危险，便会习惯性地躲在墙后，把门关紧。

这当然不过是"自欺欺人"。因为世界上没有不透风的墙，也没有攻不破的门。但有墙总比没有好，它至少可以部分地抵挡侵害，延缓危机。何况人本来就是需要自欺的，而墙却是一种实实在在的物质形式。它能让人确信，死亡、黑暗、遥远，都确确实实被阻隔在外面了。你看，关起门来，点起灯来，一墙之隔，不是黑暗与光明的两个世界吗？既然连黑暗和遥远都能阻隔，还有什么是不可抵挡的呢？所以，人类永远都不会放弃墙，甚至建设万里长城。事实上，几乎每个墙的建设者都坚信，他所建造的营垒是铜墙铁壁。只有这样，人们才能放心地活着，不至于因对黑暗、遥远、死亡、鬼魂的过度恐惧而被吓死。

〖四〗

墙的建立，使人有了安全感，也使人有了隐私权，因为隐私的前提是遮蔽。没有墙，藏点东西都不可能，又哪来的隐私权？也就只能"暴露在光天化日之下"。但是，人类一旦在自己与自然之间建立起一堵墙（比如奥杜威峡谷的围墙），他就把二者隔离开来、区分开了——墙内是"人"，墙外是"非人"。如果不同的家庭、族群之间，也建筑起墙（比如许多民族都有的风篱、帐篷），人们又把自己与其他家庭、族群区分隔离开来——墙内是"我们"，墙外是"他们"。最后，当人类为每个个体都建筑了一堵"墙"时，个体与个体也有了隔离和区分——墙内是"我"，墙外是"他"。

这种仅属个人的"墙"，就是服装。

服装和墙一样，其基本功能也是遮蔽——遮羞、蔽体、御寒、防晒。人类发明服装，起先无疑是为了保护身体不受伤害。比方说，不被风雨抽打、野兽咬伤。建筑的发明也一样。但是，当一件东西被特别地包裹起来时，也就意味着它是不可公开的。不可公开的就是"隐"；不可公开的那个"我"，就是"隐私"。人类首先是面对自然包裹自己，用建筑、用墙建立起"人的隐私"；然后是面对其他家庭和族群包裹自己，用建筑、用墙建立起"族的隐私"；最后是面对他人包裹自己，用服装建立起纯属个人的、真正意义上的隐私——"个人的隐私"。因此，对墙，对建筑和服装的尊重，就是对人的尊重，对隐私权的尊重，比如不能私入民宅，不能强迫别人脱衣服。相反，一个人，如果被关进四面透空的牢笼，或者被当众剥下衣服，也就意味着他不被当作人看，意味着他被剥夺了隐私权甚至人权。

人权天然地包括隐私权，因为它仅为人所需、人所有。动物没有隐私权，所以动物不穿衣服，也不盖房子。动物也打洞、筑巢，但那是为了栖身，不是为了隐私。隐私与栖身是不同的。栖身是生理需要，隐私是心理需求；栖身是为了保护身体，隐私是为了保护心灵。动物既然不知隐私为何物，也就没有道德感，没有羞耻心。它们不会盛装打扮自己，以示对他人的尊重，反倒会满不在乎地随地大小便，在光天化日之下交媾。动物的一切都是公开的。所以，动物没有墙，也不需要墙。

于是，墙，建筑，服装，就成了人之为人的证明。

〖五〗

但凡能够证明人是人的东西，也就同时是背叛上帝的"罪证"。想当年，上帝在伊甸园里，既没有查看树上的果子，也没有审问亚当和夏娃，只是一眼看见他们用无花果叶子遮住了身体，就什么都明白了。

因为遮蔽的同时也是显示，这就叫"欲盖弥彰"。

事实上，当人类用建筑和服装遮蔽自己时，他同时也在显示，显示自己与上帝（自然）分庭抗礼的意志和决心。在这场较量中，人一开始就显得颇有心计。他用来对付上帝的东西，石头也好，木材也好，都原本属于上帝，属于自然界。但被人拾起后，转手之间，就成了对付上帝的武器。正如黑格尔所说，这样一来"人就使自然界反对自然界本身"（《历史哲学讲演录》）。这难道不是一种"理性的狡计"？

不过，人类在玩弄这一"狡计"时，一开始还是小心翼翼的。他不过是在自然界中间"加进另外一些自然界的对象"。这就是发明和制造工具。这种不起眼的做法虽足以"使自然界反对自然界本身",但总体上说,人并未对自然界造成什么"伤害",他自己也不曾想到要有什么"背离"。他仍然生活在大自然的怀抱里,与自然融为一体,用自然的物质去换取自然的物质。即便有些小小的"破坏",那也只是小规模、试探性和微不足道的。自然界并不会被颠覆,反倒会有些被挠痒痒的快感。

然而,建筑一出现,事情就大不相同。建筑与工具的区别在于:工具的作用是中介性的,它使人与自然保持着联系;建筑的作用则是隔离性的,它把人与自然区分开来。一个人或一群人,一旦拥有或建造了这种隔断,便意味着有了不容侵犯和不可进入的"独立性"和"自主性",意味着墙内的空间是仅属自己的"小天地"。

这就等于和上帝(自然)翻脸。

更何况,墙这个东西,本身就意味着空间的分割。当一堵墙在大地上建立起来时,就意味着人从自然身上"撕"开了一个口子。如果它还围成了一个圈子,一个封闭体,那就更是非同一般。因为这意味着人从自然身上"啃"下一块来了。一个由墙构成的封闭体就是一块仅为人所有的领地。人的领地越多,自然的领地就越少;人的领地越庞大,自然的领地就越是支离破碎。墙,岂止仅仅是墙而已!

〖六〗

建筑的意义在于墙,这就是说,建筑的意义首先在于空间的分割。

建筑,无疑是最具有空间性的艺术门类。它不但占有空间,而且分割空间;不但拥有外部空间,而且拥有内部空间。这正是建筑的特性,是建筑与工艺、雕塑等三维空间艺术相区别的紧要之处。

其实,占有空间并不难,难的是分割空间。任何一个东西、一种存在物,人或者动物,哪怕一块石头、一棵树,都会占有空间。但无论是人,还是动物、石头、树,都不能分割空间。能够分割空间的只有建筑。这就使建筑较之其他艺术有一种天然的优越性,也使得其他仅仅占有空间的艺术必须另想办法做文章。舞蹈的办法,是化空间为时间；雕塑的出路，则是赋质料以生命。雕塑把那些没有生命的东西，泥土、木材、石头、金属，都变成了有灵性的活物；舞蹈则把人体占有的无意义的空间，变成了有节奏、有韵律、有生命感的流动的"场"。至于工艺品，干脆放弃了在空间上的任何努力，谦卑地尽可能地缩小它占有的空间，以供人们观赏和把玩。

建筑却无意于此。

建筑是人类分割空间最伟大的尝试，而这个尝试又无疑是成功了的。在这一点上，建筑的意义倒是和工具相一致，即它们都是在试图打破自然的圆融性。工具的制造是从敲破河卵石开始的。河卵石被敲破以后，就成了一柄手斧。当一块河卵石被一个原始人敲破时，自然的圆融性也就被打破了。建筑则无非是把整个自然界当作了一块河卵石，然后一块一块地敲下石片。只不过，建筑的动作更大，力度更大，对自然圆融性的破坏也更大。

自然的圆融性，就是"上帝的尺度"；打破自然的圆融性，则意味着要建立"人的尺度"。实际上，建筑是"人的本质力量对象化"的最鲜明最突出的表现。没有什么能比建筑更足以展示人的力量了。所以黑格尔说建筑是"心灵凝神观照它绝对对象的适当场所"，是"心灵的绝对对象"。建筑对人类审美意识的影响是巨大而深远的。不但世界各民族在各个历史时期的艺术成就都必然表现在建筑上，而且，建筑的风格还往往成为一个时期艺术风格的代名词（比如"哥特式"），因为建筑是"人的尺度"。

建筑是"人的尺度"，建筑也是"人的确证"。建筑以其庞大的体积和经久的时间证明着人是人。实际上，一座座城市和一幢幢楼房，无非是一个个大写的"人"字。即便是旧时茅店、寻常巷陌、深山庐居，也如此。"七八个星天外，两三点雨山前""稻花香里说丰年，听取蛙声一片"，不也让我们感动吗？

这是一种深刻而久远的情感。

我们很愿意把这种情感称作"家园之感"。

---

*本文系为魏毅东著《A空间：关于建筑》一书撰写的导言

第二章
赋质料以生命

〖一〗

在太平洋南部海域的复活节岛上，伫立着一群神秘的巨石人像。这些巨大的半身人像，平均高约四米，重达十余吨，由整块的巨石凿刻而成，长耳朵，短前额，大鼻子，形态怪异，表情严肃，令人望而生畏。它们头顶蓝天，面对大海，成排成列地伫立着，默默无言地静观潮涨潮落，云卷云舒，度过了千百年的岁月。

这是一些古老的雕塑作品。

雕塑无疑是最古老的艺术样式之一。到现在为止，人类发现的最早的史前艺术品都是雕塑。当然，这并不能证明雕塑的出现比其他艺术都早——某些艺术（如音乐、舞蹈）不可能留下考古学的遗迹，另一些艺术（如工艺、建筑）的发生时间又不好界定。雕塑，只不过比它们更幸运一些而已。

在这些古老的艺术门类中，雕塑有可能最接近上帝的手艺。按照《圣经·旧约·创世记》的说法，上帝创造世界一共用了六天。第一天，上帝说要有光，就有了光，有了昼夜。第二天，上帝说要有空气，就有了空气，有了天地。第三天，第四天，第五天，上帝继续发号施令，让大地隆起，天体运行，草木滋生，鸟兽繁衍。于是百川归海，百物兴盛，百花齐放，百鸟齐鸣。上帝创造这一切，都只动口，不动手。这时的他，很像一个诗人，一个文学家。

但在第六天，上帝却动起手来。他亲自动手，仿照自己的形象创造了人。于是，上帝——如果真有上帝的话，就成了世界上第一个手艺人，第一个雕塑家。

事实上，所有的雕塑家都有点像上帝。或者说，他们的创造都有点像上帝创世第六天的工作。第一，他们都要亲自动手。第二，他们都要使用实实在在的物质材料。第三，他们都赋予无生命的无机物以生命。如果说有什么不同，那也只是雕塑家的手艺更好，能耐更大，创造力更强。他们不但玩泥巴，也使用其他物质材料——木材、石头、金属和塑料。他们不但造人，也创造其他形象——动物、植物，还有一些看不出和说不上是什么的东西。

雕塑家，岂非也是世界的创造者？

〖二〗

神的创造力其实是属于人的。

人类的儿童几乎天生就是雕塑家。一个小男孩（女孩也一样），只要手上有了一把刻刀，便会无法按捺地要在墙上、地上、桌子上刻刻划划，雕雕琢琢。同样，几乎所有的孩子都喜欢玩泥巴、堆沙子、捏面团。只要有这样的机会，他们差不多都会立即放下手中的工作，或中止正在进行的游戏，拿着泥巴或面团大玩起来。

那么，我们儿童的这种"天性"是从哪里来的呢？猴子没有这种兴趣，大猩猩和黑猩猩也没有。因此它是人类独有的，是我们的远古祖先在制作石器和陶器时培养出来的，现在又成了我们的"文化无意识"。其实，在最广泛的意义上，一块经过雕琢的石头或木头，一块经过捏塑的面团或泥团，也都可以说是"雕塑"。因为它们都被"雕"过、"塑"过了。所谓"雕塑"，无非就是雕与塑。因此，捏泥巴就是原始的"泥塑"，造工具就是最早的"石雕"。雕塑艺术很可能就是从捏泥巴和造工具那里演变过来的。

事实上，许多经过了雕琢和打磨的工具，都明显地具有雕塑的特征；而当我们的原始工匠在细心地雕琢和打磨一件石木工具时，他们便已开始具备雕塑家的某些素质。这就使雕塑与工艺有着不解之缘。实际上，最现代的雕塑作品，比如亨利·摩尔或者文楼的作品，就差不多是非常现代的工艺产品。它们是一些在工厂、作坊或工作室里，用机械或非机械手段加工过的金属或石木材料，一些无可名状的几何或非几何形体。如果艺术家不给它们命名或加以解释，那么，我们在观赏它们时，其心情也许会和原始人观赏一块加工打磨得特别好的石头或木头时的感受不相上下。

这种心情是一种确证感，是对人类改造和创造世界的成就和能力的认同和欣赏，因此它是能够给人以快感的。只要看看儿童雕刻木头或玩泥沙、玩面团时的聚精会神和津津有味，就不难证明这一点。由此我们可以推论，我们的远古祖先在制作石器和陶器的时候，也曾有过这种快感。正是这种快感，使他们在做完了实用的工具和器皿以后，在有闲暇和余力的时候，也想雕刻或捏塑一点别的什么。我们的儿童在大人们蒸馒头包饺子时，不是总喜欢讨一小块面团来玩，并把它捏成小猪或者兔子吗？原始人也一样。

于是，雕塑作为一种独立的形态，一种艺术样式，就从劳动中产生出来了。

〖三〗

然而雕塑一出现，就不同凡响。

即便是史前的原始雕塑家，他们要做的也几乎就是上帝的工作——造物造人。目前发现的最早的圆雕作品，是1840年在法国布鲁尼柯（Bruniquel）地区出土的雕刻在驯鹿角上的跃马。它是旧石器时代马格德林时期的作品，距今少说也有近两万年的历史。目前发现的最早的浮雕作品，则是在法国洛塞尔出土的雕刻在石灰石上的"持角杯的少女"，又称"洛塞尔的维纳斯"（Venus of Laussel）。它产生于旧石器时代奥瑞纳时期，距今约两万五千年，比那匹跃马出现得还早。以后出现的雕塑作品，也基本上都是人的形象。雕塑，从它诞生的那一天起，就似乎要和上帝平分秋色，比试高低。

事实上，即便在史前时代之后，塑造人的形象，也一直是雕塑艺术的偏爱和嗜好。除古埃及人喜爱塑造一些半人半兽的形象（如著名的狮身人面像）外，从古希腊、古罗马到文艺复兴，再到罗丹和亨利·摩尔，人的形象一直是雕塑艺术最重要的主题，尽管亨利·摩尔塑造的人已大多"不成人样"。雕塑史上那些艺术珍品，如希腊雕塑《米洛斯的维纳斯》《持矛者》《掷铁饼者》《拉奥孔》，米开朗琪罗的《大卫》《昼》《夜》《晨》《暮》，贝尼尼的《阿波罗和达芙妮》，罗丹的《思想者》《夏娃》《浪子》《吻》《永恒的偶像》《三个影子》，布尔德尔的《弯弓的赫拉克勒斯》，马约尔的《河》等等，都是人的形象。如果我们把这些精品一一开列出来，相信那一定是一个长长的名单。

我们知道，艺术题材的选择并不是一件偶然的事情。如此之多的雕塑家不约而同地都去"造人"，人的形象独霸雕塑史如此之久，便不免让人猜测其中有什么奥秘。要知道，从打磨工具到雕刻人形，从捏塑陶器到塑造人体，其间的距离真不可以道里计。那么，以人为主题的雕塑，是怎样砰然一声就出现了呢？为什么雕塑一出现，就要以人为主题呢？

我们很想问个究竟。

〖四〗

事情还得从头说起。

如果我们承认，捏泥巴就是原始的"泥塑"，造工具就是最早的"石雕"，那么，当一个原始工匠将一块砾石经过敲击、砍削、打磨，做成了一把手斧时，事情发生了什么变化呢？砾石的质料是没有变的。石头还是石头，变了的只是那块石头的形式。从前，它是圆的。现在，它变成了一头尖一头圆。尖的那头可以用来切割，圆的这头则用作把手。但是，这一前一后虽然只是变了个样子，性质却不可同日而语。从前那块石头，只是自然界俯拾即是、一文不值的东西。现在这块石头，却是弥足珍贵的人的创造物。在它上面，刻下了人类改造世界、创造世界的烙印。这就等于说，一件东西的形式如果发生了变化，它的性质也可能会随之改变。比如那个原始工匠只不过改变了砾石的形式，却使它成了另一种东西。

人类改造世界的伟大实践活动正是从改变世界的样子开始的，而工具的创造也就是形式的创造。手斧之所以是手斧，不在质料（石头），只在形式（斧形）。这个形式是自然界没有的，是人赋予这块石头的，是人独有的创造物。于是，在手斧的制造过程中，人就证明了自己是形式的赋予者。

人既然是形式的赋予者，则赋质料以形式，就必然会成为人的一种"天性"。儿童之所以爱玩沙子、泥巴、面团，就因为他有这样一种"赋质料以形式"的冲动。沙子、泥巴和面团的可塑性极强，要赋予它们形式，比石头是便当多了。当然，沙子、泥巴和面团做成的东西并不牢靠，容易毁坏，但这样又能提供更多的机会。唯其如此，那些完全出于形式创造的冲动、不带任何功利目的的儿童，玩起来才得心应手，乐此不疲。他们甚至会亲手"破坏"自己的"作品"，把已然成形的"泥塑"或"面塑"揉碎弄扁，推倒重来。这就有点像行为艺术——目的不在结果，而在过程。

原始人类想必也有这样的冲动，而自然界有的是现成的材料，可供他们大显身手。柔韧的柳条和芦苇可以编筐编席，柔软的黏土揉搓起来简直妙不可言，再把它们烧制成陶器则又有了一种新的形式。但是野心勃勃的人类显然并不满足于这点小小的成就，他们还要和上帝比试手艺。是啊，既然我们能把一块石头"雕"成手斧，为什么不能"雕"成别的什么呢？既然我们能把一团黏土"塑"成陶罐，为什么不能"塑"成别的什么呢？事实上，原始工匠们正是这样做的。甘肃临洮马家窑出土的一件陶器就做成了水禽形，山东大汶口出土的一件陶器则做成了家禽形，此外还有鸮鼎、狗鬲、人头形器口陶瓶等。这些工艺品，其实已半是工艺半是雕塑了。也就是说，从工艺到雕塑，也只有一步之遥。

〖五〗

当我们的原始工匠把一件陶器做成了动物或人的形状时，他就实际上已经把自己的工作大大地提升了一格，因为他不但是"赋质料以形式"，而且是"赋形式以生命"了。

生命是物质运动的最高形式，而人则是生命的最高形式。如果说宇宙间当真有神的话，那么，这应该就是神的目的。所以，雕塑家做的，便正是神的工作。正因为现实中的雕塑家是这样做的，想象中的神想当然也会这样去做。从这个意义上讲，雕塑家就是人间的神，神则是天国的雕塑家。他们都有一种不但"赋质料以形式"，而且"赋形式以生命"的冲动。也许，正是这样一种冲动，才使人的形象在相当长的一个时期内，成了雕塑的主题。

不过，人间的神（雕塑家）创造起人来，可不像天国的雕塑家（神）那样"不费吹灰之力"。事实上，他们要做的工作，不是"吹灰"，而是"凿石"，即要在一块浑然无形的石头中，"开凿"出人的形象来。这真是谈何容易！所以，当人间的神（雕塑家）开始用石头造人时，他是力不从心的。他只能用线雕和浮雕的办法来表达他的意愿（比如"洛塞尔的维纳斯"就是一件四十五厘米高、雕刻在石灰石上的浅浮雕作品）。在严格的意义上，线雕很难说是雕塑还是绘画，浮雕则明显地有了"去粗取精，去伪存真"的意义。最具有"雕塑性"的还是圆雕，只有圆雕才是雕塑的成熟形式。圆雕的工作就是"去掉多余的"，它在事实上意味着人已在区分两类不同的物质——去掉的是多余的、没用的、无生命的，留下的则是有用和有生命的。这无疑表现出很高的精神性。

如果说"雕"是"去伪存真"，那么，"塑"就是"无中生有"。一团泥土在被雕塑家加工改造之前，不过是些泥土罢了。所谓"不过是些泥土"，也可以说什么都不是，因此是"无"。但是，当它被雕塑家有意识地捏塑以后，就成了一件可以叫得出名字、可以被辨认和区分的东西，因此是"有"。不要小看命名、辨认和区分。在原始时代，只有那些具有独立生命（灵魂）的东西，才值得命名，也才需要区分和辨认。因为灵魂是单个的、独立的，也是有自己名字的。叫魂，就是呼喊灵魂的名字。甚至一块石头，如果有名字，也意味着它被看作有灵魂的生命体，必须像对待生命一样去对待。雕塑家手中的这块泥团既然有了名字，这就说明它有了生命，而雕塑家也就这样地成了生命的赋予者。

〖六〗

　　雕塑就是这样赋质料以形式，又赋形式以生命，所以雕塑就是"赋质料以生命"。尽管雕塑使用的，仍是无机的物质材料；又尽管史前的雕塑作品，大多体积小巧、形态朴拙、工艺粗糙。比如那些"史前的维纳斯"，一般只有一个拳头大小，且像拳头一样紧缩着，似乎并未有能力展开自己的四肢，也并未有能力显示自己的表情。然而，正是这些既不高大，也不完美，简单朴实，近乎可笑的小型雕像，却"以其肥胖、成熟而且有力的形态，显示了宏伟的纪念碑式的气度"（肯拜尔等《世界雕塑史》）。因为她们不是别的，正是人类创造出来的最早的"无机生命体"。在史前民族眼里，她们都是有生命有灵性的活物。

　　从这个遥远而伟大的时代开始，雕塑一直把创造无机的生命看作自己的历史使命。在此后漫长的岁月，雕塑一直在塑造各种人像、神像和动物形象。直到现代，这个传统才被打破。抽象的几何或非几何形体替代人、神、动物和植物，成了雕塑的主题。因为在这时，人的生命力已经强大到可以对一切物质形态进行审美观照了。人甚至不必把它们看作生命体，也能从中获得生命的体验。生命已不必是一个个活生生的生命体，而首先是一种抽象的运动形式。对于雕塑作品来说，要紧的已不再是看起来像什么，而是能不能从中体验到生命的韵律、节奏和意味。

　　与此同时，动感雕塑也应运而生。动感雕塑的形象，大多是抽象和半抽象的，但又都是活动的。而且，这种活动，大多带有偶然随意性和无规则性。结果，它们比静态的人物或动物形象更"活"，更有生命情趣。也就是说，在这类雕塑作品里，生命已不是或不仅仅是形态，更是情趣和情调。生命在这里，已由一般形式转化为形式感。

　　这正是人类审美能力的进步，也是艺术的进步。如果说，工艺的意义在于"赋质料以形式"，史前雕塑和古典雕塑的意义在于"赋形式以生命"，那么，现代雕塑的意义则在于"赋生命以情调"。从原始工艺中脱颖而出的雕塑，就这样造福于人类和人类的环境。它以其鲜明而强烈的生命感，使人类的生存环境变成了一个充满灵性和情趣的生命空间。

让我们触摸雕塑。

*本文系为郭勇健著《永恒的偶像：关于雕塑》一书撰写的导言

第三章
化瞬间为永恒

〖一〗

  1879年夏，一个名叫马塞利诺·特·索特乌拉的业余化石收集者，带着他四岁的小女儿玛丽亚，再次来到西班牙北部一个叫作桑坦德的地方，希望能在那里找到点什么。三年前，他在那里是发现了一些动物骨骼和燧石工具的。年幼的玛丽亚对父亲的工作一无所知，也不感兴趣，便径自爬进了一个低矮的洞口。忽然，索特乌拉听到了女儿惊恐的叫声。原来，当玛丽亚因洞中黑暗而点燃了一支蜡烛时，却意外地看见有一只公牛的眼睛在直瞪瞪地看着她。于是，随着这个小女孩的一声尖叫，举世闻名的史前艺术遗址——阿尔塔米拉（Altamira）洞穴壁画就这样被发现了。

  此后一百年间，相继又有拉斯科（Lascaux）洞穴等一系列史前艺术遗址重见天日。这类史前艺术遗址在欧洲大陆发现了一百多处，为人们展现了一个充满神秘色彩和蛮荒气息的久被遗忘的世界。它们被千万年的时间掩埋在人迹罕至的荒山野岭之中，沉默了一个又一个世纪，现在却似乎要开口说话了。但是我们不知道它们要说什么，也不知道它们能说什么，只能目瞪口呆地看着那些直瞪瞪望着我们的眼睛。

  的确，这是一个奇迹。

  奇迹的创造者是一些克罗马农人。他们生活在距今两万至四万年前的远古时代，生存条件极为艰难。那时，北半球大部分地区都覆盖着茫茫冰雪，欧洲和非洲的不冻区则由苔原和无树的草原组成。成群的长毛象、野牛、驯鹿和野马在那里漫游，人类除了一些简单粗糙的石器工具以外几乎一无所有。然而，尽管赤手空拳，尽管朝不保夕，尽管谁也不知道"明天的早饭在哪里"，他们创造的艺术作品却令人叹为观止。

就说阿尔塔米拉。

阿尔塔米拉洞穴堪称"史前的卢浮宫"。在这个约二百七十米长的洞穴里，布满了动物形象的彩画和线雕。画在顶部的那幅大型作品，画有十五头野牛、三只野猪、三只母鹿、两匹马和一只狼。这些形象栩栩如生，形神兼备，比例、透视和细节无可挑剔。十五头野牛或卧或走，各尽其妙。其中一只受伤的野牛，四足卧地而双角挺前，双目怒视，表现出原始生灵的野性与活力。其艺术水平之高，让许多受过专业训练的画家都自愧不如。

这就让人大惑不解了。是啊，三四万年前那些食不果腹衣不蔽体，连生存都成问题的史前原始人类，为什么竟能创造出这样惊人的艺术作品，他们又为什么要创造这些艺术品呢？

〖二〗

原始民族是人类的儿童，绘画则是儿童的"天性"。

几乎所有的儿童都喜欢画画。一个儿童，只要得到了一支铅笔或粉笔，几乎立即就会在纸上、墙上或地上乱画起来。原始人大概也如此。他们的"绘画"一开始很可能是不经意的、无意识的，只不过漫无目的地用树枝在沙地上刻画，或者用手指蘸着泥浆在岩壁上涂画。后来，才想到让这些线条或团块看起来像某种图形，比方说，像一个人，或者像某个动物。也有人认为原始人画人和动物，是因为他们对影子产生了好奇心。有人就曾看见一只猩猩用手指勾画自己映在墙上的影子。我们知道，猩猩是森林古猿的远房亲戚。猩猩的这一业余爱好，古猿想必也有。于是，当古猿变成人以后，他们当中那些特别喜欢勾画影子的机灵鬼儿，就摇身一变成了画家。

但，事情绝没有这么简单。

我们现在是可以轻而易举地把一件艺术品看作是现实中的某个人或物了。比方说，我们可以说齐白石画的是"虾"，罗丹雕塑的是"人"。而且，我们还知道那人的名字叫巴尔扎克。实际上，谁都知道罗丹的《巴尔扎克》并不是巴尔扎克，齐白石的《虾》也不是虾。罗丹的《巴尔扎克》是静态的，齐白石的《虾》则不但是静止的，而且是平面的。把一个三维立体的静态形象看作是活生生的人和物，已属不易。把一个二维平面的静态形象看作是它的生活原型，就更困难。许多心理学家都指出，对现代人而言不过是瞬间直觉的东西，其实是复杂的心理现象和意识状态，其间有一系列复杂的符号换算过程，只不过我们感觉不到罢了。这就好比一个看惯了电影的人，无论银幕上出现什么镜头都不会大惊小怪。但是，当一个人的头部特写第一次在电影中出现时，几乎所有的观众都从座位上跳了起来——这个人怎么没有身子？同样，要让一个原始人承认一条画的鱼就是生活中的鱼，也并不容易。比如一只猫，就决不会对画中的鱼发生兴趣。它只会把它当作一个陌生的、与己无关的东西去看待，或者把它当作一块普通的布去抓挠。

事实上，所谓绘画，无非是一些色彩和线条。然而对写实性绘画的欣赏，却又要求不把它们看作色彩和线条，而要看作是野牛、羚羊、猛犸象或别的什么东西。先要把明明是某种东西的东西看作"不是"（比如明明是线条色彩却不看作线条色彩），继而还要把明明不是某种东西的东西看作"就是"（比如明明不是野牛却偏要看作野牛），如此"颠倒是非"，难道很容易吗？当我们指着一幅画说这是鱼、这是虾、这是螃蟹时，几乎没有人会想到，人类迈出这一步花了多少万年的时间。

这样说来，现代抽象绘画反倒是审美感知的一个还原了，即把原本是色彩线条的东西，仍看作色彩线条。然而人们却又宣布"看不懂"。因为人们已经习惯了不把色彩线条仅仅看作色彩线条，甚至不把它们看作色彩线条。结果，"是"变成了"非"，"非"反倒变成了"是"，这岂非正好说明绘画感觉其实是一种复杂的心理现象和意识状态？

〖三〗

其实，问题并不在于把绘画形象看作生活原型有多么复杂和困难，更在于我们这样看究竟有什么意义。

意义首先在于占有。

我们知道，原始人是不画花草树木的，他们只画动物和人；而且，主要是画动物。因为花草树木无关乎其生老病死，动物却直接关系着他们的生存。在原始时代，人与动物的关系可谓"你死我活"——不是吃掉动物，就是被动物吃掉。不吃掉动物固然无法存活，被动物吃掉更是不堪设想。这可真是性命交关！

为了不被动物吃掉，也为了填饱肚子，只有吃掉动物。这就是占有。但要在现实中占有一个东西，必须先在观念上占有它。正是由于这个原因，绘画诞生了。

绘画就是在观念上占有对象。史前绘画从来不是什么社会生活的再现或反映，它就是社会生活本身。它的所有形象都是生活中实有的，是实实在在的生活。比方说，是狩猎者们亲眼看见的那些野牛、羚羊和猛犸象。原始画家辛辛苦苦把它们画出来，不是为了欣赏，而是为了占有。因为在原始人看来，一个东西的表象和这个东西的实体是完全同一的。比如一个人的影子就是这个人，他的照片和画像也就是他。所以原始民族往往忌讳被人拍照或画像，因为这意味着自己被别人"抓"住了。我就亲眼看见一位牧人为了自己母亲的健康长寿，坚持取走了我的朋友为这位老妇人所画的速写；而北美曼丹人也十分反感一个名叫凯特林的白人探险家在他们那里写生，因为"这个人把我们的许多野牛都放进他的书里去了"。这些猎人抱怨说："从那时起，我们再也没有野牛吃了。"

形象，岂止是模样。

绘画，岂止是模仿。

既然模仿即占有，那么，画得像不像，就不是或不仅是"好看不好看"，而是"能不能得到"了。要想"得到"（实际上占有），必先"像样"（观念上占有）。有几分"像"，就在观念上占有了几分。模拟和再现一个事物的真实程度，是同实际占有这个事物的可靠程度成正比的。一个猎人艺术家在狩猎前画一头野牛，他画得越像,逮住这头野牛的可能性也就越大。如果画得惟妙惟肖,那就十拿九稳。倘若失手,则应该归咎于那位画家很愚笨地把野牛"画走了样"。这样一来,技巧拙劣的画手就会被淘汰,手艺高超的画家则备受尊崇,而史前绘画也就迅速地超越了"涂鸦",走向了"写实"。

〖四〗

绘画写实能力的获得是一件了不起的事情。有此能力,人类便可以随心所欲地在观念上占有一切对象了。

不过观念上占有毕竟不等于实际上占有。绘画形象与它所要占有的对象相比,无疑"先天不足"。生活形象是生动的、鲜活的、千变万化的。那天边的云,远处的海,高原上的雪花飞舞,月光下的树影婆娑,瞬息万变;"天苍苍,野茫茫,风吹草低见牛羊",气象万千。绘画却只能把三维空间"压缩"在平面,把万端变化"定格"在瞬间,岂非"挂一漏万"又"捉襟见肘"?

然而塞翁失马,又焉知非福。平面静态的绘画形象相对其生活原型而言,固然是"不真实"的,但这种"不真实"却能造就更高的"真实"。现实生活的真实是"有限的真实"。它丰富多彩,却也转瞬即逝;生猛鲜活,却也终将死亡。一朵花在春风中绽蕾怒放固然美丽,但这美丽又能持续多久呢?也许数日暴晒,便枯萎零落;也许一夜狂风,便片瓣不存。生命是一个过程,这个过程可以分解为无数个瞬间。并不是每个瞬间都是美好的、有价值的,值得回忆和保存的。生命如花、如云、如流水,最有价值最有意义的很可能只在某一瞬间,正所谓"昙花一现"。昙花一现为什么让人遗憾?因为人类总在追求永恒。

化瞬间为永恒者,唯有绘画与雕塑。

绘画与雕塑的意义也正在于此。也就是说,它们都能将稍纵即逝的变成永不消失的,从而把因生命的消亡而恐惧和悲哀的人类解救出来。一个人,或者一朵花、一匹马,一旦变成绘画或雕塑,就不会再"死"了。明白了这一点,我们就不难理解为什么绘画和雕塑作品中有那么多人像和神像，就因为神是不死的，而人又不愿意死。

〖五〗

不过绘画较之雕塑，又更胜一筹。

绘画与雕塑的最大不同，就在于雕塑是三度空间的，绘画则只有二度空间。二度空间的形象相对三度空间的世界而言，无疑是不真实的，然而却又是最安全的。三度空间的每一个维度都可以无限延长。对于初萌的人类来说，所谓"无限"，也就是"遥远"。遥远已是神秘莫测，何况三度空间通向遥远的道路还是四通八达的！

因此三度空间中的事物随时都可能从你眼前消失。史前的维纳斯，即那些生育女神的雕塑之所以都没有腿，就是因为怕她们"跑掉"。二度空间中的事物却"跑不掉"，它出不了你眼睛所及的范围。因此，当一个事物进入了二度空间，它也就被"锁定"了。

消失不消失，并不是一件小事情。因为所谓消失，无非就是沿着三度空间的某一个维度走向了不可知的"遥远"。因此消失往往意味着死亡。动物消失了，就"找不到"；人消失了，就"回不来"。相反，动物不消失，我们就总有饭吃；人不消失，我们就不会死亡。

必须阻止消失。

绘画就能做到这一点。因为绘画不但斩断了时间之维，还让空间之维残缺不全。于是，时间和空间实际上都消失了，原先存在于时空之中的事物反倒不会消失。因为没有了时间，就无所谓"消亡"；没有了空间，就无所谓"消遁"。当然，也就没有"失去"。

这就消除了人对三度空间的恐惧，满足了人的内在需求，实现了"心理的真实"。在这个意义上，我们不得不赞成利奥塔德的说法："绘画是最令人吃惊的女巫，她能通过最明显的不真实来使我们相信她是最完美的真实。"

〖六〗

同时诞生的还有"意义"。

事实上，当一个原始画家在岩壁上画下一头野牛时，他就不但创造了一个形象，同时也赋予这形象以意义。最初的意义不过是"占有"。但当这种观念上的占有变成了一种巫术行为时，就有了另一种意义。这就是通过具体可感的形象，去交感、捕捉、控制对象背后神秘的自然力。最后，当绘画的目的是为了将"稍纵即逝"变成"永不消失"时，它的意义就非同寻常了。也只有在这个时候，绘画才真正变成了艺术。

所以，化瞬间为永恒，也就是"赋形象以意义"。

形象是生命与意义之间的中介。生命鲜活，却也短暂；意义抽象，却也永恒。短暂的生命无法到达永恒，却又渴望永恒，便只有寄希望于形象。形象因为与实体相分离，因此并不一定和实体一同消亡。尤其是，当形象被雕塑和绘画锁定时，至少就具有了永恒的可能性，或者被看作永恒。否则，一棵树长得好好的，画它干什么呢？就因为只有把它画下来，生命之树才会真正常青。

这就是"赋形象以意义"了。正如张志扬所说："绘画的真实动机，不是为了把看得见的东西多此一举地再画一遍，而是为了把看不见的东西变成可以感觉的。"（《论绘画与感觉》）所谓"看不见的东西"，在巫术时代，就是神秘的自然力；而在艺术时代，则是不可言说的意义或者意味。

于是，就有了"有意味的形式"。

所谓"有意味的形式"，其实也就是"去象存形"，即承认色彩、线条以及它们的关系与组合本身就有意义，或能表达意义，而无须构成一定的具体形象。因为任何绘画形象，无论是人是狗，是山是水，说穿了，无非线条、色彩，以及它们的关系与组合。那么，何不直接画线条、色彩，画它们的关系与组合呢？也就是说，只要能够"把看不见的东西变成可以感觉的"，画什么也就无所谓了。

只有一点是"有所谓"的。那就是，无论画的是什么，是具象还是抽象，都必须去看。绘画毕竟是一种视觉艺术，而且是最典型最纯粹的视觉艺术。因为绘画除了给人看，别无用处。而且，如果不能看，不会看，那么，占有也好，真实也好，意义也好，化瞬间为永恒也好，都是空谈。

那就好好看吧！

*本文系为陈学晶著《目光在何处：关于绘画》一书撰写的导言

第四章
改变生活的艺术

〖一〗

一般地说，艺术和我们的现实生活关系不大。所谓"关系不大"，是说艺术并不能改变我们的生活，至少不能直接地改变。一个现实中的灰姑娘不会因为看了一出童话剧，就会有王子骑着白马来娶她；生活中的城市和村庄，也不会因詹姆斯·希尔顿的小说或陶渊明的散文而变成香格里拉或桃花源。画饼不能充饥，望梅不能止渴，艺术与生活不能画等号。以为只要读诗、读散文、读小说、看电影，多开音乐会或者多办画展，世界就会奇迹般地变得天堂般美好，那就比痴人说梦更可笑。艺术对生活的影响其实是潜移默化甚至微乎其微的。很少人会因为一件艺术品的出现，就改变自己习以为常的生活方式和生活习惯。

只有一种艺术例外，那就是设计艺术。

1946年，美国人在一个名叫比基尼的珊瑚岛上进行了一次核试验。十八天后，一个名叫路易斯·里尔特的巴黎服装设计师推出了他新设计的三点式泳装，并注册为"比基尼"。比基尼用料极少极薄，据说叠起来可以装入一只火柴盒，穿在身上则近乎全裸。然而，正是这个小得不能再小的小玩意，其影响却比美国人在比基尼岛上进行的核试验还大。曾永祥先生说："比基尼没有出现以前，文明的程度是以衣服对身体遮蔽的多少为标志的，但比基尼出现以后，敢不敢大胆地暴露身体成了检验文明程度的重要标准。"（《比基尼》）这可真是"天翻地覆"。传统的价值观念、道德观念和审美观念都遭到了挑战。

的确，如果回头看一看，我们就会发现，半个世纪以来，在世界范围内，人们的生活方式和生活观念都发生了前所未有的巨大变化。许多过去连想都不敢想的事情，不但说了，做了，而且做到了。1907年，一个名叫安妮特·凯勒曼的澳大利亚人，还因为把露出了胳膊和大腿的泳装穿到波士顿海滩上，而被法庭控告犯了公共场合猥亵暴露罪。现在怎么样呢？不穿泳装反倒不能进浴场。半个世纪以前，哪有男人留长发的？现在呢，男孩子如果不留长头发，好像就不酷了。当然，并不是所有的男孩子都留长头发，正如并不是所有的女人都穿比基尼。问题并不在于留不留长头发，穿不穿比基尼，而在于无论你留什么头发、穿什么衣服都没人在意了。这个变化才是巨大的、具有特殊意义的。这当然并不能完全"归功"于比基尼，但比基尼无疑是一个契机，一条底线。是啊，如果连比基尼都敢穿，那还有什么不敢穿的？如果什么都敢穿，又还有什么不敢做的？

设计艺术就是这样介入并改变着我们的生活。

因此，我们必须讨论设计艺术。

〖二〗

设计艺术又叫艺术设计。到底应该叫什么，学术界还有争论。叫"设计艺术"，是为了把它与其他艺术（如雕塑艺术、绘画艺术）区别开来；叫"艺术设计"，则是为了将它与其他设计（如工程设计、交通设计）相区别。但不管怎么说，大家都承认：第一，它是一种设计；第二，它是一门艺术。而且，作为一门艺术，它的核心是设计。

人类很早就会设计。早在数百万年前，人就开始设计自己的生活了。说起来那也是迫不得已。那时候人刚刚走出森林，来到平原。他赤身裸体，赤手空拳，一无所有，既无法与草原上那些职业杀手比试高低，也不能像那些食草动物一样随遇而安，只好两栖于食肉食草之间，在夹缝中求生存。好在人比所有的动物都聪明。他不但会用牙咬、用手撕、用石头敲，还会玩刀弄斧。具体的做法，就是将砾石（鹅卵石）敲去一头，使之露出尖利的锋刃。锐利的一头用来切割和砍削，圆润的一头用来把握。这可真是刚柔相济，文武兼备。在这里，产品的功能和形式实现了高度的统一，你能说不是一种高明的设计？

设计，使人类迈出了关键的第一步。

以后，人又设计了许多东西。他设计了房子，用来遮蔽风雨；他设计了仓库，用来储存粮食；他设计了衣服，用来御寒遮羞；他设计了车辆，用来代替步行。从此，人的日子越过越好。本来，人是事事不如动物的。他力大不如牛，行速不如马，望远不如鹰，深潜不如鱼。但是，因为他会设计，会创造，结果，牛搬不动的他搬得动，鹰看不见的他看得见。他能一日千里，走遍天下，可上九天揽月，可下五洋捉鳖。

设计，使人的生活发生了变化。

这也正是人与动物的区别。动物永远生活在现实状况中，人却能把现实状况变成理想状况，并为此进行设想和计划。设计，就是将现实状况改变为理想状况的设想和计划。

不过，人又是懒惰的。一种设计一旦成功地进入生活，人们就会相沿成习，不大想到要去改动它。日子只要过得去，大家也就懒得再动脑筋。事实上要动也难。所以，在前工业社会，人们更多地是沿用过去的设计，在前人设计的文化环境中生存。而且，历史越是久远，一项设计延续的时间也就越长。比如旧石器时代就延续了两三百万年之久，占整个人类历史的99%以上。直到十九世纪末，设计对人类文化和社会生活的影响，还不十分明显。没有人想到设计会是一门学问，更没人想到它会是一门艺术。

〖三〗

设计变成一门科学和一门艺术，是在人类进入工业社会以后。

工业社会的一个特点，就是过去只能在手工作坊里依靠简单的工具慢条斯理生产的东西，现在可以在流水线上用机器批量生产了，而且同样一丝不苟，甚至更加巧夺天工。再细的线条机器也刻得出，而且要多直有多直。再硬的石头机器也切得开，而且要多平有多平。工艺的好坏已不足以代表产品的水平，生产的快捷便利又使消费者有了更多的选择余地。为了争取更多的市场份额，生产商必须另打主意。

打主意，想办法，也就是搞设计。当然，这里包括广告宣传设计、营销策略设计、企业形象设计等等。但如果没有好的产品，所有这些都是废话。

产品，是设计的第一对象。

设计一开始是从产品的外观即造型入手的，因此也叫"工业产品造型设计"或"工业产品造型艺术设计"，简称"工业设计"。这当然自有它的道理。因为在功能、质量、价格相差不大的情况下，美观新潮的造型显然更能赢得消费者的欢心。是啊，同样能扇风，同样能变速，同样能摇头，价钱又差不多，那我为什么不买一台漂亮一点的电风扇呢？要知道，像手表、电扇、冰箱、音响这些东西，不但是实用品，也是装饰品。就连咖啡壶、热水瓶、榨汁机、吸尘器，也一样。更不用说家具、衣服和鞋了。它们本来就有很强的装饰作用。如果外观很差，比方说，很"笨"，很"粗"，很"土"，就摆不到柜台上，也摆不进家里面。

事实上，当消费者走进商场时，造型独特美观、视觉冲击力很强的产品，总是一下子就吸引了他们的目光，尤其是女性消费者。对于她们来说，漂亮不漂亮，绝不是一个可以忽略不计的问题。相反，一件产品如果造型很好，外观很漂亮，那么，即便它一时半会还用不上，可买可不买，她们也会忍不住要把它买下来。高明的商家总是把眼睛盯住女人和儿童，即便是出于商业利益，他们也会对产品的外观提出要求。这些要求不但包括形态、构成、色彩、肌理，还包括质感和手感。也就是说，要看上去漂亮，摸起来舒服。

这就不能光靠工程师，还要靠设计师，靠艺术家。

值得庆幸的是，在这个重大的历史转折关头，相当一批艺术家，包括像康定斯基这样的大师，都自觉或不自觉地投入到新创造的行列中来，"屈尊"让自己的艺术天才和灵感为"不登大雅之堂"的工业生产和商业销售服务，或者为这种服务培养人才。这是一场深刻的变革,白天鹅变成了丑小鸭,艺术家变成了设计师。艺术创造与科学发明、工程技术、工业生产和社会生活之间的界限被打破了。艺术不再是高居于奥林匹斯山上的女神和不食人间烟火的神仙。它坐上了工业文明的战车,并随同这辆战车一起与时俱进。

〖四〗

然而事情并未到此为止。

精明的厂家和商家在初战告捷之后,又产生了危机感。他们发现,仅仅只靠外观和造型的新潮美观显然是不够的。工业产品,尤其是生活日用品,毕竟首先是用的,其次才是看的。如果中看不中用,就仍然难以争夺市场。因此,产品的设计,不能只在造型上做文章,还必须在功能上下功夫。

也就是说,必须方便、适用。

于是,一大批方便适用的新产品被设计制造出来,比如高压锅、电饭煲、微波炉、方便面、随身听、易拉罐、透明胶、创可贴、傻瓜照相机、电动剃须刀、纸巾、手机和太阳镜等。太阳镜的好处是不但能够遮太阳,还能够遮别的东西,比如目光和想法。在没有太阳或不想遮蔽眼睛的时候,女士们还可以用它做发卡。这样的设计,岂能不大受欢迎?何况,注重方便适用,并不等于不要漂亮美观。事实上,任何一款新潮的设计,总是伴随着同样新潮的外观一起"出笼"的。时髦人士绝不允许他使用的产品外观粗俗老气不时髦。他们也不会只满足于一种款式。拥有不止一款时髦的太阳镜是时髦人士的标志,而不停地换手机则是时髦青年的普遍嗜好。艺术造型设计师仍然有用武之地。而且,应该说,在这个新时代,他们更有用武之地。

有谁不喜欢既方便适用又新潮美观的东西呢?这些时髦的新产品自然大受青睐。加上它们无一不可在流水线上批量生产,造价相对低廉,便以一种不可抗拒的力量涌进千家万户,不由分说地成为人们日常生活的一部分,潜移默化地在不知不觉中,实际上是强制性地改变和再造着人们的生活方式。比如高压锅、电饭煲和微波炉，就不但从根本上改变了千百年相沿成习的烹饪方式，而且改变了人们的口味。方便面和易拉罐则不但改变了生活方式，还改变了生活观念。对于所谓"新新人类"而言，认识一个人并和他成为朋友，然后再把他忘掉，就像泡方便面一样容易。人际关系则像别针和拉链，可以随意别上或者拉开。

人们的审美观念也在变化。只要对照一下18世纪的机床、机器和现代家具、建筑，就不难看出这一巨变。精雕细刻、字斟句酌已经过时，简约明快成为时代的旗帜。在这面旗帜下，建筑、雕塑、绘画、文学，乃至音乐、舞蹈、戏剧、电影，纷纷上演着自己的"老兵新传"，而旗手和领头羊，则是设计艺术。

〖五〗

设计艺术在改变着人们生活的同时，也在扩大自己的地盘。

首先是工业设计已不限于产品，还包括视觉设计（又叫"视觉传达"）和环境设计（又叫"环境艺术"）。视觉设计包括商标设计、包装设计和广告设计，环境设计则包括室内设计、建筑设计和城市设计，后者又叫空间设计。其实叫"空间设计"是不够准确的，因为它考虑的并不完全是空间问题。比如在日本叫作"造町"，在台湾地区叫作"社区总体营造"的社区设计（Community Design），更关心的就不是空间，而是生活环境、自然生态、地方文化等。它的目的，是"让市民更像市民，让生活更像生活"，或者说，让人更像人。在这里，人际关系比空间关系更重要，人情味也远比色彩、线条、造型和质感更重要。

这就不是"为商业而设计"，而是"为人而设计"；也不是"设计产品"，而是"设计文化"了。如果说，20世纪的时代特征，是设计开始大量地直接介入人们的社会生活，改变和再造着人们的生活方式，那么，在21世纪，设计则将成为人类十分主动和相当自觉的行为。大至建筑、街道、社区、城市，小至饮食、服饰、车辆、用品，总之，人类的一切生存空间和生活方式，都要经过精心而富有创意的设计，而不再是惰性的、随意的、粗糙的和杂乱无章的。人类将生存在一个经过了设计并被不断设计着的文化环境和文化氛围之中。与此同时，设计师也将充分地意识到，他设计的，不仅是一件产品，一种包装，一个路牌，一座电话亭，一排垃圾桶，一条街道或一幢建筑物，而是一种新的生活方式，一种文化。

这个新时代，无妨叫作"设计文化的时代"。

在这样一个新时代，不懂设计艺术，将同不懂法律、不会电脑、没有谋生能力一样严重。没有谋生能力，你不能生活。不懂设计艺术，你不会生活。因为尽管新时代的生存空间和生活方式，都将经过精心而富有创意的设计，但我们总不能坐享其成。设计既然是一种能够改变我们生活的艺术，那么，与其被动接受，不如主动进行。即便你并不动手，坐享其成，也要懂得欣赏，能够选择。何况，从19世纪到20世纪，无论产品设计、视觉设计、环境设计，还是别的什么设计，其总体趋势是越来越人性化。设计人性化的必然结果，是设计的个性化。在新时代，没有个性的设计也是没有品位和格调的；而保证设计具有个性的最佳方式，则是自己动脑，甚至自己动手。

我们能不为这新时代的到来未雨绸缪吗？

*本文系为丁朝虹著《这不是一只烟斗：关于设计艺术》一书撰写的导言

第五章
走下楼梯的裸体者

〖一〗

1919年，法国艺术家马塞尔·杜尚（Marcel Duchamp）在巴黎买了一张莱昂纳多·达·芬奇名作《蒙娜丽莎》的印刷品。杜尚购进这幅画，可不是为了欣赏，更不是为了临摹，而是为了"创作"。他用铅笔在那个美人儿的脸上画了两撇翘胡子和一撮山羊须，再题上几个缩写字母，这样就完成了一件名为《L.H.O.O.Q.》的"现成品"（ready-mades）艺术作品。

这幅又名《带胡子的蒙娜丽莎》的玩意后来成了达达派艺术的"经典作品"。然而杜尚兴犹未尽。二十年后，即1939年，他又画了一幅单色画，画面上除了一小撮翘胡子和山羊须，别无他物。翘胡子和山羊须同他在《蒙娜丽莎》上所画差不太多，因此这幅作品就叫《L.H.O.O.Q的翘胡子和山羊须》。1965年，也就是杜尚去世前三年，他在纽约又买了一张《蒙娜丽莎》的印刷品。这回画家连胡子也懒得画了，只是标了一个新的题目：《L.H.O.O.Q的翘胡子和山羊须剃掉了》。于是，他又"完成"了一幅"传世之作"——《剃掉了胡子的蒙娜丽莎》。同时，也完成了他的"蒙娜丽莎三部曲"。

这实在是一件合算的买卖。买一幅《蒙娜丽莎》的印刷品并不需要多少钱，画两撇翘胡子和一撮山羊须也不费什么力（不画就更不费吹灰之力），然而杜尚却因此为自己赢得了世界范围内大师级的声誉。

其实这种勾当杜尚早就干过多次。比如《自行车的车轮》（1913）和《陷阱》（1917）。前者是将自行车的车轮倒立钉在木凳上，后者则是将一排挂衣钩钉在地板上。1917年2月，杜尚参加了纽约独立美术家协会的美展。他的参展作品是一只现成的尿斗，只不过被颠倒过来钉在了木板上，并用油漆题上了"R. Mutt"的字样。当然，作为一件"艺术品"，它也有一个与艺术品身份相配的作品名字——《泉》。

如果说《自行车的车轮》还带有心血来潮的意味，《泉》也只是表现了一种玩世不恭的幽默感，那么，"蒙娜丽莎三部曲"则明显地表现出对传统的反叛、蔑视和消解。也许，一开始，杜尚给《蒙娜丽莎》画上翘胡子和山羊须，只不过是要对一幅名画表示蔑视。他之所以选择了《蒙娜丽莎》，则只不过因为《蒙娜丽莎》特别有名，特别能代表传统。但是，当胡子画上去以后，不要说艺术家，就连我们，也不觉得有什么突兀、别扭和不妥。那两撇翘胡子和一撮山羊须似乎原本就是长在那女人脸上的。这一下几乎所有的人都被震惊了：长期以来被视为标准美女的"蒙娜丽莎"，竟然不过是一个不男不女的家伙！

由此及彼产生的连锁反应是可想而知的。既然连《蒙娜丽莎》这样的顶级瑰宝拆穿了都一钱不值，既然连莱昂纳多·达·芬奇这样的艺术大师都靠不住，那么，还有什么是真正靠得住、真正有价值的？世界上当真有什么神圣得不可怀疑和批判的东西吗？在那些神圣之物原形毕露的今天，我们难道还要延续传统的审美观念和艺术趣味，去鼓捣那些名为经典实则不男不女的玩意儿吗？于是，我们就不难理解，杜尚为什么要给"蒙娜丽莎"画上胡子，然后又"剃"掉，而且在"剃掉"之前还要把那胡子单画出来。他其实是要明白无误地告诉我们：《蒙娜丽莎》是没有价值和意义的，有价值的只是翘胡子和山羊须！也就是说，传统其实是没有价值和意义的，有意义的只是对传统的反叛、蔑视和消解。

〖二〗

反叛、蔑视、消解传统，可以说是现代派艺术的共性。

所谓"现代派",其实并不是"一个"派别,而是前前后后、大大小小、林林总总、五花八门的诸多派别。就"主义"而言,有表现主义、象征主义、结构主义、未来主义、原始主义、抽象主义、立体主义、纯粹主义、辐射主义、超现实主义、超级写实主义、结构现实主义、诗意现实主义、魔幻现实主义,等等;就"流派"而言,有印象派、后印象派、新印象派、野兽派、荒诞派、达达派、新浪潮派、现场派、分离派、f/64小组、新陈代谢派、砍光伐尽派、迷惘的一代、垮掉的一代,等等;就形式、手法而言,则有意识流、黑色幽默、波普、集合艺术、偶发艺术、欧普艺术、活动艺术、概念艺术、大地艺术、人体艺术、行为艺术、装置艺术,等等,等等,不一而足。正可谓流派纷呈,主义迭出。

这些主义和主义、流派和流派之间,往往不但差异甚大,而且互不买账。1912年,杜尚完成了他的油画作品《走下楼梯的裸体者》,并将该画送去参加在巴黎举办的独立美术家沙龙,却在开幕的前一天被通知要求更改画题,理由是其内容和手法不符合立体主义的宗旨,甚至怀疑他有意模仿未来派。其实杜尚既非立体派亦非未来派,这就迫使他愤而收回作品并另立山头。这样的例子我们还可以举出很多。比如抽象主义和超级写实主义就截然相反,而超级写实主义与超现实主义也完全不是一回事,尽管不少人常常把它们搞混。

话虽这么说,现代艺术既然能叫现代派,也总还是有它们共同之处。这个共同之处是相对古典艺术而言的。如果说,西方古典艺术的特点,是注意内容、标举模仿、尊重传统、崇尚理性,那么,西方现代艺术的共同之处,则是崇形式、重表现、反传统、非理性。

事实上西方现代派艺术正是从反叛传统开始自己的历程的,只不过这种反叛一开始显得小心翼翼,而且走得也不太远。1874年4月15日,印象派的第一次画展在巴黎举办。那时印象派还不叫印象派,也没什么名分,雷诺阿甚至有意使用了"无名协会"这个最不带刺激性的名称。他们展出的作品,现在看来也没有太多出格的地方,所画无非是些普通的风景和人物。这些题材早已被人画过几百年,而且一样有着明显的透视和视觉真实感。唯一的不同是画法——新的"条件色"取代了传统的"固有色",造型和构图也略有不同。仅此而已。

就是这么小小的一点变化,在当时却也引起了轩然大波。初出茅庐的印象派画家们被骂作精神病人、无知暴徒、沽名钓誉、不择手段。尤其不能让行家们容忍的是,他们居然还想"用画得比别人更坏的方法来引人注目"。的确,在传统的批评家看来,像《日出·印象》(莫奈,1872)这样的作品实在是浮皮潦草,不负责任,充其量"只是一种印象"。一个批评家甚至连这幅画的标题都觉得可笑,便干脆把这伙人叫作"印象主义者"。所谓"印象派",也就由此得名。

没错,莫奈他们也许只不过画了点"印象"。但,是画客观的"形象",还是画主观的"印象",却是传统与现代的分水岭。

西方现代艺术的狂飙突进从此一发不可收拾。

〖三〗

印象派这一页很快就翻过去了。没有多久,莫奈、马奈、德加、毕沙罗和雷诺阿便已显得老气横秋。取而代之的是后印象派,是塞尚、凡·高、高更,然后是野兽派、表现派、立体派、未来派、抽象主义和超现实主义等。更新换代之快,令人瞠目结舌。在1874年那个多事之秋,印象派是先锋和前卫的,现在却成了保守和落后的标志。1908年到1914年之间,堪称先锋前卫的是立体派,到1925年前后,先锋和前卫已变成了超现实主义。而在今天,所有这些又都已是明日黄花。

这就是现代艺术的特征。对于现代艺术来说,任何一个流派,无论当年如何先锋如何前卫,一旦变成了传统,就只能黯然神伤地退出历史舞台,让位于后来人。

现代艺术对传统的反叛和蔑视,甚至会通过他们的作品露骨地表现出来,比如西班牙超现实主义艺术家萨尔瓦多·达利(Salvador Dali)的《带抽屉的米洛斯的维纳斯》。这是一尊约一百厘米高的着色青铜雕塑,几乎就是古希腊雕塑作品《米洛斯的维纳斯》的翻版,只不过这位爱情女神的头上开了天窗,胸部、腹部和膝部装了抽屉,就像杜尚的"蒙娜丽莎"加了胡子一样。达利的用意和杜尚也是一样的——经典和传统没有什么了不起。不信请往抽屉里看,那里面可是空空如也，什么都没有！

既然原本什么都没有，那就用不着再穿皇帝的新衣了，干脆光着身子走下楼梯。

事实上西方现代艺术正是一位"走下楼梯的裸体者"。她一面脱着传统的戏装，一面走下神圣的殿堂。不错，艺术曾经是很高贵也很高傲的。她由缪斯女神庇护，高居于"上层建筑"之中，只有极少数人才能与之亲近，一睹其芳容。的确，在传统社会，艺术是属于特权阶级和优势阶级的。那时虽然也有民间艺术，但要么不被看作艺术，要么被主流文化收编，并立即变得高贵和高雅起来。

现代艺术却必须"下楼"。因为现代社会在本质上是属于市民和大众的。它要求的是人与人之间的独立、自由和平等，要求个人权利的确立和社会资源的共享。这样一来，艺术就不能再是少数人的专利品，也不能再以上流社会的审美趣味为唯一标准。也就是说，它必须从奥林匹斯山上走下来，走到尘世的喧嚣中去。

现代艺术要"下楼"，就必须先让古典艺术"下课"。事实上，在现代艺术诞生的前夕，陈陈相因、因循守旧的古典主义美学原则，已经成了束缚想象力和创造力的枷锁。尤其是当这些美学原则被保守势力奉为圭臬，并借助官方权力压制新生力量，不许人们越雷池一步时，就更加让人忍无可忍。

枷锁必须打碎。而且，要打，就把它们都打碎了！

〖四〗

支撑着古典主义美学原则的是理性。

理性是人之为人的表征，是人与动物最大的区别。理性曾经给人类带来极大的好处：法治的国家、民主的社会以及由科学进步带来的经济繁荣。于是，在理性主义发展得最完美的时代，理性就获得了至高无上的地位。正如恩格斯所说，在那个时代，"一切都必须在理性的法庭面前为自己的存在作辩护或者放弃存在的权利"（《反杜林论》），就连艺术也不例外。事实上，文艺复兴时期最伟大的艺术大师莱昂纳多·达·芬奇，已经明白无误又斩钉截铁地告诉我们：绘画是一门科学。既然是科学，又岂能不讲理性？

这真是一个"世界用头立地的时代"。而且，也正如恩格斯所说："这个理性的王国不过是资产阶级的理想化的王国。"它完全经不住哪怕一次世界大战炮火的打击，何况这样的打击还有两次？上帝死了。永恒真理、永恒正义、永恒秩序的梦破灭了。破灭的结果，是连带理性本身也一并受到了怀疑。

于是，在一部分艺术家眼里，世界就不但不再是理性的，而且简直就是荒诞的。艺术的任务不是建构理性的世界，而是表现世界的荒诞。这种荒诞表现为美国空军的"第二十二条军规"（约瑟夫·海勒《第二十二条军规》），也表现为永远都等不来的"戈多"（贝克特《等待戈多》）。依照作家杜撰的"第二十二条军规"，精神病人可以停止飞行，但停飞必须本人申请，而能够申请停飞的人肯定不是疯子。可见所谓"第二十二条军规"，原本就是一个虚无荒谬的东西；但是这种任意捉弄摧残人的力量，在现实生活中又无处不在。因此它很快就成了美国人的口头禅，并被编入词典。

其实，在现代派艺术家看来，世界不但是荒诞的，还是无意义的。而且，正因为无意义，才荒诞。在"荒诞派戏剧"的代表作《等待戈多》中，两个流浪汉在荒凉的乡间小路上无聊地等待"戈多"的到来。他们并不知道戈多是谁，是否会来，什么时候来，为什么要等他，只知道苦苦地等待。最后，两个人绝望了，上吊自尽，绳子却又断了，只好继续等下去。戈多，这个总也等不来却又非等不可的东西到底是什么，没有人知道。

世界的荒谬性也许便正在这里了。

既然世界是荒诞的，艺术也就不能再像古典时代那样中规中矩。现代艺术反人物、反倾向、反情节、反性格、反英雄，甚至反思想、反文化、反诗歌、反语言。绘画不绘不画（比如拎着颜料桶边走边洒边走边溅），雕塑不雕不塑（比如使用现成品或者用人体造型），音乐中充满了噪音，甚至没有声音（比如约翰·凯奇的《四分三十三秒》）。传统艺术的所有金科玉律，统统都被打碎了。

〖五〗

碎片的背后是新的整合。

事实上，与其说现代艺术是对传统的破坏，不如说是对传统的分解。它们往往是将传统艺术中的某一因素或某些因素提取出来，然后把它们推向极端，发展到极致。比如抽象绘画，就是在绘画作品当中没有任何可以辨认的具体形象，只有色彩、线条和构图。这就使许多看惯了传统绘画的人看不懂，不知画家画的是什么东西。但，绘画就一定要画什么"东西"吗？不错，传统绘画是要画一些"东西"的，比如山，比如水，比如受刑的耶稣和张皇失措的犹大。问题是，当我们辨认出这些形象时，我们当真就看懂了绘画吗？苟如此，我们为什么不去看真实的山、真实的水、真实的人物？

有一个农民曾经问一位画家：那棵树好好地长在那里，你画它干什么呢？的确，已然存在的现实，有什么必要多此一举地再画一遍？何况，哪怕你画得再好再像，也比不过摄影。然而摄影技术再发达，绘画也仍有存在的意义，原因就在于在绘画作品中，山也好水也好人物也好，都被"绘画化"了。所谓"绘画化"，其实也就是把对象变成了色彩、线条和构图。既然绘画在本质上不过就是色彩、线条和构图（也许还要加上笔触），那又何必再画山画水画人物？只要有色彩、线条、构图和笔触不就行了？

因此，在抽象绘画看来，他们才是真正的绘画、纯粹的绘画，传统绘画反倒是不纯粹的，因为其中有太多的非绘画性因素（比如文学因素）。人们在"看懂"了故事（比如《最后的晚餐》）的时候自以为也看懂了绘画，其实却恰恰相反。

这就要正本清源，要对传统艺术进行拷问、批判、肢解、剥离，让她脱去外衣，走下楼梯，露出"庐山真面目"。于是，现代派"反艺术"的结果，反倒有可能是走向了更为"纯粹"的艺术。

当然，也只是"可能"而已。

实际上，现代艺术是庞杂而多变的。任何用一种标准和一个结论去评价现代艺术的做法，都只能显得可笑和徒劳。但有一点却可以肯定，那就是，当我们真正接触并理解了现代艺术之后，我们的审美观念和审美眼光都会发生根本性的变化。我们不会再被某一种既定的模式麻痹了自己的感觉。甚至当我们回头再看古典艺术时，我们的感受也会大不一样。

谓予不信，不妨上前一看！

*本文系为杨瑾、江飞著《都打碎了：关于现代艺术》一书撰写的导言

第二卷

美学论文

第一章
重新寻找文艺学体系的逻辑起点

〖一〗 对文艺学体系的研究，要重新寻找一个逻辑起点

由陈涌对刘再复的批评所引起的论争，只有在超出了论争的问题自身之后才真正具有理论价值和美学意义。也就是说，一个在我们看来未必有多少突破和新意的观点，竟然会在理论界引起轩然大波，成为众目所瞩或众矢之的，说明了我们的文学观念之亟待改革，已到了何等刻不容缓的程度。

尽管陈涌愤激地批评刘再复对"反映论"的"背叛"，但平心而论，刘再复又何尝越过反映论雷池之一步？他不过是强调了反映中的主体性而已。这种强调，无论怎样过分，在本质上都不可能超越反映论范畴。因为只要我们承认所谓"反映"不是物的反映（如镜像），而是人的反映，那么就无法否认在"反映"这一范畴中，实质上包括了主体与客体、主体性与客体性这一对矛盾。单有主体或单有客体，均不足以构成反映。任何反映，都只能是主客体的统一，即主体与客体、主体性与客体性形成同构关系。这种关系，用马克思主义哲学的术语来表述，就叫作"存在与思维的同一性"。

这样，强调存在决定意识，亦即强调反映的客体性的陈涌，和强调意识对存在的能动作用，亦即强调反映的主体性的刘再复，就不过是在反映的共同范畴之中，分别站到了各自的对立面上。在陈涌看来，刘再复以主体性为逻辑起点，无疑是一种本末倒置。这种看法并非没有道理。因为既然意识为存在所决定，那么任何不以客体为

出发点的理论，就似乎很难说是唯物主义的。然而陈涌也许怎么都不会想到，在高扬着马克思曾充分肯定的主体性的刘再复看来，陈涌的观点，又何尝不同样是一种本末倒置？因为离开了人的主体性，从来也就没有人的反映。"只是从客·体·的或者直·观·的形式去理解"，这正是"从前的一切唯物主义——包括费尔巴哈的唯物主义——的主要缺点"。[1]这种旧唯物主义，不论其坚持者主观愿望如何，总是要不可避免地滑向客观唯心主义的神学目的论。

陈涌与刘再复的这种尖锐对立，就像两个分别站在地球南极和北极的人，怎么看对方，都会觉得对方是头足倒立的。这样一个显而易见的事实告诉我们，在一个由两元以上因素构成的同一系统内部，任何一个子结构或补结构，亦即构成该系统的任何一方，均不能视为整个系统的逻辑起点。这正如鸡与蛋的关系，作为发生学，既不是鸡生蛋，也不是蛋生鸡，而是某种既非鸡又非蛋的生物，在进化的过程中，同步地产生了蛋和鸡；而鸡与蛋一旦因进化而生成，则它们在"蛋—鸡"系统中，作为该系统构成的双方，都只能是互为因果。

主体性与客体性的关系亦然，它们也是互为因果的，因此均不具备作为文艺学体系逻辑起点的资格。陈涌与刘再复的失误也正在于此：他们在方法论上犯了一个错误，即未能把文学的本质看作一个过程。这种静止的和直观的方法，导致他们把一个运动系统内部结构中互为因果的某一方，当作了该系统的逻辑起点，从而出现了互相看来都是头足颠倒的悲剧。

看来，我们必须重新寻找文艺学体系的逻辑起点。那么，我们该到哪里去寻找这一起点呢？

【二】以马克思提出的"实践"范畴为逻辑起点，我们就有了崭新的世界观和方法论

1845年春天，马克思在布鲁塞尔写下了《关于费尔巴哈的提纲》。在这个被恩格斯称为"包含着新世界观的天才萌芽的第一个文件"中，马克思不但批判了唯心主

义，而且也对他以前的一切旧唯物主义做了彻底的清算。正是在这种批判的基础上，马克思明确提出"全部社会生活在本质上是实践的"。"对事物、现实、感性"，必须"把它们当作人的感性活动，当作实践去理解"。[2]我认为，马克思的这一科学世界观，为我们提供了建设新文艺学体系的逻辑起点，这就是人的实践。

所谓以实践为逻辑起点，首先意味着把包括自然、社会、人、科学、伦理、美在内的整个世界都看作一个系统——人通过社会性实践自我创造和自我实现的历史过程。以实践为起点的过程，当然只能是人的历史。所以，"现代唯物主义把历史看做人类的发展过程"。[3]因为，"在社会主义的人看来，整个所谓世界史不外是人通过人的劳动而诞生的过程，是自然界对人说来的生成过程"。[4]

根据这样一个世界观和方法论，我们就获得了一个理论前提，即未有人类之前，既无主体，亦无客体。在这里，按照自然必然性运动的物质世界，不但是非历史的，而且是非认识和非审美的。非认识与非审美不是不真不美、不可认识和不可审美，而是无人去认识和无人去审美。因此，它就既不具备作为认识对象的客体性，又不具备作为审美对象的客体性，当然也不具备作为实践对象的客体性，所以它不是客体，因为它并未参与上述自然向人的生成过程。反之，当它作为客体而成为实践的对象时，它就已经是属人的自然界了。自然客体如此，社会客体更如此，任何客体都仅仅是对于人来说才成为客体。因此，客体非他，乃主体之转化为客体；主体亦非他，乃客体之转化为主体。主体与客体、人的主体性与对象的客体性，都不过是人自我创造与自我实现即实践的产物。

主体与客体作为实践的产物，一开始就按照一定的"关系结构"相互转化；而所谓"关系"，则又建立在人类自我意识的基础之上。这样，主体与客体的关系结构也就具体地展示为人对世界的"掌握方式"。毫无疑问，其中首要的是实践的掌握，即人运用某种物质力量和物质手段现实地改造和创造对象世界的生命活动。为了现实地掌握世界，也就必须同时观念地掌握世界。因为观念的对象世界，是人为了"享用和消化"现实的对象世界而"必须事先进行加工"的"精神食粮"。[5]这样一来，客体"一方面作为自然科学的对象，一方面作为艺术的对象"，便"都是人意识的一部分，是人的精神的无机界"。[6]也就是说，主体与客体、人与对象世界的关系，决不仅止于反映，而是包括了认识（概念、思维、反映、科学）、改造（生产、经济、伦理、政治）和感受（感知、体验、审美、艺术）三种方式在内的"掌握"，亦即"人以一种全面的方式，也就是说，作为一个完整的人，占有自己的全面的本质"。[7]

审美与艺术是不同于反映与科学的掌握世界的方式。因此，审美主体和艺术主体就有与反映主体和科学主体不同的主体性；同样地，审美客体和艺术客体也有与反映客体和科学客体不同的客体性。所以，艺术（包括文学）的本质不在于反映，尽管作为一个集合体的艺术作品可能包含反映的成分，但那只是艺术作品中的非艺术性因素。它对于艺术作品之获得成功，可能是有益的，但并非必需的。关于这一点，打算留待另一篇文章专论。总之，站在实践论的人类学哲学本体论高度，我们就有了一个全新的艺术世界观。在这里，特别需要加以解决的问题是：为什么人不能仅仅满足于认识世界和改造世界，还必须用艺术和审美的方式掌握世界，才能作为一个完整的人全面地占有自己的本质呢？

[三] 实践的自由特质，决定了人必须以艺术和审美的情感体验方式掌握世界

哲学意义上的自由，是相对必然而言的。当我们人类的远古祖先还浑浑噩噩地置身于猿群畜类之中时，它只能毫无自觉性可言地臣服于自然必然性的束缚之下。但是，当人通过工具的制造与使用，开始着手创造一个相对于只按照自然必然性运动的物质世界来说是一个崭新世界的人的世界时，他也就在相对于前进必然的意义上获得了自身的解放，亦即获得了人的自由。因为在这个创造活动中，"他不仅使自然物发生形式变化，同时他还在自然物中实现自己的目的"，而且"这个目的是他所知道的，是作为规律决定着他的活动的方式和方法的"。[8]正是由于这个原因，马克思才把人的实践称之为"自由的自觉的活动"[9]。在这个自由自觉的生命活动中，人能够超越"直接的肉体需要的支配"而"再生产整个自然界"——即按照审美的态度来生产；能够在生产中不仅掌握"任何一个种的尺度"，而且"懂得怎样处处都把内在的尺度运用到对象上去"——即按照审美的规律来生产；他还能够"自由地对待自己的

产品"[10]——即在生产过程中对自己的创造对象进行审美观照并获得美感。正是在这个意义上，我们认为，人的实践在本质上是艺术的和审美的。

因此，人的自由不但作为概念和行为呈现于认识和实践的领域，而且在审美和艺术的领域内作为"知觉"和"表象"呈现出来，这就是"自由感"。任何自由，不论是认识的自由还是实践的自由，一旦失去了自由感，就都是抽象的、不现实的。[11]试想，当我们的远古祖先原始人类通过石刀石斧的磨制而终于自由骄傲地双脚直立于这个星球时，他们难道不因为在这最早的创造活动中实现了自己的自由本质而欢欣鼓舞吗？在那作为最早的文化模式的石刀石斧上，难道仅仅体现着原始人类的智慧与力量，而不曾凝结着他们的情感吗？事实上，那原始洞穴里栩栩如生的动物形象，那原始集会中如醉如狂的粗犷歌舞，那原始裸体上精心琢磨的兽骨佩饰，都无不体现、凝结着这种自由感，这种体验到了自由的审美愉悦。显然，人的劳动作为一种自由自觉的生命活动亦即创造活动，必须以一种特殊的心理形式来加以确证，这种心理形式就是当人自由地面对自己的产品时所体验到的带有审美意味的情感，一种以欣赏和愉悦的形式表现出来的对自己的肯定。只有当主体在活动中能够体验到这种情感时，这一活动才是创造活动，也才在真正意义上是人的活动。机械记忆的强迫学习、高压之下的被迫遵从，以及仅仅作为谋生手段的简单重复劳动，都是对人的自由本质的束缚和摧残，它们甚至会使人疯狂，一如卓别林在他的《摩登时代》中所表现的那样。

很显然，在实践的自由特质中，已包含有自由感，即必须以情感和情感对象化方式体验到这一自由的规定性。正是在这一体验中，人的创造特质和自由特质才在感性方面得到了自我确证。这个道理是显而易见的，因为人只能在自己的创造物那里得到自己作为人而存在的自我确证。甚至作为人的异化物的上帝和神，也必须通过他的创造（开天辟地、抟土造人等）来确证他的存在，这是差不多每个民族都有创世神话的真正原因。因为他在那里看到了自己，他运用自己的创造力改变了自然物的形式，在对象上刻下了自己内心世界的痕迹，从而确证了自己的自由。

实践自由特质的上述规定性，便正是情感发生学的哲学原理，也正是艺术发生学和审美发生学的哲学原理。也就是说，人的实践性，决定了他不但要认识和改造世界，而且必须在他创造的对象世界上获得情感感受，从而体验到这个世界。这就是艺术和审美的最基本的规定性。关于这一点，以及艺术与审美从人类最初的实践活动中生成的过程，我在另一篇文章已经谈过。[12]这里要说的是：人在实践过程中产生的一般情感体验上升为审美与艺术，正好在最为广泛的意义上体现了人的自由。也就是说，因为人的活动在本质上具有一种自由特质，他就不但能在自己直接创造的产品上体验到这种自由感，而且也能在他人和整个人类创造的产品上体验到它，甚至能在非人类产品的自然对象和人类依靠想象所创造的观念对象上得到这种情感体验。一般说来，在自然对象上得到的情感体验是自然美，在观念对象上得到的情感体验是艺术美，不过这种分野并无截然界线。因为当自然对象成为审美对象时，它实质上已经是一个观念对象了，即观念地被看作人的创造物的对象——人化的自然。因此，自然物作为审美对象，广义上是一种艺术品。在这里，自然物的艺术性表现为人想象的创造力和这种创造活动所引起的情感体验，如把巫山看作神女、把新月看作爱情的使者之类。作为"十分强烈地促进人类发展的伟大天赋"，既然使我们"不用想象某种现实的东西就能现实地想象某种东西"[13]，当然也能使我们真实地把某种真实的东西想象成不真实的东西，所以云霞才成了仙子的彩衣，流星才成了天街上人提着的灯笼。而自然之所以成为美的，则无非是把非艺术品想象为艺术品罢了。所以完全不是什么艺术美反映了自然美，反倒恰恰是人根据艺术法则和审美心灵创造了自然美。同样地，任何观念的对象只有在借助某种物质载体时，才能实现情感的对象化和情感的交流，所以艺术作品尽管在审美意义上是观念的对象，但却必须依附于一定的物质载体才成其为对象。也就是说，它不能仅仅依靠想象来创造，还必须借助某种物质材料和物质力量亦即运用某种物质手段使之物质形态化（物态化）。在这个意义上，艺术美恰恰又是对人工产品的情感体验，因此反倒比自然美更具有现实美的特质。艺术美与自然美的观念形态性和物质形态性的相互逆转，正是前述主体性与客体性的相互转化在审美领域中的体现。所以，所谓艺术美非他，乃自然美之转化为艺术美；自然美亦非他，乃艺术美之转化为自然美；而通常意义上的艺术作品，看来便只好这样定义：它是为了审美情感传达的目的，亦即为了在知觉和想象活动中体验到人类自由感而借助某种物质载体特意制造出来的精神产品。如果说作为审美对象的自然物是观念形态的物质，那么，作为审美对象的艺术品则是物质形态的观念。与主体和客体、主体性和客体性一样，艺术美和自然美、作为审美对象的艺术品和自然物，也都是人类实践的产物。

〖四〗 站在实践哲学本体论高度，审视当代文艺理论，该作何评价

在以上的论述中，我们阐述了实践范畴作为新文艺学和美学体系逻辑起点的意义，从而获得了新的艺术世界观和文学方法论。然而，起点不等于结果，本体也不等于现象，从起点到结果有一个漫长的历史过程，从本体到现象也有一系列的中间环节，因此，我们还必须进行大量实证的研究，才能真正做到历史与逻辑的一致，并把对艺术和审美本质的规定，从抽象上升到具体。

这样一项工作当然浩繁，绝非几篇短文便可奏效。然而，只有当我们获得了新的艺术世界和方法论，才可能在实证的研究中打破旧的思维模式，也才能对过去和当前文艺理论给予新的评价。

以艺术对象问题为例，以我国多数理论工作者为一方，从"反映论"的基本规定出发，坚持认为艺术的对象是反映的客体——社会生活，从而以真实而典型地反映社会生活为艺术之鹄的；而另外一些艺术家与部分理论工作者，却把"自我表现"看作艺术的本质，把艺术家的内心世界看作艺术的表现对象，以艺术形式为自己心灵律动的同构对应物。前者有大量成功的现实主义文艺作品为自己理论的坚强后盾，后者则不但在西方现代艺术那里，同时也在中国古典艺术那里找到了自己的实证材料。然而在实践美学看来，前者不过是把已经主体化了的客体仍当作客体，后者则是把已经客体化了的主体仍当作主体罢了。也就是说，文艺作品中的社会生活，无论艺术家如何力图忠实地再现，也绝非他所要再现的那个生活。"这个"不再是"那个"，"那个"反倒会不断地变成"这个"。因为当艺术家试图创作他的艺术品时，他所面对的那个客体早已被他（也许是无意之中）主体化了。只要他作为人而创作，他就摆脱不了这"讨厌的"主体化，这正是人作为创造者的"宿命"。他当然也不可能让他的艺术作品直接和社会生活发生关系而不通过他这个创造主体。这样，任何再现性艺术，

任何现实主义或自然主义或超级写实主义的艺术作品，只要它是艺术或有艺术性，就总会表现出作者的主体性，只不过这种主体性也许会隐藏得很深，甚至成为创作者的无意识罢了。

同样地，当艺术家借助一定的物质形式将他的内心世界表现出来时，这个主体的内在心灵也早已被他客体化了。也就是说，只有当他把自己的内心世界看作客体时，他才能够表现它；而它一旦被表现出去，即一旦被物质形态化，也就不再是艺术家所独有的主观世界，而是作为客体而存在的社会共同财富。除非艺术家只是在心中沉思、在脑中默想而不诉诸任何物质手段（包括言语和手势），否则他就无法摆脱这"讨厌的"客体化。所以任何艺术都只有在被人欣赏时才是艺术，任何强调"自我表现"的艺术家都不过是在"表现自己，供人欣赏"，因此，任何艺术家都无法逃避被人欣赏的历史命运，也就无法否认艺术品的社会价值和无法回避艺术家的社会责任。

更主要的是，上述两种过程，即客体的主体化和主体的客体化，几乎在任何艺术创作过程中都是同时并存甚至同步发生的。也就是说，当艺术家为现实生活所感动，从而决心将这引起他感动的客观世界再现出来时，他实际上便已萌动了一种表现欲；同样地，即使用最抽象的形式表现隐秘情感的艺术，也无法不借助从客观世界那里获得的感性材料，如音响、色彩、线条和形状等等，以便用这主体化了的客体将内在心灵客体化。因此，尽管艺术家的创作过程也许会被他自己理解为自然的模仿，或者被他自己体验为游戏的冲动；也许会被心理学家分析为无意识的升华，或者被文艺学家标榜为有意味形式的创造；但无论如何，艺术创作作为人的创造活动，总是在主客体的相互转化中完成，而且这种转化，又总是实现于情感的阈限之中的。

艺术创作的这一特质，不但因为在本体论意义上，主体与客体作为矛盾对立的双方，无不在一定的条件下相互转化；而且因为艺术和审美作为人对世界的情感体验的掌握方式，特别要求主客体在这一体验过程中时时处于相互转化的自由状态，从而最终达到主客合一、心物交融的美学境界。因为情感在本质上是一种体验，而任何体验都只有通过主体自我的心理感受才能确证。也就是说，感受不到的情感便不是情感。这样，主体就只有把对象当作自我时才能体验到对象的情感，也只有把自我当作对象时才能作为对象来体验，中国古代诗词所谓"将你心，换我心，始知相忆深"，即此之谓也。

很显然，对于艺术的对象，看来只能作这样的理解，即它是一种处于不断转化之中的主体化客体和客体化主体。从古代希腊的"模仿论"到中国古代的"缘情论"，从现代西方的"表现论"到现代中国的"反映论"，以及其他的各种文艺理论，都只揭示了艺术本质的某一方面而仅仅具有部分的真理性。只有站在马克思主义实践哲学的高度，才会因获得新的视野而眼界一新。至于本文开头提到的那场论争，以及当前和今后仍会发生的论争，究竟谁是谁非、孰深孰浅，相信读者会由此而得出公论。

——原载《江汉论坛》1987年第3期

ANNOTATION
注释

1.《马克思恩格斯选集》第1卷，人民出版社1972年版。重点号处原文为黑体字——引注。
2. 同上书。
3. 同上书。
4.《马克思恩格斯全集》第42卷，人民出版社1979年版。
5. 同上书。
6. 同上书。
7. 同上书。
8.《马克思恩格斯全集》第23卷，人民出版社1972年版。
9.《马克思恩格斯全集》第43卷，人民出版社1982年版。
10. 同上书。
11. 参看邓晓芒《关于美和艺术的本质的现象学思考》，《哲学研究》1986年第8期。
12. 参看拙作《艺术起源与审美超越》，《青年论坛》1986年第1期。
13.《马克思恩格斯选集》第1卷，人民出版社2012年版。

第二章
艺术实践性论纲

〖一〗 为什么要提出实践性

艺术实践性的提出,是重新界定了文艺学体系逻辑起点之后的必然结果。

我在上一章,即关于逻辑起点的那篇文章(原载《江汉论坛》1987年第3期,以下简称《逻辑起点》)中谈到,马克思主义文艺学体系的逻辑起点,既不应该是"主体性",也不应该是"客体性",而应该是马克思再三强调的"实践性"。因为在辩证法这一"最高思维形式"看来,所谓主体,乃客体之转化为主体;所谓客体,乃主体之转化为客体。它们都是人类实践的产物,是随着人类实践的历史进程而相互转化的。因此,历史唯物主义把实践看作文艺学体系的逻辑起点,并以实践性作为艺术的本体规定性。

然而,客体论或主体论文艺学之产生,仍然有着深刻的历史背景。

历史唯物主义认为,人类的意识起源于最早的社会实践——原始生产劳动。但即使在其最早的形态那里,意识也是一个自我意识与对象意识互为因果、相互转化的对立统一的二元结构。正如马克思在《资本论》中所指出的,"劳动过程结束时得到的结果,在这个过程开始时就已经在劳动者的表象中存在着,即已经观念地存在着。他不仅使自然物发生形式变化,同时他还在自然物中实现自己的目的"[1]。显然,要做到这一点,就必须把对象当作自我来看待,又把自我当作对象来看待。只有做到了这一点,人才能在自己的劳动产品中实现自己意识到的目的,并在这目的实现之前先把它的表象创造出来。人类把自我当作对象来把握和把对象当作自我来把握的心理能力，就是自我意识和对象意识。

劳动意识中的这种自我意识和对象意识后来如何被理论化为主体性观念和客体性观念呢？概括地说，这是劳动分工的结果。"分工只是从物质劳动和精神劳动分离的时候才开始成为真正的分工。从这时候起意识才能真实地这样想象：它是某种和现存实践的意识不同的东西；它不用想象某种真实的东西而能够真实地想象某种东西。从这时候起，意识才能摆脱世界去构造'纯粹的'理论、神学、哲学、道德等等。"[2]意识一旦发展到这个阶段，它就不再是劳动意识，而且必然要分裂为以自我意识为核心的主体性理论和以对象意识为核心的客体性理论。这就是唯心主义和唯物主义的起源。由于人来自自然界，而且人的劳动"首先是人和自然之间的过程"[3]，所以最早的思想家几乎都以客体为出发点，这是素朴的唯物主义者和唯物主义者的共同倾向。但是，"人和自然之间的物质交换的过程"又毕竟是"人以自身活动来引起、调整和控制"[4]的，因此哲学一定会把自己的眼光迅速地从客体转移到主体。只要看看古希腊哲学如何由米利都学派的物理哲学发展到毕达哥拉斯派的数学哲学，再发展到埃利亚派的逻辑哲学，直到苏格拉底的"认识你自己"，就不难明白这个道理。由此而下的整个哲学史上所谓主体客体之辩、唯心唯物之争，便都是以自我意识与对象意识的分裂为前提的。于是就造成了这样一个尴尬的局面：只有唯心主义才高扬了人的主体性，才"发展了能动的方面"（尽管是抽象地发展了）；而只要坚持唯物主义，就似乎非得放弃一切主体性自由，把人看作"一只较大的白鼠和一架较缓慢的计算机"不可。

只有马克思才以其睿智的目光洞见了唯心主义和旧唯物主义的弊端，洞见了主体论与客体论针锋相对的秘密。在《关于费尔巴哈的提纲》这个"包含着新世界观天才萌芽的第一个文件"中，马克思站在实践论哲学的历史高度，一针见血地指出，旧唯物主义的致命缺点，就在于"对事物、现实、感性，只是从客体的或直观的形式去理解，而不是把它们当作人的感性活动，当作实践去理解，不是从主观方面去理解"。[5]这样，马克思就用实践观念改造了旧唯物主义，使之成为一种崭新的世界观——实践哲学的历史唯物主义世界观，从而为我们今天重新认识文艺的本质，提供了"进一步研究的出发点和供这种研究使用的方法"[6]。

〖二〗 什么是实践性

实践,是近年来美学界和文论界谈论较多的一个范畴。但我国理论界对于实践概念,仍多有误解。他们不是像黑格尔那样,仅仅把实践看作人的精神活动,从而把实践性和主体性等同起来;便是像费尔巴哈那样,"只是从它的卑污的犹太人活动的表现形式去理解和确定",把它完全看作一种"物质性活动",从而把实践性看作客体性。这显然都不符合马克思的原意。

马克思主义的实践论认为,实践性是主体性与客体性的统一。犹南极与北极之于磁铁一样,去掉任何一极,无论在理论上或在实际上都是荒谬的。刘再复一面强调"主体是在实践中建立起来的概念,人既是主体,又是客体",另一方面又把人分为"存在的人"和"行动的人",提出"人作为存在是客体,而人在实践中、在行动时则是主体"。这句话给人的印象是,当人存在时则不行动,行动时则不存在。或者说,当你把他看作"行动的人"时,他是主体,具有能动性;看作"存在的人"时,他是客体,具有受动性。这就等于说有"指南的罗盘"和"指北的罗盘",当它指南时就不指北,指北时就不指南。显然,这种说法是难以服人的。

其实,不但现实的人不能分裂成"存在的人"和"行动的人",而且存在与客体或行动与主体、能动性与主体性或受动性与客体性,这些概念也不能混为一谈。所谓客体性,是人在自己的实践中并通过实践赋予对象的属性,即把对象看作主体之外的客体的那种观念;所谓主体性,则是人在自己的实践中并通过实践赋予自我的属性,即把自我看作客体之外的主体的那种观念。很显然,只有把自我当作对象来看待,人才能认识到自己也具有客体性;同样地,只有把对象当作自我来看待,人才能认识到自己也具有主体性。正因为他具有主体性,能把对象当作自我来看待,他才能在把自然改造为"属人的自然界"的同时,还把它当作"人的意识的一部分",当作"人的精神的无机界"[7];也正因为他具有客体性,即他自己能成为自己的对象,他才能够在认识世界、改造世界、观赏世界的同时，也认识自我、改造自我、表现自我。

因此，主体性也好，客体性也好，都既不是一种自然属性，也不是一种物质属性，而是一种人性，即人的实践性。只有实践性才真正是人的本性。人正是通过实践，才走出自然界而成其为人的。没有实践，也就没有人，当然也没有人性，更无所谓人的主体性。

所谓实践性，简言之，就是人在自己实践活动即社会生活中体现出的创造能力、反思能力和体验能力的总和。人在上述活动中获得和确证了这种能力，并以此作为人与动物的本质区别，这就是人的实践性。在这里，人的实践活动，即现实地创造对象世界的生命活动，是人类实践性的基本内核，是人类自由感的现实源泉。没有人对客观世界和自己主观世界的能动改造，也就不可能有什么自由感。但是，作为人类一切活动的最终目的，自由感又是以人类实践为前提的。因为只有自由感，才体现了人的"幸福"，才能使人的认识能对那些当时尚未表现出功利价值的事物发生兴趣和求知欲，从而永不休止地去探索未知世界；同时也能使人的行为不但不受当下认识范围的局限，反而不断改变自己的选择习惯和思维模式，凭借想象力建立新的目的，提出新的理想，最终创造出一个根本不存在的"人的世界"的自然界。在这个意义上，自由感倒是自由在最直接、最具体、最完整的意义上对人的呈现，是衡量一切自由的最终标尺，因此也是以推进人类社会实践进程、全面实现人的本质为目的的文学艺术的实践性之所在。

〖三〗 艺术实践性论纲之一：发生本体论

文学艺术正是人类在自由感的驱动之下，超越现实界和认识界，凭借自己想象力创造的一个心理世界。它不属于自然界，而只属于人自己，即只有人类才有艺术。在这个意义上，它是真正纯粹的人的世界，并且是最集中地体现人的实践性。

人类最早的社会实践是原始生产劳动，这便是工具的制造和使用。工具，作为人实践的第一件产品，不但是人类最早的文化模式，而且也是艺术和审美发生的母体。人类正是通过这一产品的确证，惊喜地意识到一个"创造者的自我"和一个"被创造的对象"。于是他就有了主体性，并同时赋予他所创造的对象世界以客体性。也就是说，他就有了主体意识与客体意识，即有了自我意识与对象意识。这样，他就能够把自己看作主体，把他的产品看作客体，并在后来的长期实践中逐渐把包括自然在内的整个世界都看作客体。这一次心灵的觉醒虽然在原始人那里尚属朦胧，但因为这是关键的一步，使人最终走出了自然界，成为有意识的生命体，成为社会的存在物。于是，从这一天起，世界在他的心目中就不再是或不仅是他生命的摇篮，而是可以供他改造并且必须由他来改造的实践对象，是他的客体。过去他属于自然界，从现在起自然界将属于他。他将在子子孙孙、世世代代、艰苦卓绝的实践活动中，实现自己的目的于自然界，并通过这一方式，以全身心拥抱自然，在更高的层次上实现人与自然的同一。

这样一个心理的历程当然只是现代人的描述。但在那最早打磨出一件石刀石斧的原始人心里，也许只不过有一阵心头的战栗，一阵窃喜，而他自己还茫然不知其所以。不过此刻他们的战栗、窃喜已上升为社会性情感，已成为一种超生物性的心理功能。也就是说，由于他在朦胧中已经有了主体意识和客体意识、自我意识和对象意识，也就有了把主体变成客体、把自我变成对象的心理冲动。这种心理冲动使人类不但在实践活动中对象化自己的自由意志和功利目的，从而现实地创造一个对象世界，而且在艺术活动中对象化自己的自由情感和超功利目的，从而观念地创造一个对象世界。于是，在上述原始人的惊喜之中，审美意识就萌芽了；而在使他惊喜的对象（劳动工具）那里，艺术形式也就诞生了。正是在这个对象合规律性和合目的性的形式上，人类直观地认识到自己有意识的创造才能，并在情感上体验到人的自由。非但如此，他们还能借助这一工具，把个体体验到的自由情感传达给别人，传达到整个群体。正如马克思所指出的："当你享受或使用我的产品时"，"你自己意识到和感觉到我是你自己本质的补充，是你自己不可分割的一部分，从而我认识到我自己被你的思想和你的爱所证实"。[8]这样，劳动工具就成了情感传达的最早物质媒介，并决定了人类终究有一天要生产出专门用以传达情感的工具来，而这就是艺术。

因此艺术是人类情感的对象化，艺术品则是传达情感的物态化形式结构。艺术正是要运用各种手段：表现的和再现的、抽象的和具象的、现实的和幻想的、真切的和荒诞的等种种形式，把人类在自己社会生活中体验到的种种情感意绪、心境情怀，包括那些深藏在心底、说不清、道不出、剪不断、理还乱的隐秘幽微的体验，都对象化为一个物质形态化的观念结构，以便使个体在生活实践中的独特体验成为具有普遍性的共同情感，成为全社会的共同财富。个体之所以要通过这个感性的物质媒介使自己的情感和别人、和一般人类情感相适合，是因为只有通过这种适合，即"共鸣"，才能在自己和别人那里都体验到一种普遍的"人的快乐"，才能确证自己的"属人的本质力量"，而群体则只有把一切个体的自由情感和特殊体验都包容于自身之中，才能真正成为"人的社会"，也才能逐步强大、丰富和完善起来。总之，正是在艺术的情感传达中，人类才感性地体验到他的本质"并不是单个人所固有的抽象物"，而是"一切社会关系的总和"[9]。

这就是艺术的情感传达性。它是由人类实践的情感体验性直接引申出来的，因而是艺术实践性第一个层次的规定性。

〖四〗 艺术实践性论纲之二：主客关系论

既然艺术在本质上是通过某一形式结构的媒介作用传达情感，并以此确证自己属人本质的观念活动，那么，它就必然具有主观普遍性。主观普遍性是艺术实践性第二个层次的规定性。

前面说过，任何人从事艺术活动（创作或欣赏），尽管他自己不一定意识到，但归根结蒂都是要在一个社会性的共同对象（艺术品）那里，通过自我与对象的"共鸣"，去确证自己的属人本质。人作为个体，是渺小的、卑微的、孤独的，只有当他作为"类的存在物"时，才是万物之灵。也就是说，任何人只有在心理上感到自己是一个群体、一个社会时，才能克服个体的恐惧感、卑微感和孤独感，才能作为人而存在。但这种心理感受，又总是只有他自己才能够体验。所以艺术感受（美感）又总是主观的。任何人都不能代替别人欣赏艺术，不能代替别人去审美。即使再伟大的艺术品，对于每一个欣赏者来说，都只是具有一种审美的可能性，而不是美本身。可能性转化为现实性，靠的是欣赏者的主观感受。如果它不能让人感到美，不能引起别人的共鸣，那么它就不是艺术品。而且，即使对于一个雅俗共赏、人人叫好的艺术品，每个欣赏者的内心感受也是各不相同的。因此"有一千个读者，就有一千个哈姆雷特"。感受各不相同而又能共同欣赏，这正是艺术的秘密之所在。否则，社会实践和生活经历各不相同的不同时代、不同民族的人们，又怎么可能把原始人的歌舞、古希腊的雕塑、唐宋的诗词、莎士比亚的戏剧和帕瓦罗蒂的歌声当作自己的共同财富呢？所以，从创作的角度看，艺术家又总是希望自己的独特体验能为他人所同感，自己的新颖见解能为他人所接受，自己的独特形式能为他人所理解。如果不能，他就会因情感不能对象化而苦闷、而烦恼、而怨恨。一旦偶然发现一二知音，便会引为同道，视若知己，甚至在失去了这知音后，摔琴毁画，终身不为艺术。这正是艺术普遍性的一种极端的表现。因此，任何艺术创作都是"表现自我，供人欣赏"，而任何艺术欣赏则无非是"欣赏别人，确证自我"。在这个意义上，可以说创作即欣赏，欣赏即创作，它们都表现出艺术的主观普遍性。

艺术创作和艺术欣赏相互转化的秘密，仍只能从艺术的实践性，即我在《逻辑起点》一文和本文开头申之再三的主体与客体、自我与对象的相互转化中去寻找答案。前已说过，实践和艺术都是创造对象世界的活动，因此都是主体对象化为客体，并使客观符合主观的活动。但实践的主体对象化，是以主观符合客观为前提的。就是说，在实践活动中，只有当实践者的主观愿望符合客观规律时，他的实践才可能成功，否则便只能是以卵击石、缘木求鱼。艺术则不然，它自始至终都要求客观符合主观。不但艺术作品作为客体，只有在符合欣赏者主观愿望时才可能被欣赏、被理解、引起共鸣，才是成功的；而且，现实生活的表象也只有在符合创作者主观愿望时才能被接受、被选择、被反映，才可能被作为传情的媒介纳入艺术的形式结构。为了实现情感传达、情感体验和情感共鸣的主观愿望，艺术有时要求它的形象贴近生活，酷肖现实；有时又不惜夸张变形、虚构再造，把新月说成是爱情的使者，把流水说成是怨妇的哀歌，甚至"无中生有"地变幻出树妖狐怪、牛鬼蛇神，"违背常理"地让杜丽娘因爱而死、死而复生。这都只能用艺术的主观普遍性来解释。艺术普遍性是一种心理普遍性，即"人同此心，心同此理"之理，而不是科学认识的客观普遍性。因此，在艺术作品中，只要符合人心之理，哪怕说一个人有一千只手（千手观音）也无不可，而像《空城计》这样明显违背军事常识的故事，也会使人信以为真地一再搬上舞台，历久不衰。

由于艺术的主观性，才使艺术家无不确信"自己的作品是美的"[10]，自己的风格流派是最高档的，自己的艺术主张是最正确的。同样，鉴赏家也无不认为自己的格调是最高雅的，自己的趣味是最纯正的，自己的批评标准是最准确的。没有这样一种"偏执"，就会导致"平庸"，甚至会泯灭创造的冲动。然而，艺术的主观性却深深地植根于它的普遍性之中。也就是说，艺术所要确证的，乃是人的本质；艺术品所体现的情感，在理论上也就应该是人类的共同情感（尽管实际上并非都如此）。这种共同感倾向当然首先体现在直接面对艺术作品的主体心中，即任何艺术主体（艺术家或欣赏者）都总是首先毫不迟疑地以自己的情感为参照系，要求对象与自我同一。如果格格不入，他们就拒绝接受，并斥之为"非艺术"。这种强烈的自我表现欲与自我确证欲反倒恰好是人的社会性的体现。要求别人和自己相同，实质上是要求个人与社会同一，是以一种把他人、把作为他人的艺术品看作自我的心理形式对社会群体的认同。所以，艺术的客体不是现实，而是艺术品；艺术品也不是物，而是人，是一个被看作与艺术主体有着相同情感的他人。因此，在艺术活动中，主体与客体的关系本质上是人与人的关系，甚至艺术与现实的关系，也如此。现实只有当它被看作人的时候，才是艺术的客体；这样，现实在成为艺术的客体时，它也就实质上被看作了艺术品。这就是我在《逻辑起点》一文中谈到的艺术美转化为自然美的秘密所在。根据这个原理，我们也就不难推导出艺术实践性的第三条规定性，即关于艺术审美理想的规定性。

〖五〗 艺术实践性论纲之三：审美理想论

在实践论哲学看来，所谓现实，只能是人的现实，即人的社会生活；而"社会生活在本质上是实践的"[11]。因此,艺术和现实都是实践的成果。在未有人类之前,自然界不是现实;而任何人所面对的现实,也无不是实践的产物。从这个角度看,艺术与现实是"平等"的。艺术当然要反映现实,但现实世界的展现作为人的实践过程,又总是体现着人类的艺术理想。正因为现实的创造是以艺术的追求为理想模式的,马克思才说人不但"按照任何一个种的尺度来进行生产,并且懂得怎样处处都把内在尺度运用到对象上去;因此,人也按照美的规律来建造"[12]。这里说的"任何一个种的尺度",即外在尺度是人对自然规律的把握,而"内在尺度"则是人对自我心灵的把握,后者集中表现为人的审美理想与艺术追求。前者只是实践的手段,后者才是实践的目的。在这个意义上,也可以说现实反映了艺术。因此,无论在现实的创造中,还是在艺术的创造中,人都必须"外师造化,中得心源"。人类一方面要求艺术摹写现实(逼真),另一方面又要求现实仿效艺术(如画)。现实虽然未必都如画,但如画却是它的理想目标;艺术的形象虽然未必一定要妙肖生活,但它的内容却必须是现实生活中体验到的真情实感。在这个意义上,我们可以说,艺术只有在贴近生活时才是真的,现实也只有在酷肖艺术时才是美的,而它们都只有在体现了人类的实践性时才是善的。这样,现实和艺术又都是实践的反映。它们作为人类的产品,"就会同时是些镜子,对着我们光辉灿烂地放射出我们的本质"[13]。既然如此,艺术与现实在实践面前,就不存在谁高谁低的问题,也不存在谁决定谁的问题。离开人的实践,它们将同时失去自身的价值。

显然,艺术、现实与实践的关系,只能这样去理解:现实是实践的直接成果,艺术则是实践的理想模式;现实是实践的实现了的目的,艺术则在对现实的情感体验中蕴含着对更高目的的追求。换言之,现实是实践的现在,艺术则是实践的过去与未来,而且归根结蒂是未来。艺术的审美理想,归根结蒂是人类已经感性地体验到、朦胧地意识到但又暂时无法实现的实践目的。这就是艺术实践性第三个层次的规定性。

艺术体现的实践目的性,就是真善美的统一。真是认识的自由,即通过对自然规律的把握,从必然王国向自由王国飞跃;善是意志的自由,即通过对劳动生产和社会结构的功利价值的把握,朝着人类全面自我实现的目标奋进;美则是情感的自由,即在自我与对象、人类与自然、工具与产品之间保持一种超认识超功利的精神联系,并通过这种联系，使每个人都最切身地体验到实践的自由感，即人的"幸福"，从而为全人类的幸福而奋斗。所有这一切，都朝着一个目标——共产主义。"在那里，每个人的自由发展是一切人的自由发展的条件"[14]，而一切人都在自由发展的社会，无疑是人类最美好的社会。

这就是艺术的审美理想。这一审美理想，在其现实性上，表现为通过一个外在的、对象性的因而具有普遍传递可能性的形式结构，使个人的情感体验变成社会的共同情感体验。因此，宏观地看，任何时代的任何艺术，归根结蒂都围绕着一个中心：人怎样才真正成其为人。而这个中心又总是通过"我的情感如何才成其为社会普遍情感"这一艺术追求体现的。因此，无论艺术史上有着怎样样式纷繁、流派众多、风格迥异、优劣混杂的现象，也无论艺术对生活的态度是歌颂还是揭露，赞美还是鞭挞，维护还是抗争，破坏还是建设等，这一切无不是为了体现人的这一目的。即使所谓颓废的、厌世的、悲观的艺术，也是如此。过去时代的文艺家，当然不可能意识到这一点。不过，虽然"他们没有意识到这一点，但是他们这样做了"[15]。而社会主义时代的文艺家，有了马克思主义世界观的文艺家，却无疑必须意识到这一点。

这就是艺术的实践性。它主要体现在以上论述的三个方面。在这里，情感传达性是艺术的本质，主观普遍性是艺术的规律，实践目的性则是艺术的功能。我们已经确定了实践是文艺学体系的逻辑起点，现在又从这一起点出发，界定了艺术实践性的三条规定，下一步，便是从抽象上升到具体，以进行艺术实践人类学的实证研究了。我相信在那广阔的天地里，是可以大有作为的。

——原载《江汉论坛》1987年第10期

ANNOTATION
注释

1.《马克思恩格斯全集》第23卷，人民出版社1972年版。
2.《马克思恩格斯选集》第1卷，人民出版社1972年版。

3.《马克思恩格斯全集》第 23 卷，人民出版社 1972 年版。
4. 同上书。
5.《马克思恩格斯选集》第 1 卷，人民出版社 1972 年版。
6.《马克思恩格斯全集》第 39 卷，人民出版社 1974 年版。
7.《马克思恩格斯全集》第 42 卷，人民出版社 1979 年版。
8. 同上书。
9.《马克思恩格斯选集》第 1 卷，人民出版社 1972 年版。
10.《毛泽东选集》合订本，人民出版社 1966 年版。
11.《马克思恩格斯选集》第 1 卷，人民出版社 1972 年版。
12.《马克思恩格斯全集》第 42 卷，人民出版社 1979 年版。
13. 朱光潜译马克思语，见《朱光潜美学文集》第 3 卷，上海文艺出版社 1983 年版。
14.《马克思恩格斯选集》第 1 卷，人民出版社 1972 年版。
15. 马克思《资本论》第 1 卷，人民出版社 1975 年版。

第三章
中国美学史的内在逻辑与历史环节

如果我们承认,所谓历史,虽然不是根据某种先验理性原则,像大本钟那样准时准点地按照事先定好的节目单上演的活剧,但也不是毫无规律的偶然事件的杂货摊,那么,我们就无法否认,无论是以历代王朝的更替为线索来书写中国美学史,抑或是像把一个人的一生分为出生、活着和死亡一样,把中国美学史分为"发端""展开"和"总结"三阶段[1],都是非逻辑、非历史和非美学的分期法。因为在这里,我们看不到中国美学自身运动的内在原因和逻辑线索,看不到每一阶段作为历史环节必然产生的根据,也看不到后一环节对前一环节的否定和扬弃,因此也就没有实质上的意义和理论上的价值。事实上,中国美学史的分期,绝不是学究式的经院哲学问题;它的意义,也决不仅仅只是为中国美学史的撰写提供划分章节的便利。正如我们将要证明的,它不仅关系到对中国古代社会性质的界定和对中国传统文化的总体评价,更重要的是,它在实质上要回答的,乃是中国美学的本质特征和内在逻辑。

毫无疑问,作为现代形态和独立学科的中国美学,即中国的Aesthetica,是1840年鸦片战争之后西学东渐的产物。由于王国维、梁启超、蔡元培、朱光潜等先驱者对西方美学的引进,改变了中国美学的固有模式,使它不再停留在经验总结和直观描述的水平而上升为理论思维。更为重要的是,在这个重大的历史转折关头,以鲁迅为代表的一大群有志之士的筚路蓝缕,使作为独立学科的中国现代美学,几乎一开始就在马克思主义科学原理的指导下,踏上了通往真理的坦途。

正是在这个意义上,我们可以也应该把鸦片战争之前的漫长岁月界定为中国美学史的史前期。它的源头，可以追溯到我们民族审美意识的萌芽时期，即追溯到那没有文字可供稽考、遥远得无法回忆的时代。但是，美学史毕竟不等于审美意识史。也就是说，它只能是人类对自己的艺术和审美活动进行理性规范，即不断探索、研究和界定美和艺术本质的思想史。这一历史，在西方，开始于古希腊，开始于毕达哥拉斯、苏格拉底、柏拉图和亚里士多德等一大批理性主义哲学家。它的特点，是以美的本质为主要课题，不断地试图从不同角度、不同层面用不同答案来回答"美是什么"这个司芬克斯之谜，而自从柏拉图明确提出这一问题后，它就一直困惑着西方无数睿智的头脑和聪慧的心灵。在中国，这一历史则开始于春秋战国时期。由于下面将要讲到的原因，中国古代的先哲圣贤们更加关注的，并非美的本质，而是艺术的本质，尤其是艺术的社会功能。看来，起步于人类历史同一时期（即公元前六世纪至前五世纪）、产生于我们星球同一纬度（即北纬30°至40°）的中西美学，正好分别从两个不同的方向照亮了人类美学思想的漫长历程。也许，只有当这两道光芒融为一体时，美的世界才会普照着理性的太阳。

因此，如果说，德国古典哲学终结以前的西方古典美学，可以划分为古希腊罗马客观美学、中世纪神学美学和近代人文美学三阶段的话，那么，鸦片战争以前的中国古代美学，则可以划分为封建前期艺术社会学、封建中期艺术哲学和封建后期艺术心理学三时期。[2]本文将要论述的，便正是这三个历史环节的内在逻辑关系。

〖一〗封建前期艺术社会学

王国维说过："中国政治与文化之变革莫剧于殷周之际。"的确，在中国古代史上具有划时代意义的"周革殷命"，决不只是一个王朝替代另一个王朝，或一个民族征服另一个民族，而是一种制度取代另一种制度，一种文化战胜另一种文化，即"隐蔽地存在于家庭之中的奴隶制"，被直接从原始氏族公社过渡而来的封建领主制所取代。与夏族、商族大约同时发祥的周族，由于世代重农，逐渐兴旺，终于一如东方斯拉夫民族，在原始公社解体之后，没有经过奴隶制阶段，便直接产生了封建制度，并以"三分天下有其二"（孔子语）的方式，通过武装斗争而一举夺得天下，揭开了中国三千年封建社会史的帷幕。其在文化上的意义，则正如《礼记·表记》所说，是一种早熟的封建文化——"尊礼文化"，逐渐取代了包括氏族社会"尊命文化"（夏）和奴隶社会"尊神文化"（商）在内的原始宗教"巫术文化"。人作为一个群体，从远古文化的神秘性和压抑性中解放出来，终于建立起一个以群体的人为核心、现实精神颇强、伦理色彩极浓的文化系统——礼乐文化，而中国封建文化也就开始了它从早熟走向成熟的历程。

中国古代美学就是在这种文化土壤上生长起来的。作为中国古代美学的始端，儒、道、法、墨诸家美学，无不是在春秋战国之际"礼坏乐崩"、早熟的封建领主制面临严峻挑战和考验的历史条件下，对"礼乐文化"进行反思的产物。也就是说，正是出于对中国社会历史的思考，并仅仅只是为着这种思考，他们才附带地对美和艺术的本质，尤其是对艺术的社会功能提出了自己的看法，所以，他们的美学思想，几乎都是伦理哲学和社会政治学的。

孔子是礼乐文化最坚定的维护者。在他看来，理想的社会应该也只能是按照宗法秩序有差等地结构起来的和谐群体。这种社会秩序的心理根据，就是建立在血缘关系这一生理基础之上的伦理情感——仁爱之心。当社会的每一名成员，都从"亲亲"之爱出发，将这种伦理情感辐射到全社会，以至于"己欲立而立人，己欲达而达人"，"己所不欲"则"勿施于人"时，便"天下归仁焉"。因此，无论是维持社会秩序的"礼"（伦理），还是维系群体和谐的"乐"（艺术），对于一个理想而健全的社会而言，便同样是不可或缺的。因为诗（艺术）"可以兴"，即可以感发每个人"泛爱众而亲仁"的向善之意；"可以观"，即可以考鉴社会政治的得失；"可以怨"，即可以干预生活、调整政策、实现心理平衡。更重要的是，诗"可以群"，即通过艺术媒介来传达交流情感，使每个个体都体验到群体和谐的审美愉快，更自觉地维护宗法政治秩序。由于"为仁之方"在于"克己复礼"，因此作为"齐家治国平天下"前提的个人道德修养，也必须通过艺术和审美来实现，即所谓"兴于诗，立于礼，成于乐"。唯其如此，孔子才高度肯定艺术的社会价值，并把它的本质归结为政治教化和道德修养的工具。

与之相反，墨家和法家则是艺术的否定论者和美学的取消主义者。在前者看来，艺术和审美都是无益于社会改良和物质生产的奢侈品，而后者则更激进地把它们看作有害于邦国的坏东西。以发明"矛盾"一词而举世闻名的韩非认为，任何事物的内容与形式，正如矛与盾一样，是冰炭不可同器、水火不能相容的。当一个社会必须以艺术为自己的审美形式时，这个社会的本质也就一定是罪恶的和腐朽的。因此，艺术即便不是对腐败政治的有意粉饰和对险恶人心的有意遮掩，也至少是它们的必然产物。相反，"和氏之璧不饰以五彩，隋侯之珠不饰以银黄，其质至美，物不足以饰之"，如果一个社会在本质上是美好的，那么，又何劳艺术呢？

在这一点上，道家美学也有相似的看法。道家认为，"失道而后德，失德而后仁，失仁而后义，失义而后礼"，礼与乐、道德与艺术，都是"失道"即"离开古代氏族社会的纯朴道德高峰的堕落"[3]的必然结果。因此，走向理想社会的必由之路，就是扬弃那令人目盲、耳聋的物质形态的美——艺术，回到"道"，回到"天地有大美而不言"的自然状态之中去。因为只有自然，才是无为而无不为之"道"的艺术品，也只有"莫之为而常自然"，才是与道同一的真正审美境界。因此，尽管老子和庄子的美学，无疑有一种思辨哲学和审美哲学的意味，但在本质上，却仍是社会政治学的。他们的"自然之道"，虽然有一种形而上学性质，却不是西方"物理学之后"的形而上学，而只是中国"伦理学之后"的形而上学。"超以象外，得其环中"，中国文化的土壤，只能首先开出伦理美学或艺术社会学之花。

春秋战国时期的百家争鸣，后来由中央集权的、大一统的封建地主制的秦汉帝国在政治上作了结论。汉武帝采纳董仲舒的建议，"罢黜百家，独尊儒术"之后，儒家思想成了封建社会的统治思想，儒家美学也就成了中国美学的正统学派，而其在两汉的代表著作，则是《礼记·乐记》和《毛诗序》。《礼记·乐记》的作者是谁，成于何时，学术界颇多争论。但本文认为，就其思想内核而言，当产生于战国而完成于西汉。因为贯穿其中的，正是"天人合一"的世界观和"礼乐同体"的艺术观。它反复地以"天道"比附"人道"，以"物理"比附"伦理"，提出"礼者天地之别""乐者天地之和""大乐与天地同和，大礼与天地同节"的观点，明显地带有董仲舒那个时代的印记。要言之，儒家伦理美学的神学化，只能是儒学被定为官方正统哲学的必然结果。于是才有"经夫妇，成孝敬，厚人伦，美教化，移风俗"的社会功利论，有"温柔敦厚，诗教也""广博易良，乐教也"的审美教育论，有"发乎情，止乎礼义"的艺术创作原则，有"审声以知音，审音以知乐，审乐以知政"的艺术欣赏原理。一切通乎伦理，一切为了政教。总之，大道理已经说尽，老调子已经唱完，中国美学在期待着新的机会，以便进入新的历史时期。

〖二〗封建中期艺术哲学

这个机会很快就来到了，那就是社会动乱达三百多年之久的魏晋南北朝。

魏晋南北朝是中国封建社会从前期到后期、从早熟到成熟的转折时期，其间有许多"反常"现象。在经济上，它表现为封建地主经济向封建领主经济的倒退，豪强兼并土地，庄园坞堡林立，大批失去土地和中央政权保护的自耕农，不再是向国家交纳赋税的编户齐民，而沦为与坞堡主有着人身依附关系的农奴或准农奴；在政治上，它表现为大一统封建帝国的分崩离析，一方面是南方汉政权的迭次更替，另一方面是北方少数民族入主中原，相继建立历时极短、五花八门并带有部落制和奴隶制性质的政权；在文化上，则表现为儒学信仰的危机、传统价值的失落和外来文化的入侵。总之，在中央政权不再有力量进行更多钳制的情况下，思想文化界出现了继春秋战国诸子百家争鸣之后又一次空前活跃与繁荣，其核心，便正是对传统文化的批判与反思。正是通过这一批判和反思，早熟的封建文化才得以走向否定之否定的成熟。

在这里，起着极重要作用的便是玄学与佛教。玄学是从儒学内部发展而来的反对派别，即由东汉名教之治的清议，而清谈，而玄谈，而玄学，终于成为一种论本体、辨言意，具有较浓形而上学思辨色彩的"纯哲学"。佛教在东汉明帝时传入中国，直到这时才真正风靡全国，并开始其中国化的过程，形成玄学化的佛学——般若学。玄学盛行于前，佛学（般若学）风行于后，二者都有一种迥异于传统思维模式的新鲜活力，启迪着中国知识界以新的眼光看世界，也以新的眼光看艺术。这种新世界观的体现，在审美领域，如宗白华先生所说，是对内发现了人情美，对外发现了自然美;在艺术领域,则如鲁迅先生所说,是产生了一个"文学的自觉时代",即"为艺术而艺术"的时代。"为艺术而艺术"作为新崛起的美学原则,是对"为政教而艺术"的反叛。于是,当哲学脱离经学而成为"纯"哲学时,艺术也超越政教而成为"纯"艺术。先秦两汉艺术社会学的影子已日淡如水,文坛上高扬的是"诗缘情"的旗帜,而"诗缘情"之取代"诗言志",也就是个人私情的自我扩张取代了伦理观念的普遍传达,导引着诗人艺术家的,是一种具有哲学意味和审美意味的人生态度——魏晋风度。

魏晋风度造就了一种"哲学的艺术"。它在魏晋南北朝时期经历了三个阶段,即人物、玄言、山水。这是一个走向"太一境界"的正反合过程,虽一则为"神超形越"的品评,二则为"但陈要妙"的说理,三则为"澄怀味象"的欣赏,但一以贯之的,却正是对永恒生命本体的追求,即以一种超功利的审美哲学态度,去观照自然,体验人生,以有限求无限,化瞬间为永恒。无论是那感叹生命短促、人生无常的慷慨悲歌,抑或是那目送归鸿、手挥五弦的玄远风神,还是那澄怀观道、得意忘言的审美心理,都如此。它们都是要通过那看似无意、貌似无为的人情物态,去体验"自然之道"这个生命本体的大意与大为,即无目的的合目的性。

这种"与道同一"的"太一境界",在刘宋山水诗那里得到了最好的体现,而"哲学的艺术"也就从此走向更为成熟、更为纯粹的艺术,并把哲学留给了自己的理论。事实上,文学艺术与审美意识的独立,确乎需要哲学在理论上予以肯定。自从曹丕的《典论·论文》把文学提到"经国之大业,不朽之盛事"的高度,从而开创了一个新时代以来,艺术的本质与功能,再一次成了中国美学的头号重要课题。无论是嵇康的《声无哀乐论》,还是陆机、钟嵘的"滋味说",都以一种对形式和形式感的高度自觉,强调了文学艺术的独立价值,而当萧统提出区别文学与非文学的标准时,这种精神就在理论上更为自觉了。于是,在这个极富创造精神的艺术开拓期和理论开拓期,当众多的艺术现象和艺术问题迫切要求理论作出解释和回答时,一种具有总结意义的艺术哲学也就应运而生。

这就是刘勰的《文心雕龙》。这部中国美学史上杰出的艺术哲学著作,以一种中国美学罕见的本体论宏观态度和因明学逻辑方法,对先秦到齐梁之间的文艺学理论，做了全面清理、高度概括和哲学总结，提出了一个以"自然之道"为核心的艺术世界观。这个艺术世界观认为，"道"是宇宙间一切事物的本体，包括文学艺术和一切审美形式在内的"文"，归根结蒂是"道"的产物，是"道"的外在形式和表现，因而具有一种与天地并生、与万物共存的普遍性。从"自然之道"出发，刘勰第一次将文学的反映论与表现论、实用论与目的论统一起来，提出了一个包括本体论、发生学、形态学、创作论、批评论和作家论在内的严密体系，而"勒为成书之初祖"。事实上，《文心雕龙》的出现绝不是一个偶然现象，它是整个时代艺术哲学精神的集中体现。[4]

于是，在接受了哲学的洗礼之后，中国美学和中国艺术开始走向成熟。如果说先秦两汉艺术社会学是艺术的"知之"阶段，即由思想家们根据自己对社会人生的总体把握，来告诫人们"艺术应该是什么"；魏晋南北朝艺术哲学是"好之"阶段，即由艺术家们本着"文学的自觉"精神，反思"艺术可能是什么"；那么，中唐之后，中国美学将进入"乐之"阶段——艺术心理学阶段，即由鉴赏家们根据自己的审美经验，来描述"艺术实际是什么"。"知之者不如好之者，好之者不如乐之者"，更何况在这时，艺术已发展到炉火纯青的成熟程度，而重大的理论问题又被认为已经解决。那么，剩下的事情，难道不就是"一味妙悟"，并把那审美的愉快传达出来吗？

〖三〗 封建后期艺术心理学

的确，中唐之后，无论中国社会，抑或中国美学，都已走向成熟。

中唐以后政治上成熟的标志，是科举制度的确立。它意味着意识形态结构和政治体制结构已通过由儒生组成的官僚机构这一中介，有效地、牢固地耦合起来，形成一种既有弹性又有韧性的组织力量，从而使儒家的国家学说现实化为超级稳定的社会结构，真正成为封建社会的立国之本。中唐以后文化上成熟的标志，则是禅宗的盛行。它既是本土文化（孔孟庄玄）与外来文化（印度佛教）的有机结合，又是正统文化（忠君孝亲）和非正统文化（礼佛避世）的相得益彰，还是政界文化（仕途、军旅）、都市文化（商贾、青楼）、江湖文化（侠）与山林文化（隐）的互补交融。社会与自然、群体与个体、兼济天下与独善其身、富贵功名与逍遥之乐，乃至物质与精神、此岸与彼岸，似乎都在这里找到了相互沟通和相互转化的最好中介。而这一中介，说到底，不过是"悟"与"迷"之间的一念之差。那么，以成熟了的中国封建社会和成熟了的中国封建文化为背景的中国美学之转向心灵，也就水到渠成了。

封建后期审美心理学的第一人是司空图，而划时代者为严羽。以司空图、严羽为代表的唐宋审美心理学，其显著的特点，在于他们的理论视角即出发点和着眼点，已既不是艺术社会学的政教之理，又不是艺术哲学的形上之道，而是审美主体的美感经验——文外之味。味在文外，也就是美在心灵。因此，继司空图提出审美鉴赏必须"辨于味"，而"味"又在"咸酸之外"后，严羽明确指出："诗有别材，非关书也；诗有别趣，非关理也。"诗（艺术）的传达载体和心理感受既无关于知识与观念，那么，当然也就以"不涉理路，不落言筌"者为上，而必须"一味妙悟"和"唯在兴趣"。妙悟也好，兴趣也好，都是艺术心理学的范畴。它们既非共存于群体之中的道德观念，又非常存于作品之中的形式规范，而只是审美主体当下即得的瞬间感受，一种只可意会不可言传、得于意象又诉诸心灵的心理效应。不仅是形象大于概念（不着一字，尽得风流），而且是欣赏大于作品（言有尽而意无穷），主体的创造性超越客体的有限性。所以，艺术的"妙处"是"透彻玲珑，不可凑泊"，艺术的"兴趣"是"羚羊挂角，无迹可求"，而艺术的本质规定也就只在心理学之中，这真是中国美学的一大变革，舍此便没有封建后期千余年无比丰富多彩的感受型经验型美学，也没有中国人审美意识的真正自觉。当《礼记·乐记》用"统同"和"辨异"来区别乐与礼即艺术与非艺术时，或者当昭明太子用"能文为本"和"立意为宗"来甄别文学与非文学时，他们虽然意识到了文学艺术理应有着自己的本质特性，但对这一特质的界定，却仍是外在的，甚至前者还是非艺术的。只有当严羽提出"妙悟"与"理路"之别时，文学与非文学、艺术与非艺术的区分才是内在的和心理学的了。至此，文学艺术才真正在理论上获得了独立。

当诗人和艺术家们津津乐道地"一味妙悟"时，一种注重审美感受、审美趣味的经验形态的"理论"也就取代了前期的艺术社会学和艺术哲学。老成持重的中国人已不再强调艺术对于社会的实用价值，也不再去构造什么艺术哲学的庞大体系，而是驾轻车沿熟路，把目光转向艺术的趣味、风格、技巧和情调。总之，不再是寻根问底，也没有高谈阔论，而是仔细地品尝，反复地斟酌，认真地推敲，感受到入微之处，一切文字和概念都已失去精确表达的功能，而只能诉诸介乎形象与概念之间的暗示，让读者自己去心领神会。这可以说是中唐以后中国美学的主流。

在这个艺术心理学时期，有两个人特别值得注意，那就是明中叶的李贽和清初的王夫之。尽管他们一个是新文学的鼓吹者，主张"诗何必古选，文何必先秦"，并把《西厢》《水浒》一类俗文学，抬到与"六经"、《论语》、《孟子》相提并论的高度；另一个则是旧传统的维护者，认为古体宗汉魏、近体宗盛唐，仍有数典忘祖之嫌，谓之"吾未见新鬼之大也"；但是，他们的共同点，也是显而易见的，即都深受禅宗的影响，因而都注重艺术活动的心理特征和强调艺术情感的真实性。作为王阳明哲学的杰出继承人，李贽的学说有一种禅宗式的平民化世俗化特色和呵佛骂祖的批判精神，但其思想内容却带有明显的近代特征和异端色彩。所以，李贽不仅认为艺术的真实在于心灵，而且认为在于童心。"夫童心者，绝假纯真，最初一念之本心也"，也就是一己之"私心"。与之相反，王夫之虽然也认为艺术的真实在于心灵，但强调它又必须是审美主体对客观事物当下即得的真实反映，他借用禅宗的术语称之为"现量"。现量者，现在、现成、显现真实之谓也，即不但是审美观照中当前直接感知和瞬间直觉获得的经验，而且是客观事物完整实相与审美主体真实情感的统一，即"情景合一"。因此，王夫之提出，诗学的方法，在本质上是属于心理学的，即"总以灵府为远径，绝不从文字问津渡"。显然，如果说司空图、严羽主要是从艺术欣赏的角度来对艺术本质作心理学的界定，那么，王夫之诗学的中心便是艺术创作心理学了。他们在方法论上之明显地有别于前两个阶段，实已无须赘言。

封建后期的艺术心理学，在王夫之这里达到了高峰，也走向了终结。事实上，王夫之的现量说即已表现出向封建前期艺术社会学回归的倾向。他说："只咏得现量分明，则以之怡神，以之寄怨，无所不可，方是摄兴观群怨于一炉，锤为风雅之合调。"十分有趣，《礼记·乐记》《文心雕龙》和王夫之诗学，分别作为中国史前期美学三个历史阶段的总结者，都带有明显的儒家美学印记。尽管有墨、道、法家的批判,有玄学与佛教的冲击,有禅宗和明中叶异端的干扰,儒家文化和儒家美学总是能在挑战面前应付裕如,一面坚守立场,一面化敌为友,丰富和完善着自身,并为每一次变革作出总结。这实在是一个非常值得学术界注意的文化现象,但本文已无法展开,只有留待将来了。

但有一点可以肯定,即中国古代美学之所以有着这样三个历史环节,完全是它按照内在逻辑而自身运动的结果。前已说过,中国美学的文化土壤,是以群体的人为核心的伦理型人文文化,其思想内核则是宗法群体意识。因此,它必然将自己美学的主要理论视线,投向政教伦理、人际关系、社会交往和情感传达方面去,并更多地关注艺术。因为艺术恰好有一种交流情感、沟通心灵和维系群体的心理功能。孔子早就说过,不学诗,便"无以言",即不能进行社会交往,也就等于面墙而立。所以中国美学的主要课题必然是艺术,而第一环节必然是人际。由"人际"(艺术社会学)而"天人"(艺术哲学)而"心物"(艺术心理学),既是中国美学从客体走向主体的转化过程,又是艺术本质从外在走向内在的认识过程;既是文化模式从早熟走向成熟的深化过程,又是美学思想从开创走向终结的僵化过程。这种内在逻辑力量之强大,当是墨法、老庄、屈骚、玄禅乃至李贽们最终只能成为补结构和亚文化的悲剧所在。王夫之以后,有清一代,已不再出现划时代的美学大师。中国古代美学已在精细入微之中走向穷途末日。[5]只有当帝国主义的炮舰敲开中国封闭的大门,马克思主义乘北方十月之风吹入中华大地,给古老民族以新的生气时,中国美学才能重新开始自己的历程。

我们相信,在马克思主义的指引下,通过对西方文化的吸取和对自身文化的反思,中国美学将走向自己的新阶段。那将是一个具有世界文化高度的现代美学,一个中国美学真正光辉灿烂的时代。我们将以自己的全部热忱和智慧,去迎接和拥抱这个时代。

——原载《武汉大学学报》1990年第1期

ANNOTATION
注释

1. 请参看敏泽《中国美学思想史》，叶朗《中国美学史大纲》。
2. 请参看邓晓芒、易中天《走出美学的迷惘》，花山文艺出版社1989年版。
3. 《马克思恩格斯选集》第4卷，人民出版社1972年版。
4. 请参看拙著《〈文心雕龙〉美学思想论稿》，即本书第三卷。
5. 甚至如王国维，亦未能从根本上突破中国传统美学的思维模式和理论框架。

第四章
艺术分类新说

艺术分类本身并不是目的,它的目的在于揭示艺术的本质。因此艺术类型就应该既是艺术本质的不同逻辑层面,又是艺术发展的各个历史环节。作为人对世界的一种掌握方式,艺术一方面表现为人与自然的关系,另一方面又表现为自然向人的生成。因此它在其诞生时期经历了三个历史阶段,并由此形成了三种艺术类型,即:一、环境艺术,包括工艺、建筑和雕塑;二、人体艺术,包括人体装饰、舞蹈和戏剧;三、心象艺术,包括绘画、音乐和文学。它们的发生、发展、演变和转化,就构成了整个艺术世界的生动历史画面。

艺术的分类,是美学和文艺学的难题。

历史上关于艺术分类的学说和观点可谓多矣!最常见和最流行的是以下三种:第一种以艺术作品的存在形态为依据,将艺术分为时间艺术(如音乐)、空间艺术(如绘画、雕塑和建筑)和时空综合艺术(如舞蹈、戏剧);第二种以艺术创作的目的手法为依据,将艺术分为表现艺术(如音乐、诗)和再现艺术(如绘画、雕塑、戏剧、小说);第三种以艺术欣赏的接受心理为依据,将艺术分为听觉艺术(如音乐)、视觉艺术(如绘画、雕塑、建筑)和内部感觉艺术或称想象艺术(即文学)。还有人主张把艺术分为静态艺术(如绘画、雕塑、建筑)和动态艺术(如音乐、舞蹈、戏剧),这实际上和第一种方法一样,是着眼于艺术作品的存在形态,但远不如第一种分法更为合理。至于以艺术的媒材为依据,将艺术分为音调艺术(音乐)、姿态艺术(美术)和语言艺术(文学)等等,也不过是第三种分类法变换了角度(一则着眼于作品，一则着眼于欣赏）的说法而已。

上述种种艺术分类学说，无疑都有一定的合理性，因此也都有一定的影响，并能一般地为人们所接受。但是，由于它们在方法论上，往往只是着眼于艺术的某一特征或某一层面，而未能着眼于艺术的内在本质与规律，因此，这些分类也就往往只是外在的、表面的，甚至是片面的。这样，当我们将这些分类原则实施于具体的艺术门类和艺术现象时，便难免生硬牵强，或捉襟见肘，或削足适履，或以偏概全，或挂一漏万。比如，如果说绘画是再现艺术，那么又怎样解释表现主义绘画呢？如果说雕塑是静的艺术，又怎样解释动感雕塑呢？还有，文学就能说是时间艺术吗？文学并不存在于时间序列之中，它并不像音乐那样，必须遵守一定的时间先后、时间节奏和时间长度。再如，舞蹈究竟是听觉艺术、视觉艺术抑或视听综合艺术呢？事实上，舞蹈的目的既不是听，也不是看，而是"跳"，因此它也不是内部感觉艺术。总之，上述艺术分类诸方法，总是有着这样那样不能令人满意也不能自圆其说之处。因此，有些美学家，如克罗齐、开瑞特等，就干脆认为艺术其实是不可分类的。

然而，不论艺术分类的反对者们有多么充足的理由，艺术之表现为不同的类型，却是一个事实。因此，艺术的分类，又是美学和文艺学不可回避的问题。问题不在于分不分类，而在于如何分类。更重要的是，艺术分类自身并不是目的，它的目的在于揭示艺术的本质，以及艺术由于这个本质而展示出来的现象形态和历史环节。因此，艺术的分类在方法论上，就必须遵循这样一个原则，即逻辑与历史的一致。在这种方法论看来，艺术的类型在本质上不过是艺术本质的不同逻辑层面，同时，由于艺术在本质上是运动的，是一个过程，因此，这些艺术类型又同时应该是艺术发生、发展的历史环节，这就叫逻辑与历史的一致。显然，这种分类方法，是动态的而非静态的，是发展的而非僵死的，是辩证的而非形而上学的。

美学史上最早试图按照一定的逻辑关系来研究各类艺术，将艺术类型的逻辑序列和艺术发生的历史环节联系起来进行分类的，是德国古典哲学家黑格尔。黑格尔认为，艺术之所以有这么多类型，是因为艺术作为美，即作为"绝对理念的感性显现"，必然展现为一系列历史环节，从而形成不同的艺术类型。第一个历史环节是象征艺术，其主要类型是建筑；第二个历史环节是古典型艺术，其主要类型是雕塑；第三个历史环节是浪漫型艺术,其主要类型是绘画、音乐和诗。这三个历史阶段和艺术类型,体现了艺术对于"理想"即"真正的美的概念"的三种历史性关系:"始而追求,继而达到,终于超越",而当艺术超越了自己的理想时,艺术自身也终将解体,并让位于宗教和哲学。

的确,美学史上还没有哪个人对艺术分类的研究达到了如此完善的地步。从这个意义上几乎可以说,黑格尔的分类在方法论上是不可企及的"范本"。但是,黑格尔的世界观毕竟在本质上是"头足倒置"的。这种唯心主义的头足倒置,就不但使他同样未能真正揭示艺术的本质,同时也使他的分类原则同样不可避免地有着许多弊病和漏洞。比如,舞蹈这种艺术样式,在他的体系中便没有容身之地。

我们的方法是把被黑格尔唯心主义地颠倒了的世界及其历史过程的本质再颠倒过来。马克思主义认为,艺术是人对世界的一种掌握,而这种掌握又是通过人对自然的实践活动而建立起来的。因此,这种掌握就一方面表现为人与自然的关系,另一方面又表现为自然向人的生成。也就是说,艺术是一个辩证地发生、发展着的过程,而这个过程又是与人类自身发生、发展的过程相同步的。根据这个历史唯物主义原理,我认为,艺术在其诞生时期经历了三个历史阶段,这三个历史阶段形成了三种艺术类型,其中每一类型又包括三个艺术门类,它们的发生、发展、演变和转化,就构成了整个艺术世界的生动历史画面。

〖一〗环境艺术

环境是人类生产、生活与生存的第一课题,因此当然也是艺术的第一课题。因为艺术在本质上,正是人在自己适应、改造和创造环境的实践活动中建立起来的对现实的审美关系。所以,艺术的第一个历史环节就是环境艺术。在这个历史阶段,艺术直接地与人类改造和创造自己生存环境的物质生产相联系,甚至本身就是这一生产的一个组成部分。这类艺术有以下几个共同特点:首先,它们都不是或主要地不是作为艺术而是作为环境来生产的;其次,它们所使用的物质材料亦即它们的艺术媒介和载体，都无一例外地同时是人类改造和创造生存环境所使用的那些材料（如木材、石头、青铜和泥土等）；再次，它们的产品也都服务于人类的生存环境，并构成这环境的一部分。正是由于上述原因，我们才把它们统称为"环境艺术"。

环境艺术的第一种类型和第一个环节是工艺，而工艺的核心是工具。工具是人类改造和创造环境的手段，同时也是人类改造和创造环境的产品，并且还是人类改造和创造环境的象征。正是因为有了工具，人才能改造和创造环境，也才使自己成为人。所以，工具是最早的人与环境之间的中介，是最早的文化模式，也是最早的艺术模式。

工具作为最早的文化模式，对于艺术的意义主要是发生学上的。这些意义主要是：一、工具的制造和使用使人建立了自我意识，从而不但能够把自我当作非我来看待，也能把非我当作自我来看待。艺术的创作和欣赏，就根源于这种心理能力。所谓创作，即是把自我（艺术家的内心体验）转化为非我；而所谓欣赏，则是把非我（他人的内心体验）当作自我来体验。其余如表现与再现、拟人与移情，也是如此。二、工具的制造培养了人"事先生产表象"的能力，艺术创作中的"意在笔先""胸有成竹"即基于此；工具的使用则培养了人类借助一个外在对象为中介来传达情感的能力，从而使人能够把包括自然、社会和艺术作品在内的一切现象都当作情感体验和情感传达的对象，这就是人对世界的艺术掌握。三、工具作为一种合目的性与合规律性相统一的人工产品，不断培养、造就和丰富着人的审美能力，使人类逐步地在一切生产中"按照美的规律来造型"，并最终使人类为此而专门生产旨在满足审美需要的精神产品，这就是艺术。由于工具对于艺术有这样重要的意义，因此工具自身也部分地向艺术转化：一部分工具演变为艺术品，如某些装饰品和礼器；一部分工具演变为艺术工具，如刻刀、弓弦；而工具的制作技巧和对工具的修整、装饰，则转化为工艺美术。

然而，工具毕竟不是真正的、严格意义上的艺术。工具是物质产品，而艺术和艺术品则是精神生产和精神产品。因此，艺术的历史就不会停留在工具阶段，而由工具向艺术发展的头一个环节就是建筑。

如果说工具作为主体与环境之间的第一个中介，是人打进自然界的一个楔子的话，那么，建筑作为一堵"墙"，则是人类在人与自然之间划出的一条界限。目前发现的人类最早的建筑，是1960年在坦桑尼亚的奥杜威峡谷发现的用松散的熔岩块堆成的围墙，距今已有约一百七十五万年的历史。这是人类分割空间的第一个成功的尝试。正是由于这种分割，世界才被"一分为二"，分成属人的和非人的两部分，而人类也才得以用一种崭新的目光看世界，并最终创造出仅属于人的精神领域的幻想世界，如神话及其他的艺术。所以，建筑是仅次于工具的最早文化模式，也是仅次于工具的最早艺术模式。

建筑是典型的环境艺术，因为它本身就是环境的改造和创造。在人类改造和创造环境的物质成果中，建筑是体积最大和数量最多的，同时也是影响最大的。它以其庞大的体积和持久的时间矗立在人类生存的地方，不由分说地强迫人们对它进行观照，从而成为人类生存环境的直接标志。人生活在什么样的建筑物和建筑群中，也就是生活在什么样的文化环境中。从这个意义上讲，建筑几乎直接地就是人类的生存环境，在现代社会和都市生活中，就更是如此。由于人类的生存一方面包括物质生活的需要，另一方面也包括精神的需要，因此，建筑也就一方面必须满足人的肉体生存的需要，另一方面也必须满足人的精神生活的需要，这就是建筑终将具有艺术性并成为一种艺术门类的原因。但是，建筑的目的毕竟是实用的而非艺术的，它的目的与功能也主要是建造环境而非美化环境。所以，它在逻辑上也将让位于一种更具有艺术性的环境艺术，这就是雕塑。

雕塑是以美化环境为主要目的的环境艺术。一件雕塑作品，无论它放在哪里（室内或室外），都构成环境的一部分，而且是构成环境中美化的那一部分。因此，我们将雕塑与工艺和建筑划归一类，而不是像通常那样，将它和绘画归为一类。在我看来，雕塑与工艺和建筑的联系要远远大于它与绘画之间的共同方面：第一，雕塑所使用的物质材料，恰恰也正是工艺和建筑所使用的那些材料（木料、石料、泥土、金属和塑料等），而绘画的那些主要材料（纸、布、颜料等）对于雕塑而言，则是可有可无甚至不需要的；第二，雕塑和工艺、建筑所共同使用的这些材料，都或者是可塑的（如泥土），或者是可雕、可刻的（如木料、石料），或者是可熔铸、可焊接的（如金属、塑料），而塑、雕、刻、熔铸、焊接，以及打磨、抛光等等，正是工艺、建筑与雕塑的共同创作手段,与绘画的主要手段——描、绘、涂抹等迥异;第三,雕塑与工艺、建筑一样,创造的主要是三度空间的立体形象,而不是绘画的二度空间平面形象。要言之,无论从材料、手段抑或最终创造出来的形象看,雕塑都不同于绘画,而应该与工艺和建筑划归同一艺术群。

如果追溯到原始时代,我们就会看到,雕塑与绘画甚至在题材上也表现出不同的倾向:雕塑似乎更热衷于表现人体,而绘画却宁愿让动物的形象占据其舞台。奥瑞纳文化(公元前35000年至公元前17000年)的绘画形象纯是动物;马格德林文化(公元前18000年至公元前11000年)的绘画仍以动物为主,仅有个别模糊的人像出现;而直到卡普萨文化(公元前10000年至公元前8000年),才出现明确、生动、毋庸置疑的人物形象。相反,早在奥瑞纳期,人体雕塑就出现了,这就是法国洛塞尔出土的"持角杯的少女",又称"洛塞尔的维纳斯"。至于女裸人体圆雕,则遍布于西起法兰西西部、东至俄罗斯平原中部的广阔地区,形成了一条延伸一千一百英里的所谓"维纳斯环带",其制作时间则大约在公元前30000年至公元前14000年之间。事实上,以人体为主要题材,一直是雕塑的传统。这个传统一直到亨利·摩尔,才逐渐为以几何形体为主的现代雕塑所取代。也许,这个事实正好暗示和证明了这样一个推测:雕塑作为环境艺术的最后一个环节,必将过渡到艺术的第二个历史阶段——人体艺术。

〖二〗 人体艺术

人体艺术是艺术发生、发展的第二个历史阶段。在这个历史阶段中,艺术的对象已由物质生产的客体转化为它的主体,即人。人自己而不是人所面对的自然界成了艺术的对象和媒介。不过,在这个历史阶段,占据艺术舞台中心的还只是人的自然部分和物质部分,这就是人的身体。所以,我们把这类艺术统称为人体艺术。它们的共同特征是:或者在人体上进行加工改造,或者用人体进行艺术创造。总之,这类艺术都离不开人体,人体是它们的共同对象、载体和媒材。

第一种人体艺术是人体装饰,它是通过对人体进行加工改造而产生的艺术。从逻辑上讲，人体装饰直接从环境艺术承继而来，即由对自然界的和自然物质材料的加工改造一变而为对人体自身的加工改造；但从时间上讲，人体装饰却并不晚于某些环境艺术，如雕塑。我国现知最早的人体饰物，是宁夏水洞沟文化遗物，年代在距今三万到四万年前，显然比目前发现的最早的雕塑作品年代还要久远。最早的雕塑和最早的人体饰物都是晚期智人的创造物，而用某种涂料（血或有色土）涂抹身体的行为，则可能在早期智人时期就已发生了。不过，尽管人体装饰的起源如此之早，但它却并不因此而比别的艺术样式更显得"衰老"。事实上，直到现在，它还是人类最普遍的艺术行为。

的确，把自己的身体当作艺术媒材，当作艺术加工的对象和审美情感的载体，这是只有人才可能有的行为。因为只有人才有意识，从而能够把自己的身体当作一个外在的对象，像改造自然界一样加以改造，像装饰生存环境一样加以装饰。同时，也只有人体，才具有被装饰的可能性。陆生动物和大部分水生动物，因为有毛、有羽、有甲、有鳞，所以是无法装饰和不假装饰的；而部分水生动物（如海豚），虽然和人一样，有着裸露的皮肤，但因其生活在水中，所以也是不能装饰的。更重要的是，动物根本就没有装饰自己身体的心理需要。动物的身体是自然形成的，而人的身体则是在从猿到人的进化过程中，通过劳动改造自然同时也改造自身的产物。因此，人就必须对自己的身体进行再改造，这就产生了人体装饰。

人体既然能像木头、石块、泥团那样被加工成艺术品，当然也就应该同样能像木头、石块、泥团那样被用来构造艺术品，这就是舞蹈。和人体装饰一样，舞蹈也以人类在体质上的进化为前提：裸体（即褪去体毛，而不是像其余近两百种灵长目动物那样遍体毛发）是人体装饰的前提，直立则是舞蹈的前提。所以，舞蹈与人体装饰不同：人体装饰是在人体上加工，舞蹈则是用人体造型。所以人体装饰近于工艺，而舞蹈则近于建筑。正如建筑是典型的环境艺术，舞蹈也是典型的人体艺术。舞蹈不仅直接用人体来造型，而且在舞蹈中，人体的律动本身就是目的。真正的舞蹈不是跳给别人看，而是自己跳。即便是观看舞蹈，也只有在感觉到自己也在跳，即通过"内模仿"而感到自己身体的律动时，才是真正的欣赏。因为正如闻一多先生的《说舞》一文中指出的："舞是生命情调最直接、最实质、最强烈、最尖锐、最单纯而又最充足的表现。"舞蹈的目的，是要通过那高度的人体律动，去体验一种"生命的真实感"，一种"觉得自己是活着的感觉"。这就是舞蹈的本质。

因此，舞蹈在本质上只能是人体艺术。它既非如工艺、建筑、雕塑那样，旨在建造和美化环境，又非如绘画、音乐、诗歌那样，旨在诉诸人的感觉和想象。要言之，雕塑的"雕"与"塑"，绘画的"绘"与"画"，诗歌的"写"与"朗诵"，音乐和戏剧的"表演"，摄影、电视和电影的"拍摄"等等都不是目的，而是手段，其目的是给别人欣赏；而舞蹈的"舞"与"蹈"或者说"跳"，却既是手段又是目的，而且更主要的是目的。这不但是舞蹈的特殊性，也是它与第三种人体艺术——戏剧的主要区别。

戏剧是第三种人体艺术，其与舞蹈的最大不同，在于舞蹈不一定要有观众，而戏剧却一定要有观众。这观众可以少到只有一人，却不能完全没有。失去了观众，戏剧也就立即失去了它自身的意义与价值。所以，戏剧是最典型的表演艺术，因为另一类表演艺术——音乐，也是不一定要有观众的。而且，正是由于观众的作用，戏剧才产生了它不可或缺的艺术构成因素——戏剧性。由于戏剧的目的，在于诉诸他人（观众）的视觉、听觉、想象和内心体验，因此，尽管戏剧也用人体来创造，但已不是纯粹的人体艺术，反倒更接近下一类艺术——心象艺术。

〖三〗 心象艺术

心象艺术是艺术发展的最高阶段。所谓心象，也就是"人心营构之象"。心象艺术的共同特征是：1.艺术的对象已既不再是物质自然界，也不再是人自身的物质部分，而是人的心灵；2.艺术的媒材也不再是自然原材料和人体原材料，而是借助自然物或人体再生产出来的人工色彩、人工音响和人造符号，它们都是人的心灵的对应物，并对应着人的心灵的某种特定感受和特定体验；3.这类艺术都直接诉诸人的心理活动，诉诸人的视觉、听觉和内部感觉（想象），并以此激起人的心灵的种种情感反应。显然，这是一种较为"纯粹"的艺术，它们较之前两大类艺术，更能体现艺术是一种精神生产、艺术作品是一种精神产品的这一规定性，即艺术的精神性。它们实际上是人类艺术精神最为集中和最为自由的体现，从而也是艺术作为一种精神因素从物质生产中诞生出来的必然结果。

第一种心象艺术是绘画。绘画与前两大类艺术的关系最密切，在逻辑上它可以看作是由环境艺术中的雕塑和人体艺术中的装饰发展演变而来，即由刻改为画，由在人体上画改为在别的材料上画，由三维空间的造型改为二维空间的造型，由对对象的整体把握改为对对象中之色彩、线条和形状的抽象把握。这后一种把握显然比前一种把握更"难"，因此，绘画的发生也许要晚于雕塑和人体装饰，而除去手指以外，绘画的工具（笔、吹管）也要晚于雕塑和人体装饰的工具（石刀、骨针等）。但晚起的艺术与早起的艺术之间并不一定有"母子"关系，绘画可能是独立发生的，因此它也只是在逻辑上应排在雕塑和人体装饰之后。

作为心象艺术在逻辑上的第一个环节，绘画首先考虑到的是呈现在人面前的外部世界，而且首先是与人的生存息息相关的动物界；只是由于人对自然之实践斗争的节节胜利，人的形象才进入绘画领域，并在相当长的一段时间内占据了绘画舞台的中心；直到相当晚近的时期（在中国开始于魏晋，在西方则晚到十七世纪的荷兰画派），植物、无机物及整个自然界才得以成为绘画的主题；最后，只有当人们认识到绘画的特质并不在于对描绘对象的真实写照，而在于对色彩、线条、造型、构图等等的审美感受时，绘画作为一种心象艺术的真正品格才被发现。显然，这既是一个审美领域不断扩展的过程，也是一个从"物象"到"艺象"的不断心象化过程。它深刻地揭示了这样一个原理：绘画所要描绘和表现的，不是现实世界本身，而是人对现实的审美反映（感觉、体验）。换言之，是"心象"。

建筑和雕塑是三维的，绘画是二维的，而音乐则是一维的。音乐是心象艺术的第二个环节。正如同样作为第二个环节的建筑是典型的环境艺术，舞蹈是典型的人体艺术，音乐也是典型的和纯粹的心象艺术。音乐既不描绘具体的客观事物，也不表现具体的主观感受。音乐的构成因素是自然界所没有的人工音响，它们具有非表意性和非造型性，这是音乐语言既不同于绘画语言（有造型性）又不同于文学语言（有表意性）的最主要的特性，而由这样一种语言构成的音乐世界，也就是一个独立的、自足的世界。这样一种音响和由这种音响序列构成的形式结构，很显然是为了人的心灵的需要而被创造出来的。它既不来自自然，也不回归自然。在绘画和文学中，我们还能看到点什么或想象些什么，在音乐中则一无所有。它是只对心灵说话的艺术，也只有心灵才懂得它的语言。离开了人的心灵的感应，音乐就什么也不是。所以，音乐一方面是最难理解的艺术，另一方面又是最能超越时代、民族和地域限制的艺术。

音乐作为典型的心象艺术，由于最少依赖物质材料而最具有精神性，由于最少依赖自然界而最具有人工性，由于最少受制于现实生活而最具有超越性，由于最少受到非艺术因素的影响和制约而最具有自律性，因此音乐还可以说是最典型和最纯粹的艺术。所以许多美学家都认为音乐是一切艺术的灵魂。每种艺术中都有音乐的成分，它是每一种艺术都想要达到的一种状态或者说境界。

心象艺术的第三个环节是文学。相比较而言，文学对物质材料的依赖比音乐还要少，它既不像声乐那样依赖人体，又不像器乐那样依赖器具。它甚至连固定的维度也没有——讲一个故事可长可短，看一篇小说可以分几次读完，而读一首诗的时间也因人而异。建筑和雕塑把四维时空变成三维空间，绘画把空间从三维压缩为二维，音乐取消了空间的维度只留下时间维，而文学则使这仅剩的一维也变成弹性的和模糊的了。

但是，由于文学的构成因素——文学语言既具有表意性，又具有造型性，即可以通过想象而转化为视觉形象，因此，文学又比音乐更接近于前几类艺术。事实上，文学作为艺术序列的最后一个环节，也确有一种"回归"和综合前面几种艺术的倾向：文学中的诗近于音乐，散文近于绘画，小说近于戏剧，而人们言谈中具有文学性的语言以及某些"轻文学"（如成语、谐语、谚语、谜语、对联等），则近于人体装饰。此外，文学创作中"塑造形象"近于雕塑，"结构篇章"近于建筑，而"刻画环境"和"推敲语言"则近于工艺。从这个意义上我们又可以说，文学是一切艺术的心象化。

毫无疑问，任何分类都只有相对的意义。至于某些现代艺术如电影的归类问题，则拟另文再论。

——原载《武汉大学学报》1993年第1期

第五章
中国艺术精神的
美学构成

  中华民族是一个极其热爱生命的民族，生命活力是中国艺术精神最核心的内容。体验着生命的是情感，传达着情感的是意象。意象圆融物我，是情感的理性化；线条抽象单纯，最能体现理性精神。因此，中国艺术精神的美学结构，就可以概括为这样由内向外的五个层次：最核心、最内在、最深层的是生生不息、运动不止的生命活力；其次是与天地同和、有节奏有韵律的情感律动；第三是主客默契、心物交融、情景合一的意象构成；第四是无偏、有节、尚中、美善合一的理性态度；最后是抽象、单纯、韵味无穷的线条趣味。它们分别对应着气、情、象、法、言五个范畴。如果借用最具代表性的几种艺术样式来作象征，则可以艺术地描述为舞蹈气势、音乐灵魂、诗画意境、建筑法则和书法神韵。

〖一〗 生命活力

  以生命的眼光看世界，把包括从自然到艺术在内的一切事物都看作活生生的生命体，这是中国人的哲学观，也是中国人的艺术观。《周易》所谓"天行健，君子以自强不息"，是这种宇宙观的哲学表现；讲究风力、骨力，则是这种宇宙观的艺术表现。中国艺术历来讲风骨。《文心雕龙》有"怊怅述情，必始乎风；沉吟铺辞，莫先于骨"之说。什么是风骨？我以为风骨都本于气。气动万物就是风，动而有力就是骨，它们都代表着一种永不消亡的生命活力。风以其动感表现其"活"，骨则以其坚挺表现其"力"，所以风骨也就是活力。具体到艺术，则风讲动人之情和飞动之势，骨讲立人之本和内聚之力。中国古代优秀的艺术作品，无论何种样式、形态、风格，无不讲究风骨，讲究活力——或者，讲究气势。

气势，是中国美学的一个重要范畴。它的核心就是气。有气才有势，而气象万千、气韵生动也和气势磅礴一样，向为中国美学推崇和赞许。对于中国艺术来说，气，往往比情（内容）和采（形式）还要重要，还要根本。所以，在创作中，元气淋漓、大气磅礴、法备气至、神完气足者为尚，索莫乏气、骨气不足、乏其生气、气竭声衰者为劣。绘画要"气韵生动"，作文要"一气呵成"，都是这个道理。

什么是气？中国哲学和中国美学中的气，其实也就是生命或生命本体。作为生生不息、弥纶万物的生命本体，它往往又被称为"元气"。实际上，它无非是人能够感觉到而不能科学表述的生命力或生命感。但是，这种生命力或生命感，却易于为艺术尤其是舞蹈所体验。闻一多先生在其著名的《说舞》一文中曾极其深刻地指出："舞是生命情调最直接、最实质、最强烈、最尖锐、最单纯而又最充足的表现。"在这种表现中，舞蹈者通过自己人体的律动，可以体验到一种生命的真实感，而观赏者受其感染，也得到同样真实的生命感。闻先生认为，舞蹈的意义便正在这里。[1]也就是说，舞蹈，乃是最宜于表现生命活力的一种审美形式和艺术样式。

因此，中国的许多艺术都接近于舞蹈，趋向于舞蹈，有着舞蹈的气势，甚至可以广义地被看作是舞蹈。其中，最典型的是书法、绘画和戏剧。中国书法和绘画中的狂草和写意简直就是纸上的舞蹈。雪白平展的宣纸有如灯光照射的舞台，柔韧飞动的毛笔有如长袖善舞的演员，艺术家凝神运气，泼彩挥毫，墨花飞溅，笔走龙蛇，酣畅淋漓，气象万千，其制作过程本身便极具表演性和观赏性。难怪张旭见公孙大娘舞剑器而悟笔法，吴道子作画要请裴将军舞剑以助壮气。至于戏曲，则更是以舞蹈为不可或缺的有机组成部分。"以歌舞演故事"，正是中国戏曲不同于西洋戏剧的民族特征之一。西洋的戏剧，话剧是话剧，歌剧是歌剧，舞剧是舞剧，而中国的戏曲，却集诗、歌、舞于一体。不但唱的时候要舞，不唱的时候，其舞台动作，也是节奏化程式化亦即舞蹈化的。舞蹈性，几乎成了中国艺术的一种审美特性，而作为中国艺术精神内核的生命活力,也就可以象征性地描述为"舞蹈气势"。

〚二〛 情感节律

对生命活力的感性体验、审美体验和艺术体验只能是一种情感,而热爱生命的民族必然重情。什么是"情"?"情"这个字,从"心"从"青",而"青"则是草木的春色,是植物生命力的象征。对于一个极其热爱生命的农业民族来说,"青"无疑是一种美丽的颜色。故天空之美者曰青天,季节之美者曰青阳,妇人之美者曰青娥,年华之美者曰青春。在汉字中,从"青"之字,不少都带有"美"的意思。比如日之美者曰晴,水之美者曰清,言之美者曰请,而心之美者曰情。这样说来,则"情",也就可以理解为"心灵的绿色""心灵的美丽"和"心灵的活力"了。

艺术不能没有美,也不能没有生命活力,所以艺术不能没有情。中国艺术十分重情。《礼记·乐记》说:"凡音之起,由人心生也","情动于中,故形于声,声成文,谓之音"。由音乐理论揭示出来的艺术的情感特征,是中国美学的核心。中国的艺术创作、艺术欣赏、艺术理论和艺术精神,一以贯之的就是一个"情"字。不但音乐是情感的表现与传达,诗、舞蹈、戏剧,甚至绘画、书法、雕塑、建筑,也无不是情感的表现与传达。在中国人看来,一个没有人情味的人是不能算作艺术家的,一件没有人情味的作品也是不能算作艺术品的,而一个没有人情味的自然更简直是不可思议的。中国人很少像西方人那样强调自然的客观性、外在性和疏远性,而是更看重自然的向人性、宜人性和拟人性。也就是说,更看重人与自然的情感性。因此,中国艺术的逻辑,就是情感的逻辑;中国艺术的真实,就是情感的真实。依此真实,就不必拘泥于外形的酷似、物理的真伪;依此逻辑,就可以反丑为美、起死回生。抽象、写意,是不求外形的酷似;夸张、变形,是不辨物理的真伪;《文心雕龙》所谓"鹆音之丑,岂有泮林而变好;茶味之苦,宁以周原而成饴",是反丑为美;汤显祖所谓"情不知所起,一往而深,生者可以死,死可以生",是起死回生。

这样一个充满了人情味的生存空间无疑是一个充满了音乐情趣的时空综合体。

在这里，空间方位（东西南北）往往变成了时间节奏（春夏秋冬）甚至情感节奏（喜怒哀乐）。郭熙《林泉高致》提出的"三远法"（自山下而仰山巅，谓之高远；自山前而窥山后，谓之深远；自近山而望远山，谓之平远），再清楚不过地告诉我们，中国的艺术家是用什么样的眼光看世界的。的确，在摆脱了物象的束缚和摒弃了物理的限制后，世界对于艺术家，就几乎只剩下节奏和韵律。首先是道的节奏、元气的节奏和心灵的节奏，然后表象为艺术，成为抽象的色、线、形、体、音的节奏，和具象的时、地、人、物、景的节奏。至于笔墨的节奏和四声的节奏，则更为中国艺术所独有。

如果说节奏较多地注意到量的变化，那么，韵律便更多地注意到质的不同。节奏有更多自然性，韵律则更多人为性。从节奏提升到韵律，也就是从自然提升到艺术。所以，韵律也必然为中国一切艺术所共有。绘画讲"气韵"，书法讲"神韵"，诗词讲"韵外之致"，音乐讲"流风余韵"，戏曲讲"韵味无穷"。韵或韵味，往往是比一般意义上的"美"更重要的东西。

什么艺术最重情感，最讲节奏和韵律？音乐。在中国人看来，音乐和天地宇宙一样，都是既节奏井然，又韵味无穷的。这就是和谐，这就叫"大乐与天地同和"。因此，重情感、讲节奏、讲韵律、讲和谐的中国艺术，便都贯穿着音乐的灵魂并接近于音乐：书法、绘画的笔墨是视觉化的音响，诗词是无伴奏的独唱，建筑和园林则或者是黄钟大吕的交响，或者是丝竹弦管的奏鸣。中国艺术的世界，是一个音乐的世界；而中国艺术精神美学构成的第二个层次——情感节律，也就无妨称之为"音乐灵魂"。

〖三〗 意象构成

主观的、仅属于个人的情感只有在对象化以后，即只有借助"象"，才能够在人与人之间得到普遍的传达。因此，中国艺术便必然以情感为生命，以意象为构成。象，是中国美学又一个重要范畴。中国美学的"象"，从来就不等于西方美学的"形象"，而是"有象无形""去形存象"。《易·系辞》说："见（现）乃谓之象，形乃谓之器。""现象"不等于"形器"。形器（形）是事物的实体，而现象（象）则是事物的表象。对于艺术来说，事物的实体是不重要的，重要的只是事物的表象。表象作为事物的反映，是一种心理现象，只存在于人的头脑之中。它可以在人的头脑中复现，这就是回忆；也可以在人的头脑中运动、变化、重组甚至创造，这就是想象。心理学的研究证明，人在回忆和想象时，往往伴随着情感。对于惯常用情感眼光看世界，又区分了实体（形器）和表象（现象）的中国艺术家来说，就更是如此。于是，"象"在中国艺术这里，就不但不是"形象"，也不单单是"表象"，更重要的还是"意象"。

意象是抽离了"形体"又蕴含着"情意"的表象，或者说是"有情感的表象"。但必须特别指出，意象绝不是意与象的两两相加或简单契合，而是意中有象，象中有意，物我同一，主客包容，既非纯客观的如实摹写（如西方古典艺术），也非纯主观的自我表现（如西方现代艺术）。显然，这是中国独有的宇宙观、哲学观在艺术中的体现。

意象是中国独有的美学范畴，意象造型观也是中国独有的艺术观念，而诗画艺术则是这种艺术观的集中表现。"赋比兴"作为中国诗歌的金科玉律，"传神写意"作为中国绘画的传统观念，都涉及意象问题。前者讲意象的目的（传达情感），后者讲意象的特征（不求形似）。因为不求形似，所以更注重笔墨（笔墨比物象更接近审美心灵）；因为传达情感，所以要借助意象（意象比概念更易于传达情感）。情感靠意象传达，意象靠笔墨构成，"情感—意象—笔墨"，这就是中国诗画艺术的基本结构。无疑，在这里，意象是一个极其重要的中间环节。一般地说，中国诗更重情感（情动于中而形于言），中国画更重笔墨（具其彩色则失其笔法），但它们都离不开意象。正因为它们都以意象为美学构成，所以中国诗常有画境，中国画也常有诗意。这样，意象就作为一个中介，把诗和画统一起来了。如果说，西方美学讲究的是诗画对立，那么，中国美学追求的则是诗画一体的"诗情画意"，是情景合一的"诗画意境"。

所谓"诗画意境"，就是主客默契，心物交融，对象中有自我，自我中有对象的一种境界。中国的诗和画都追求这种意境。中国的诗论讲究的是"情景合一",中国画论讲究的是"天人合一"。天人合一是中国人的哲学观,情景合一是中国人的艺术观。在这两种观念的主宰下,中国艺术家无论是以"移情"的态度看待自然(情往似赠,兴来如答),还是以"直觉"的方式把握对象(情景合一,自得妙悟),都不难达到这一境界。

所以,中国的其他艺术,也和诗画艺术一样,有了一种交融物我、综合时空的审美特征。书法就其表现方式而言,是空间的;就其观赏方式而言,却是时间的。在书法作品中,静态的空间结构往往转化为流动的时间节律,从而既与观赏者的审美心理"同构",又与之"同律"。[2] 戏曲亦然。漫长的时间,辽阔的空间,仅仅表现为几个极其精彩优美的动作和身段。这和杜诗所谓"乾坤万里眼,时序百年心",和国画《百花齐放》将不同地域不同季节开放的花画在同一画面,是一个道理。显然,这不仅仅是一种艺术手法,更是一种艺术境界。这种境界,就其化空间为时间而言,是音乐的;就其化时间为空间而言,是舞蹈的;就其融主观客观、对象自我、表现再现于一体而言,则是诗和绘画的。总之,它是中国艺术独有的一种境界。

〚四〛理性态度

情感的对象化或者说意象化,也就是情感的理性化和形式化。因此,理性态度便是中国艺术不可或缺的精神。如果说生命活力主要表现于舞蹈,情感节律主要表现于音乐,意象构成主要表现于诗和绘画,那么,理性态度便主要表现于建筑。建筑是艺术中的哲学。所谓"建筑法则",就是哲学的法则、理性的法则。

一般地说,西方的艺术更近于宗教,中国的艺术则更近于哲学。中国的哲学主要是伦理学的,而非逻辑学和宗教学的。中国建筑的代表作,也主要不是供神使用的祭坛和教堂,而是供人居住的宫殿和园林。即便寺庙建筑,也像中国的宗教一样,较少天国色彩而极富人间气息。可以这么说,中国的宫殿府邸、园林别墅、寺观坛庙,正好分别对应着中国的三大哲学流派——儒、道、释。

儒道释三家哲学的共同特点，是都讲辩证法。表现于建筑这种分割空间的艺术，则首先是如何处理充实与空灵的关系问题。大体上说，儒家讲充实，道家讲空灵，佛家既讲充实，又讲空灵。或者说，强调经世济民，注重实用价值的讲充实；强调超凡脱俗，注意审美趣味的讲空灵；而主张"立地成佛"的则既讲充实，又讲空灵。具体到艺术，大体上是舞蹈、雕塑、绘画讲充实，音乐、书法、诗讲空灵。再具体到建筑，则宫殿府邸讲充实，园林别墅讲空灵，寺观坛庙既讲充实，又讲空灵。中国的寺庙建筑形式多如宫殿，却又多建于山林之中，便正是这种观念所使然。

可见，充实与空灵，乃是一种辩证的关系，可以而且应该相互渗透、相互转化并统一于同一艺术样式或艺术作品之中。中国的宫廷建筑多留空地甚至还要穿插园林，中国画画面多留空白，戏曲、舞蹈不用或少用布景和道具，雕塑多不注重细部，是为了求空灵；园林要"借景"，诗要"咏物"，书法偏重"中锋"，是为了求充实。总的来说，中国艺术的法则是亦虚亦实，虚实相生。虚不是空虚和虚无，实也不是僵化和刻板，而是虚中有实，实中有虚，空灵的风格表达着充实的内容，沉着的风骨表现为飘逸的情趣，就像中国许多建筑都有着稳重的石基和灵动的飞檐一样。

中国艺术之所以既讲充实又讲空灵，是因为它既要讲格调，又要讲趣味。有格调则典雅，有趣味则高雅。反之，无格调则鄙俗，无趣味则粗俗。要言之，格调关乎道德，而趣味关乎审美。格调与趣味的统一，也就是道德与审美的统一。在中国人看来，不道德的东西是不美的。反之，善的也必定是美的。美善合一，也是中国艺术的精神之一。一个人，如果道德高尚，内心充实，格调也就一定高；如果超凡脱俗，飘逸虚灵，趣味也就一定雅。人如此，艺术品亦然。

但是，格调与趣味，毕竟不是同一个东西。所以，不同的时代，不同的艺术，不同的艺术家，就各有侧重。大体上说，中国美学前期重格调，后期重趣味；诗重格调，词重趣味；楷书重格调，行草重趣味；宫廷建筑重格调，民间园林重趣味；尊孔孟者重格调，近庄禅者重趣味；等等。然而偏重则可，偏废则不可。只讲格调不讲趣味，便难免失之呆板；只讲趣味不讲格调，便难免失之轻浮。这两种倾向，都不为中国艺术和中国美学所赞同。

由此可见，中国艺术崇尚的，乃是一种无偏、有节、尚中的理性法则和理性精神。这是中国建筑的法则和精神，也是中国一切艺术的法则和精神。中国艺术作品中表现的情感，往往带有伦理色彩，奋发而不激越，忧伤而不绝望，欢欣而不迷狂，悲哀而不凄厉。中国艺术的形式，也极重规矩和法度，比如诗词曲讲格律、山水画讲皴法、戏曲和舞蹈讲程式等等，都是。虽然也有"无法之法，是为至法"的说法，但这里的"无法"其实仍然是"有法"，只不过对"法"的运用，已经达到了"从心所欲不逾矩"的境界，因此看似"无法"而已。更何况，所谓"无法之法，是为至法"，岂非一种很高的哲学境界？

〖五〗 线条趣味

最能体现理性精神的审美形式是纯净的、线条化的艺术语言。与色彩相比，线条确实要更理性一些。对色彩的把握往往只需要感觉，对线条的把握却多半需要理解。中国不但有纯粹的线条艺术——书法，而且中国几乎所有的艺术，都接近于书法，有着书法的神韵。所以，四六骈文终于不再行时，金碧山水也逐渐让位于水墨山水，小说多以"白描"手法刻画人物，戏曲也把布景道具减到不能再减。总之，中国艺术总是尽量用纯净的线条、洗练的笔法和抽象的程式来表现自己所要表现的东西。因此，它们都可以广义地被看作是一种"线条艺术"，或者说，是以"线条趣味"来造型的艺术。

当艺术主要由线条语言或线条化的语言来造型时，它体现和造就的审美趣味，也就必然是一种线条的趣味。"抽象"是这种趣味的第一原则。如果说中国画的抽象是"抽而有象"，那么，书法就差不多可以说是"抽而无象"。严格说来，以象形为本源的汉字，只是书法的素材，而不是书法的本质。书法在本质上只是一种线条的艺术，而线条恰恰是一种抽象的东西。唯其如此，书法才终于由比较"像"的篆隶，发展为不那么"像"甚至根本"不像"的行草。

抽象造就的艺术风格是单纯。书法作为一种视觉艺术，没有光影、明暗、透视，也几乎没有色彩，可以说是单纯得不能再单纯。单纯是一种很高的艺术品位，也是一种很高的艺术境界。这种境界可以一直追溯到《周易》美学："上九，白贲无咎。"贲即文饰。白贲，即饰极返素的无饰之饰。文饰是繁复，文饰到极点以不文饰为文饰，就是单纯。这就叫"绚烂之极归于平淡"。可见平淡不是枯淡，单纯也不是单调，而是把绚烂和繁复当作被扬弃的环节包含于自身之中。它是一种更高的品位。它是书法艺术的追求，也是中国一切艺术的追求。比如中国画不求形似，是抽象；多用水墨，是单纯。

线条艺术的优越性是毋庸置疑的。抽象单纯的线条固然更有利于艺术家们挥洒自如地充分表现，也同样有利于欣赏者们浮想联翩地自由想象。诚然，对线条的感受、领会、理解和把握较之其他艺术语言要间接得多、困难得多，但正是由于这种间接性，才不但给欣赏者留下了自由想象的余地，也对他们提出了更高的要求。这就是不但要"看得懂"书面、画面、字面上的东西，更要"看得出"书面、画面、字面以外的东西。在中国美学看来，前者其实是不重要或不那么重要的，后者才是精髓所在。这一点，最能为书法的欣赏所证明：如果没有这样一种审美能力，那么，除了看见几个半生不熟的汉字和一大堆乱七八糟的线条外，你还能看见什么？书法毕竟不是写字，也并不仅仅只是字写得好。其不同之处，便正在于真正的书法艺术作品，不但要有好看的视觉形象，更要有"神韵"。正因为这个东西是字面以外的，是"非以目视"甚至"难以言传"的，才名之以"神"而谓之以"韵"。

这个"不可目视，只可意会"甚至"只可意会，不可言传"的东西，就是中国美学一讲再讲的言外之意、声外之音、画外之象、韵外之致和味外之旨。它们表达的也许正是这样一个艺术的辩证法：最抽象的语言往往最能表现微妙的情感，最单纯的形式往往最能蕴含丰富的内容。所谓"不着一字，尽得风流"，所谓"一以当十，以少胜多"，所谓"言有尽而意无穷"，正是中国艺术棋高一着之所在。同样，所谓"大音希声，大象无形"，其美学意义也正在于此。也就是说，所谓"希声之音"和"无形之象"，其实就是"神韵"。它当然并非为书法所独有。中国的诗、散文、音乐、绘画，甚至建筑、舞蹈、戏曲、小说，都讲神韵。但因为书法最集中最典型地表现了这一审美特征，因此我们还是象征性地把它称为"书法神韵"。

从"生命活力"到"线条趣味"，其中有着必然的、逻辑的联系。源于生命本体的生命活力（气），只有通过情感体验（情）才能变成审美对象，藏于内心深处的情感体验只有通过意象构成（象）才能变成艺术。情感的节律实际上也就是生命的节律，意象的构成实际上也就是情感的构成。生命节律转化为情感节律，就是由隐性的东西转化为显性的东西；而情感节律转化为意象构成，则是由个体性体验转化为社会性传达。在这里，意象构成显然是一个中间环节，把最内在、最深层、最隐秘的东西和最外在、最表层、最直观的东西联系起来了。意象构成的原则是一种理性的原则（法），理性原则和理性态度体现于审美形式和艺术形式，就必然诉诸纯净的、线条化的艺术语言（言），并造就和形成一种中国独有的艺术趣味和审美趣味——线条趣味。线条趣味是抽象的、单纯的、韵味无穷的。为什么线条趣味会有这样的品味？就因为它是对生命活力理性的、意象的和情感的体验和表现啊！

——原载《厦门大学学报》1998年第1期

ANNOTATION
注释

1.《闻一多诗文选集》，人民文学出版社 1955 年版。
2. 参见钟家骥《书画语言与审美效应》，福建美术出版社 1995 年版。

第六章
中国戏曲艺术的美学特征

中国戏曲艺术的美学特征究竟是什么？诸家学说不一。但有一点则少有争议，这就是几乎大家都公认：中国戏曲艺术有着极其鲜明的民族特征，从创作思想、表演形式到欣赏态度，都和西方的话剧、歌剧、舞剧大相径庭，在世界戏剧舞台上独树一帜。事实上，由于中国戏曲艺术产生和成熟都最晚，又是一门综合艺术，因此在某种意义上便成了中国艺术审美意识的集中体现。所以，只有首先弄清了中国艺术的审美意识体系，才说得清中国戏曲艺术的美学特征。

如果把中国艺术看作一个整体，那么，舞蹈、音乐、诗画、建筑和书法，便可以看作是它美学结构的五个层次：最核心、最内在、最深层的是舞蹈的生命活力，它表现为气韵与程式；其次是音乐的情感律动，它表现为节奏与韵律；第三是诗画的意象构成，它表现为虚拟与写意；第四是建筑的理性态度，它表现为充实与空灵；最后是书法的线条语言，它表现为抽象与单纯。它们共同地构成了中国艺术的精神。

〖一〗 气韵与程式

中国戏曲与舞蹈的关系，似乎最密切。

舞蹈，是中国最古老的艺术样式。在上古时代，它被称为"乐舞"。不过，中国上古时代的乐舞，既不只是音乐，也不只是舞蹈，而是集文学（诗）、音乐

（歌）、舞蹈（舞）等多种艺术样式于一体的综合艺术。它曾经和作为立国之本的"礼义"一起被并称为"礼乐"，有着极其重要的地位。后来，乐舞逐渐消亡了，代之而起的便是戏曲。戏曲和乐舞一样，也是集诗、歌、舞等多种艺术样式于一体的综合艺术；所不同的，只是多了些具有一定戏剧性的故事情节。

所以，戏曲也可以说是"有故事的乐舞"。

不过，故事虽然加了进来，却并不怎么重要。中国传统戏曲的情节，一般都比较简单，有的几句话就可以说完。有些"折子戏"，简直就没有什么情节。然而，歌舞的分量，却相当之重。而且，越是情节简单，歌舞的分量就越重，"戏"也就越好看，这真是咄咄怪事！看来，中国戏曲要演的，似乎并不是故事情节；观众要看的，似乎也不是故事情节。否则，故事情节早已烂熟于心的戏（比如《群英会》），为什么要看了一遍又一遍？故事情节完整连贯的戏（比如《失街亭》《空城计》《斩马谡》），为什么可以拆开来单演（"批零兼营"，既演全本戏，又演折子戏，也是中国戏曲特有的演出方式之一）？故事情节曲折复杂的其他艺术样式（比如小说、电影、电视剧），为什么并不能取代戏曲？可见，对于中国戏曲来说，故事情节并不重要，至少并不是最重要的东西。

那么，中国戏曲要演的，中国观众要看的，主要是什么呢？是歌舞。中国传统的戏曲（比如京昆），无非三大类：唱功戏、做功戏和武打戏。但无论哪一种，其台词无不音乐化，其身段也无不舞蹈化。如《文昭关》《二进宫》《借东风》，简直就像独唱音乐会；如《挑滑车》《三岔口》《盗仙草》，又像是舞蹈或杂耍。更多的，当然还是载歌载舞，唱做念打齐全。这就和西洋戏剧迥异。西洋的戏剧，话剧是话剧，歌剧是歌剧，舞剧是舞剧。有歌就没有舞，有舞就没有歌，要不然就是歌舞都没有。然而中国的戏曲，却集诗、歌、舞于一体。观众看戏的时候，也是连歌带舞和戏一块儿看。试想，如果没有歌舞，或者只有歌没有舞，像《徐策跑城》《贵妃醉酒》这样的戏，还有什么看头？

可以说，没有舞蹈，也就没有中国的戏曲。中国戏曲的舞台演出，不但唱的时候要舞，不唱的时候，其舞台动作，也是节奏化程式化亦即舞蹈化的。更重要的是，中国戏曲不但能取舞蹈之形，更能得到舞蹈之魂。

这个"魂",就是气韵与程式。

气韵,是中国美学的一个重要范畴。它的核心,就是气。有气,才能气韵生动,也才能气势磅礴、气象万千。什么是气?中国哲学和中国美学中的"气"或"元气",无非就是人所能感觉到而不能科学地表述的生命力或生命感。但是,这种生命力或生命感,却易于为艺术所体验。舞蹈,便正是体验生命活力的一种最佳审美形式(关于这一点,闻一多先生在其著名的《说舞》一文中有极其深刻的论述)。中国戏曲艺术之所以要借助舞蹈,要用歌舞来演故事,也无非是要体验和保有这样一种生命活力。

所以,中国戏曲艺术,也和中国其他艺术一样,极其讲究风力和骨力。风骨都本于气。气动万物就是风,动而有力就是骨。具体到艺术,则风讲动人之情和飞动之势,骨讲立人之本和内聚之力。再具体到戏曲,则"手眼身法步"讲究的是飞动之势,"字正腔圆"讲究的是内聚之力。但不论唱做念打,都必须功底深厚,情感投入,意守丹田。因为有功底才有骨,有情感才有风,守丹田才有生命力。厚功底、重情感、守丹田,才能"气韵生动"。什么是丹田?丹田就是人体中聚气的地方。对于练功的人来说,就是"命根子"。用丹田之气来表演,也就是用生命来表演。中国戏曲艺术的感染力,就来源于此。

生命活力纳入审美形式,就形成了程式,何谓程式?程式就是法度、规矩、章程、格局、格式、模式、范式、样式,是一种在长期实践中定型了的东西。中国艺术几乎无不讲程式。诗有格律,画有笔法,词有词牌,曲有曲谱,书法则有格式。"草字不入格,神仙不认得。"岂止是"不认得"?也"不好看"。生活中普普通通的一举手、一抬足,甚至某些并不好看的形态(比如醉酒),为什么一到舞蹈当中就好看了呢?就因为它被程式化,变成可以观赏的东西了。所以,程式化也就是审美化。舞蹈,就是通过程式化将生活形态和生命活力变成审美对象的最典型的一种艺术。

因此,中国的许多艺术都通于舞蹈,趋向于舞蹈,甚至可以看作是舞蹈。比如中国书法和绘画中的狂草和写意,简直就是纸上的舞蹈。当然,最典型的还是戏曲。中国戏曲的舞台演出几乎自始至终会由一系列程式构成:圆场、走边、起霸、亮相,一举一动都有程式。可以说，离开程式，就演不成戏；不懂程式，就看不成戏。正是超模拟非写实的程式，使中国戏曲成为一种可以脱离故事情节来观赏的戏剧样式。因为中国戏曲的程式，就和绘画中的笔墨一样，本身就具有独立的审美价值，本身就是可以独立观赏的东西。一种艺术，如果连它的构成部分和构成方式都有审美价值，它还能不是美的艺术吗？

〖二〗 节奏与韵律

以歌舞演故事的中国戏曲，十分讲究节奏和韵律。

节奏和韵律是音乐和舞蹈不可或缺的东西，也是程式不可或缺的东西。程式之所以是可以独立观赏的审美对象，就因为其中有节奏和韵律。你看中国戏曲的程式，云手也好，趟马也好，哪一种没有节奏，没有韵律？许多程式，在表演时，都要伴以锣鼓点儿（比如亮相时就常常伴以"四击头"），就是为了保证和增强节奏感。有了节奏感，程式就变成非常好看的东西了。正如一首歌曲中所唱的："四击头一亮相，美极了，妙极了，简直OK顶呱呱！"

但是，只有节奏没有韵律也是不行的。如果没有韵律，程式就会变得僵硬，没有观赏价值了。所以，不但青衣们柔美的程式要有韵律，武生们英武的程式也要有韵律；不但音乐唱腔要有韵律，动作身段也要有韵律。事实上，中国戏曲的舞台演出，自始至终都贯穿着节奏和韵律，这是中国戏曲艺术的又一美学特征。

节奏和韵律，使中国戏曲不但近于舞蹈，也近于音乐。

音乐也是中国最古老、最受重视的艺术样式之一。中国古代音乐不但水平高，而且地位也高。它甚至被看作一种最高的道德修养境界和社会理想境界：做人，要"成于乐"，才能成为"圣人"；治国，要"通于乐"，才能造就"盛世"。因为在古代中国人看来，音乐和天地宇宙一样，具有一种理想的美——既井然有序，又高度和谐。因此，真正的音乐，伟大的音乐，应该与天地宇宙相通，这就叫"大乐与天地同和"。

什么是"和"？中国音乐和音乐理论追求的"和"或"和谐"，其实是一种情感体验，即"和谐感"。因为在中国美学看来，音乐的本质无非是情感的表现与传达。不但音乐如此，诗、舞蹈、绘画、书法、雕塑、建筑，也无不如此。因此，一件没有人情味、不能激起情感共鸣的作品，不但不能算作艺术品，而且简直就不可思议。"苔痕上阶绿，草色入帘青""相看两不厌，只有敬亭山"，自然尚且如此有情、重情、多情，而艺术品居然无情，那还算什么东西？

中国戏曲当然更不例外。戏，是要有人看的。如果戏中无情，请问在中国又有谁看？事实上，尽管中国戏曲的题材很广泛，但最受欢迎、久演不衰的，还是那些最能打动人心、激起观众情感共鸣的剧目，如《白蛇传》《秦香莲》《天仙配》《梁山伯与祝英台》，以及《玉堂春》《十五贯》《宋士杰》《桃花扇》《打渔杀家》等等。此外，一些人情味很浓，极富生活情趣的小戏，如《小放牛》《刘海砍樵》《夫妻观灯》等，也颇受欢迎。在这些深受人民群众欢迎的剧目中，真正引起人们兴趣的，并不完全是故事情节，更主要的，还是那些世俗的伦理情感，那些可以为之开颜、为之切齿、为之恸哭、为之欢呼的喜怒哀乐。情感是可以反复体验，也是必须反复体验的。因此，这些戏，就会被看了一遍又一遍，而且百看不厌。一出戏，如果情感内容极其丰富，又有好听好看的歌舞，那就会备受青睐，成为公认的好剧目。

这样看，中国戏曲又可以说是"以歌舞演情感"。

因此，中国戏曲的节奏与韵律，也就是情感的节奏与韵律。在许多人看来，中国戏曲好像没有时间概念，也没有空间概念，舞台上的时间节奏和空间节奏也很混乱。《白良关》中尉迟恭发兵北国只绕了一圈，《徐策跑城》中徐策从城楼到朝房却跑了好几圈。十万人的大仗，几个过场就完；一个马失前蹄，却演得淋漓尽致。一封书信，洋洋万言，几笔写就；况钟监斩，只要勾一下，却总也勾不下去。宋江坐楼，一夜工夫，不过几个唱段，寻书却寻了老半天。其实，这里讲究的，正是情感的节奏：但凡交代情节的，能快就快，能省就省，而表现传达情感的，则不惜笔墨，着力渲染，根本不考虑时间的长短。甚至在兵临城下杀头在即的紧要关头，剧中的人物（一般是小生、老生、正旦、老旦之类）仍会坐下来不紧不慢地咿咿呀呀唱个没完。那么长的工夫，敌人的箭，早就该射进来了。

然而，中国戏曲舞台是一个由情感的节奏和韵律构成的空间。这是一个充满了人情味的生存空间，也是一个充满了音乐情趣的艺术空间。在这里，空间方位和时间节奏都对应着情感的律动，变成回肠荡气的唱腔和优美精彩的身段，展现在观众面前。这就形成了中国戏曲的另一个美学特征：虚拟与写意。

〖三〗 虚拟与写意

虚拟与写意，是中国诗画艺术的美学特征。

中国诗讲虚拟："乾坤万里眼，时序百年心"，请问谁能坐实？中国画讲写意："逸笔草草""妙在似与不似之间"，不过意似而已。因为中国诗画艺术和中国一切艺术一样，是以情感的表现和传达为本质、为己任的。因此，它们的逻辑，就是情感的逻辑；它们的真实，也就是情感的真实。依此真实，就不必拘泥于外形的酷似、物理的真伪；依此逻辑，就可以反丑为美、起死回生。抽象、写意，是不求外形的酷似；夸张、变形，是不辨物理的真伪；枯藤老树、残荷败柳皆可入诗入画，是反丑为美；与古人对话，让顽石开口，是起死回生。

这样一种艺术观，在戏曲中表现得更加淋漓尽致。

认真说来，虚拟性，是一切艺术的特性。画的苹果不能吃，画的鞋子不能穿，诗人绘声绘色地描写骑术，自己却不会骑马，就因为艺术是虚拟的。所以柏拉图认为艺术是影子的影子，与真理隔着三层，康拉德·朗格则更谓艺术是"有意识的自我欺骗"，是一种成年人的游戏。的确，戏者戏也。戏剧和游戏都是那种明知是假，却又认真去做的活动。从这个意义上讲，虚拟，是一切戏剧甚至一切艺术的共性。

中国戏曲的独到之处，是坦率地承认艺术的虚拟性。西方戏剧基本上是不承认这一点的。他们的演出，是"现在进行式"，十分重视舞台上的真实感。他们设想演员和观众之间有一堵看不见的墙，叫"第四堵墙"，设想观众是从"钥匙孔里看生活"。所以，他们的道具、布景等等，总是面面俱到，力求真实。但是，这种做法其实是吃力不讨好的。花钱多不说，也未必有效果。因为道具布景做得再像，也是假的，而且其真实性也总是有限的。比方说，你总不能在演到冬天时让剧场里冷得滴水成冰，在演到夏天时又热得观众满头大汗吧？

中国的戏曲艺术家就高明得多。他们干脆公开承认是在演戏，一切都是假的，不过是"以歌舞演故事"。也就是说，中国戏曲的演出，是"过去叙述式"的。咱们姑妄言之，你们也姑妄听之，对付着看好了。这样一来，演员自由了，观众也自由了，谁也没有心理负担。遇到演出条件受限制、演员有困难的时候，观众还会出来帮忙，调动自己的想象力和创造性帮你克服。比方说，舞台上没有水，行船怎么演？演员的办法是用桨划拉两下，意思是：我上船了。观众也默认：行，你上船了，接着演吧！反正咱们演的看的，都是过去的事儿，就不必那么较真儿啦！

这可真是事半功倍，花小钱办大事情。这种做法的高明之处，就在于极其尊重观众，充分调动观众的积极性，让观众参与到戏剧艺术的创作过程中来。结果，问题得到了解决，观众还很高兴，何乐不为呢？

事实上，尊重观众，也是中国戏曲的一贯作风。比方说，《坐楼杀惜》中刘唐的自报家门就是如此。刘唐一上场，就对观众说：某，赤发鬼刘唐是也。这原本是不应该的事，因为宋代的刘唐不可能和我们说话。而且，既然是和隔了上千年的我们说话，就不该害怕当时官府的差人听见，然而当刘唐说到"奉了梁山"几个字时，却突然捂嘴，看看四周有没有人，然后才压低了声音接着说"奉了梁山晁大哥之命"等等。可见，中国戏曲虽有虚拟之事，却无欺人之心，能真实的，还是尽量真实。更何况，在中国艺术看来，一切都可虚拟，唯独心理和情感不可作伪。如果心理和情感也作伪，那就不但不是艺术，而且什么都不是，一点意义和价值都没有了。

正因为中国戏曲的艺术构成是虚拟的，因此它的舞台表演也就必然是写意的。一切程式，都不求外形的酷似，只要交代清楚，意思明白，便点到即可，不必苛求细节，斤斤计较，与西方戏剧所谓"无实物动作"有本质的不同。西方戏剧的"无实物动作"虽然也有虚拟性，但仍要求"形似"；而中国戏曲的"虚拟程式"，却只要求"意似"。从喝酒、吃饭、睡觉、起床，到跋山、涉水、跑马、行舟，都只是"意思意思"，只要在"意思"上相似就可以了，和国画写意中的"意到笔不到"或"逸笔草草"差不多。既然所求不过意似，则"旦角上马如骑狗"，或者揩眼泪时袖子和眼睛隔着几寸远，也就没有什么奇怪的了。相反，由于这些动作都是程式化的，就不但不"假"，反倒能给人一种特殊的、具有装饰意味的美感。

〖四〗 充实与空灵

虚拟和写意，体现了一种理性的精神。

我们知道，虚拟和写意的前提，是公开和坦白地承认自己是在演戏和看戏。这当然是一种理性的态度，即理性地意识到舞台上的真实不等于生活中的真实。演员既不是在照搬生活，观众也不过是在欣赏艺术。这就不但在舞台和生活之间设置了距离，也在观众和演员之间设置了距离。有距离，就能生美感。美学上的这一规律和原则，被中国戏曲艺术运用得得心应手，恰到好处。

理性的精神，也就是建筑的法则。

建筑是一种分割空间的艺术。中国建筑艺术的哲学，其主要内容之一，便是充实与空灵的辩证法。大体上说，中国的建筑艺术，是既讲充实又讲空灵的。比方说，园林别墅要"借景"，是为了求充实；宫廷建筑要开阔，是为了求空灵。总之，中国艺术的法则是亦虚亦实，虚实相生。虚不是空虚和虚无，实也不是僵化和刻板，而是虚中有实，实中有虚，空灵的风格表达着充实的内容，沉着的风骨表现为飘逸的情趣，就像中国许多建筑都有着稳重的石基和灵动的飞檐一样。

这一法则在戏曲艺术里面也同样得到了体现。

中国戏曲舞台，从总体上说，是一个空灵的结构。没有布景和极少道具倒在其次（现代戏就已经有了布景和道具），主要还在于它的时间、空间、物象、环境、动作等等全是"虚"的。比如苏三从洪洞县起解到太原府，路程少说有四百里，行程少说得七八天，可苏三不吃不喝不投店，几个圈圈一会儿工夫就走到了。这种事情，显然只有在中国戏曲舞台这个空灵的结构中才能实现。

空灵的结构是一种诗意的结构，也是一个音乐的结构。驰骋于其间的是想象，充实于其间的则是情感。

所以，中国戏曲艺术也是有虚有实，虚实相生的。有不可虚，也有不可实；有不可不虚，也有不可不实。不可虚者，心理是也；不可实者，物理是也；不可不虚者，生活原型是也；不可不实者，生活体验是也。具体说来，大约有以下几种情况：

一是虚环境而实感受。戏曲舞台空荡荡，不要说没有真山真水，就连假山假水也没有。但是，环境可虚，人在环境中的感受却不可虚。这就要求演员必须好像真的看见了山，看见了水，吹到了风，淋到了雨。比如唱"月朗星稀"，就必须先看看地，唱出"月朗"两个字，再看看天，唱出"星稀"。因为人夜间出门，当然是先看地上的路。发现地上一片光明，知道月色很好，这才会抬起头来，看见星光稀少。在这里，月也好，星也好，都是虚的，但剧中人对"月朗星稀"的感受，却是实实在在的。

二是虚故事而实体验。戏曲都是要演故事的。不过故事里的事，可真是"说是就是，说不是就不是"。不但故事本身可能是虚的，对故事的表演也多半是虚的，有的（比如杀头、打人）简直就是徒有虚名，不过虚晃一枪。但剧中人在故事中的体验，却含糊不得。比如宋江寻书，找到了招文袋却找不到书信，便突然将袋底翻转，两眼死死盯住，好像要看到布缝里去，这种体验就非常真实，非常实在。

三是虚时空而实心境。在中国戏曲舞台上，三五步千山万水，七八招斩将过关，一个圆场百十里，一段慢板五更天，漫长的时间，辽阔的空间，仅仅表现为几个极其精彩优美的动作、身段或唱段。但是，一牵涉到人物的心境，就不怕麻烦，不省工夫了。比如《战宛城》里曹操马踏青苗那一段，为了表现曹操不可一世的派头、志得意满的心境，特地为他设计了一系列身段，随着曲牌的节奏，铿锵交错淋漓尽致地表现出来。

可见，中国戏曲舞台虽然是一个空灵的结构，其中却有着充实的内容。然而，也正因为这些内容被纳入了空灵的结构，才使得中国戏曲艺术有了一种独特的神韵，并因此而接近于书法。

〖五〗 抽象与单纯

书法是线条的艺术,书法的结构正是一种空灵的结构。

这样一种空灵的结构当然不是书法独有的。事实上,它是几乎所有中国艺术的结构。因为中国艺术的造型观,不是力求形似的"具象造型观",而是只求意似的"意象造型观"。"意象造型观"的要义,是"立象尽意,得意忘象"。象,不过是传情表意的手段,是可以不必斤斤计较甚至可有可无的东西(所谓"不着一字,尽得风流"或"此时无声胜有声"即此之意)。于是,就有了诗画艺术的虚拟和写意,也就有了书法艺术的抽象与单纯。

作为一种纯粹的线条艺术,书法不可能不"抽象",也不可能不"单纯"。书法当然必须以汉字为素材,而汉字在事实上又以象形为本源。但是,在书法作品中,象形的成分其实已所剩无几,流走于纸上的,只是线条,而线条恰恰是一种抽象的东西。因此,如果说中国画的抽象是"抽而有象",那么书法就差不多可以说是"抽而无象"。抽而无象当然"单纯"。书法作为一种视觉艺术,没有具象形象,没有光影、明暗、透视,也几乎没有色彩,可以说是单纯得不能再单纯。单纯是一种很高的艺术品位。在抽离了一切杂芜以后,人们面对的便是一片纯净,这难道还不是一种很高的境界吗?

中国戏曲艺术的境界也有似于书法。

反映具体社会生活的戏曲也能抽象?这似乎不可思议,然而却是事实。因为中国戏曲是"以歌舞演故事",又"以程式演歌舞"。程式,正是一种抽象的东西。程式的特点,是概括化、类型化和装饰化。在戏曲舞台上,它也是一种文化符号,是一种和汉字一样可以识别辨认的东西。把这样一种东西用极富节奏和韵律的身段、功架和唱腔表演出来,岂不就变成了书法?同样,正如不识汉字也可以欣赏书法,不懂程式也不妨碍欣赏戏曲。因为它是抽象的东西,而一种东西越是具有抽象性,也就越是具有普遍性。概念是最抽象的,所以概念也最具有普遍性。程式当然不是概念,但它既然具有普遍性,那就一定和概念一样具有抽象性。

程式的抽象性其实是毋庸置疑的。中国艺术的程式,从空间意义和视觉意义上讲，是一种"类相形象"；从时间意义和听觉意义上讲，是一种"节律形象"。[1]类相形象讲虚拟与写意，节律形象讲节奏与韵律，表现在纸面上是书法与绘画，表现在舞台上就是戏曲与舞蹈。

什么是"类相形象"？说得直白一点，就是一类事物共有的形象。比如画竹的程式，无非"个字形""介字形"，而无论是斑竹、毛竹，还是罗汉竹。又比如"起霸"的程式，也是武将这一类人物在做整盔束甲这一类动作时共同的形象，也并不管那武将是谁。什么是"节律形象"？说得直白一点，就是由节奏和韵律构成的形象。任何事物的运动都有节奏和韵律，一旦被抽象出来，就构成了节律形象。比如用毛笔写字，有"提按疾徐"，定格在纸面上，就形成了书法作品的节律形象。又比如人走路都有节奏，用"急急风"之类的锣鼓点儿表现出来，就变成了节律形象。戏曲中的曲牌、锣经，都是节律形象，因此它们都可以作为审美对象来单独欣赏。可见，没有抽象，就没有类相形象和节律形象，也就没有程式。中国戏曲既然离不开程式，就不可能不抽象，也就不可能不单纯。

又抽象，又单纯，岂不是没有什么"看头"？恰恰相反，更有看头了。因为抽象不是无象，单纯也不是单调，而是要尽量用纯净的节律、洗练的笔法和简洁的程式来表现自己所要表现的东西。因此，中国戏曲也可以广义地看作是一种"线条艺术"。诚然，对线条的感受、领会、理解和把握较之其他艺术语言要间接得多、困难得多。但是，正是由于感受、领会、理解、把握的间接性，才不但给欣赏者留下了自由想象的余地，也对他们提出了更高的要求。这就是不但要"看得懂"书画、画面、字面上的东西，更要"看得出"书面、画面、字画以外的东西。对于戏曲艺术而言，就是不但要看得懂故事，也不仅要看得懂程式，更要懂韵味。戏，不但是要看的，更是要"品"的。北京人说"听戏，瞧电影"，正宗的老戏迷甚至闭着眼睛听戏，一边听，一边摇头晃脑地"品"。品什么？品韵味。什么是韵味？又没有几个人说得清。实际上，它就是中国美学一讲再讲的言外之意、画外之象、韵外之致和味外之旨。它们表达的也许正是这样一个艺术的辩证法：最抽象的语言往往最能表现微妙的情感，最单纯的形式往往最能蕴含丰富的内容。所谓"不着一字，尽得风流"，所谓"一以当十，以少胜多"，所谓"言有尽而意无穷"，正是中国艺术棋高一着之所在。这是书法的神韵，也是中国戏曲艺术的神韵。

也许，这就是中国戏曲艺术的美学特征：舞蹈气势、音乐灵魂、诗画意境、建筑法则和书法神韵。它们共同地构成了中国艺术的精神，也构成了中国戏曲的艺术精神。

——原载《大舞台》1998年第5期

**ANNOTATION
注释**

1. 关于类相形象和节律形象，请参看吕凤子《中国画法研究》，上海人民美术出版社 1978 年版；杜键《形象的节律与节律的形象》，《美术》1983 年第 10 期；钟家骥《书画语言与审美效应》，福建美术出版社 1995 年版。

第七章
论艺术学的学科体系

  1997年，国务院学位委员会和国家教育委员会颁布了调整后的"授予博士、硕士学位和培养研究生的学科、专业"新目录，第一次将艺术学作为一门二级学科列入其中。这标志着艺术学的学科地位正式得到了承认，也意味着艺术学的学科建设已提到了议事日程。在此背景下，讨论艺术学的学科体系，就显得十分必要和迫切了。

  艺术学，是研究艺术现象、艺术规律和艺术本质的人文学科。作为一门二级学科，它与同属艺术学一级学科的音乐学、美术学、设计艺术学、戏剧戏曲学、电影学、广播电视艺术学和舞蹈学这些二级学科的区别，主要就在于它的宏观性、整体性和综合性。也就是说，艺术学是对各门类艺术进行宏观、整体、综合和一般性研究的学问。它涉及艺术自身的方方面面，比如艺术的发生和发展、创作和欣赏等；也涉及艺术与人类社会生活和精神文明各个领域的种种关系，比如艺术与科学、艺术与道德、艺术与宗教、艺术与教育等等。对于这些问题，可以从各种角度运用各种方法来进行研究，比如哲学的、心理学的、政治学的、经济学的和人类学的等等。因此，艺术学就不可能是一个单一的学科，而是一个有着众多分支学科和边缘学科的学科体系。

  那么，艺术学学科体系又是由哪些分支学科和边缘学科组成的？它们之间又有什么样的联系呢？我认为，总的说来，艺术学学科体系可以分为三大块，或三个学科群落，即艺术论、艺术史和艺术学边缘学科群。下面，就分别简要阐述一下这三个方面。

〖一〗艺术论

艺术论，又称艺术理论、艺术原理或艺术学原理。它的任务，是研究艺术的本质特征和一般规律，即研究各门类艺术共性的东西；当然，也比较抽象地研究各门类艺术内部共性的东西。它是艺术学的核心部分、基础部分和主导部分，是艺术学研究的第一方向，也是狭义的和本来意义上的艺术学。艺术学之所以能够成为一门独立的学科，主要就是靠它来支撑的。因此，我们也可以把它称之为"狭义艺术学"或"核心艺术学"。

艺术论要研究的主要问题有：艺术起源、艺术现象、艺术本质、艺术规律、艺术特征、艺术语言、艺术形态、艺术分类，艺术品和艺术家，艺术创作、艺术欣赏和艺术批评等。其中，艺术本质、艺术规律和艺术特征是最重要的研究内容，艺术品和艺术家则是最主要的研究对象，它们构成了艺术学的核心部分，可以称为基本艺术学。其他内容，则可形成分支学科，如艺术发生学、艺术现象学、艺术形态学、艺术语言学、艺术分类学、艺术创作学、艺术欣赏学、艺术批评学等。可见，艺术论是一个以艺术本质论、艺术规律论和艺术特征论为核心的艺术理论学科群。从教学和研究的角度讲，它又可以分为三个层次，即艺术概论（又称普通艺术学）、艺术原理（又称一般艺术学）和艺术哲学（又称元艺术学）。艺术概论是本专科课程，艺术原理是硕士课程，艺术哲学则是博士课程。

艺术概论（普通艺术学）的任务，是对最基础、最普通、最一般的艺术原理进行阐述，并对最常见和最典型的艺术现象作理论解释。它是艺术学的入门教育。其目的，在于使完全没有受过理论教育和理论训练的人，初步接触艺术理论，受到一定的理论熏陶，产生一定的理论兴趣，具备一定的理论知识和理论修养，学会用理论的眼光看艺术。

因此，艺术概论应以艺术现象和艺术特征为主要研究对象。因为艺术的本质不是某种先验哲学推定的抽象物，它总是具体地表现为生动鲜活的艺术现象和鲜明突出的艺术特征。也就是说，艺术之所以是艺术，就在于它与科学、伦理、宗教、政治等等是不同的东西。同样，音乐之所以是音乐，美术之所以是美术，也在于它们和其他门类的艺术是不同的东西。不同就是区别，区别就是本质，而本质表现于现象就是特征。这样，艺术现象和艺术特征，就成了揭示艺术本质之谜的一把钥匙。由于这把钥匙本身具有感性的性质，就易于为人们所掌握，这就有可能为艺术奥秘的探寻打开方便之门。

艺术原理（一般艺术学）的任务，是对艺术学领域内的重大理论问题，进行深入的专题研究并作出回答。这些重大理论问题通常主要有：艺术的定义、艺术与非艺术的界定、艺术与非艺术的关系、艺术的分类、艺术的构成、艺术的功能、艺术的内容与形式、表现与再现、抽象与具象等等。这些问题可以开一个长长的名单，而且是没有止境的。可以说，艺术原理的研究，是一个长期的任务：对于其中的老问题，我们应该不断进行再认识，提出新见解；而艺术的实践又会不断提出新问题，要求我们作出回答。

回答这些问题，需要综合运用多学科的材料和方法，并密切联系艺术实践。因为这些问题，几乎没有一个是仅用单一学科的方法就可以解决的。比如研究艺术的起源，就既要借助考古学和人类学，又要借助哲学和心理学。考古学和人类学可以为这一研究提供实证的材料，哲学和心理学则能够对这些材料进行清理、分析和综合，并使之上升到理论，成为理论形态的东西，最终揭开艺术起源之谜。同时，艺术又是一项实践性很强的活动。真正有价值的艺术理论，必须来源于艺术实践，并接受这一实践的检验；否则，便势必是无本之木和无源之水，甚至是痴人之语和欺人之谈。

艺术哲学又叫"元艺术学"。所谓"元"，也就是本原、根本。这样一种艺术学，当然已不再是对艺术的一般性研究，而是对其进行高度的哲学概括。它研究的也不再是艺术学中的一般问题，而是最核心的问题。这就是：艺术作为人类特有的一种精神文明，作为人对世界的一种掌握，它得以产生和存在的根本原因是什么？它发生、发展、运动、变化的根本规律又是什么？因此，艺术哲学的主要内容也就是两个：艺术本体论和艺术辩证法。本体论是讲本质的，辩证法是讲规律的。不过，艺术本体论不是一般地讲本质，而是要找出艺术发生和存在的根本原因、终极原因或"第一推动力"，因此叫本体论。艺术辩证法也不是一般地讲规律，而是要研究艺术"本质自身中的矛盾"（列宁语），研究这些矛盾的对立、统一和转化，肯定、否定和否定之否定，因此叫辩证法。

除艺术本体论和艺术辩证法外，艺术哲学的又一个重要内容，是艺术学方法论。艺术学方法论是研究艺术学的"研究方法"的。艺术学原本就有一个任务，就是为研究艺术现象（艺术创作、艺术欣赏、艺术批评等）提供科学的方法，而艺术学方法论则要为这一研究提供方法，因此是"方法之方法"，当然毫无疑义地属于"元艺术学"。

〖二〗艺术史

艺术史是艺术学的又一个重要组成部分，也是艺术学的一个不可或缺的组成部分。艺术学为什么必须包括艺术史的内容？因为艺术从来就不是一个孤立的、静止的现象或这些现象的集合体，而是一个不断发展、变化的过程。在这一点上，艺术和科学技术既相同又不同。相同的是，科学技术也是发展变化着的。但是，科学技术的发展，基本上是一个不断否定的过程。新的学说诞生了，旧的学说就被推翻；新的技术发明了，旧的技术就被取代。也就是说，科学技术是有可能会"过时"的。学习科学技术的人，也只要掌握最新的科学技术就行了，不一定要知道科学技术的历史，或非得把那些"过时"的科学技术都一一从头学一遍不可。艺术则不同。艺术是永远都不会"过时"的。比如古希腊艺术，不就被马克思称之为"不可企及的典范"吗？又比如原始彩陶和壁画，不是至今仍以其"永恒的魅力"激荡着我们的心灵，并给当代艺术家以创作启迪和灵感吗？所以，学艺术的人，不可以不学艺术史。

更重要的是，艺术的本质就在艺术的发生、发展和演变过程之中。艺术原本产生于非艺术，而且诞生之后也一直处于艺术与非艺术、此类艺术与他类艺术的相互转化之中，并因这种转化而不断诞生新的艺术样式和门类，诞生新的艺术形式和语言。比如工艺、摄影和电影就是由技术转化为艺术，而工业设计由产品设计发展到社区设计，则似乎又是由艺术转化为非艺术。如果对艺术作一次历史的观察和研究，我们就不难发现，艺术从来就没有一个固定的模式和形态，也没有僵死的界定和框架，而只有一个又一个的历史环节。只要缺少一个环节，艺术就有可能不成其为艺术。显然，艺术从来就是一个过程，也只能是一个过程。描述和研究这个过程的，就是艺术史。可以说，没有艺术史，就没有艺术，也没有艺术学。

艺术史和艺术论一样，也是一个学科群。从纵的方面讲，可以分为通史和断代史两类。比如世界艺术史、中国艺术史是通史，原始艺术史、古代艺术史、现代艺术史、二十世纪艺术史等是断代史。从横的方面说，则可以分为民族艺术史、门类艺术史和艺术专题史三种。其中，民族艺术史主要着眼于艺术主体，门类艺术史主要着眼于艺术客体，艺术专题史则着眼于主客体两个方面。

民族艺术史这个概念是广义的，既包括一般意义上的民族艺术史（如维吾尔族艺术史、犹太艺术史），也包括国别史（如法国艺术史、印度艺术史）和区域史（如拉丁美洲艺术史、非洲艺术史）。国别史中，有的是单一民族史（如日本艺术史），有的是主体民族史（如中国艺术史），有的则是真正的国别史（如美国艺术史）；而所谓区域史，则实际上是某一文化圈中的艺术史，如东方艺术史、西方艺术史、环太平洋文化圈艺术史等。

门类艺术史顾名思义就是各门类艺术的历史，如音乐史、美术史、戏剧史、舞蹈史等。再往细分，则是艺术样式史，如绘画史、雕塑史、歌剧艺术史、芭蕾舞史等。不过，一般地说，艺术样式史已不再属于艺术学的范围，而是音乐学、美术学、戏剧戏曲学、舞蹈学等二级学科的任务。音乐史、美术史、戏剧史、舞蹈史等门类艺术史，也只有在服务于艺术学的根本任务——揭示艺术的本质和规律时，才在严格意义上属于艺术学。

专题艺术史包括艺术趣味史、艺术风格史、艺术流派史、艺术思潮史和艺术观念史等。很显然，它们既不是着眼于艺术的主体（如民族史），也不是着眼于艺术的客体（如门类史），而是依照艺术活动中的"问题"来建立的。这些"问题"，可大可小。大可以大到诸如现实主义艺术史、浪漫主义艺术史这样的题目，小则可以小到比如梅派京剧艺术史这样的课题。不过，严格地说，只有那些跨门类的专题史，才属于艺术学的范围。不跨门类的专题史，则属于门类艺术学。比如"文革"艺术史，只涉及十年的历史，也属于艺术学；而筝演奏风格史要说几千年，却只能属于音乐学。

当然，这绝不是说，艺术学中的艺术史，只注重横的联系而不注重纵的连贯。恰恰相反，由于艺术学的目的，是要最终揭示艺术的本质和规律，因此，艺术史不但要客观地描述艺术的演变过程和演变史实，更要深刻地揭示这种演变的内在原因和内部联系。也就是说，艺术学中艺术史的研究，必须特别注重运用马克思一再肯定的"逻辑与历史相一致"的方法，而在这方面，我们的努力显然还远远不够。

由此可见，艺术史和艺术论，是相辅相成、缺一不可的。没有"论"，艺术史就会变成一堆无用的"废料"；没有"史"，艺术论就会变成一套无用的"废话"。只有"史论结合"，艺术学才会有生命力，也才会是有价值有意义的。事实上，艺术论和艺术史中，原本就各自包含着对方的内容：艺术学说史是艺术论中的"史"，艺术史方法论则是艺术史中的"论"。不研究艺术学说史，艺术原理就会变成无本之木；不掌握艺术史方法论，艺术史料就会变成散兵游勇。史与论的相互依存，原本就是不争之事实。

不过，艺术史毕竟是一种实证的科学。仅有想象假设和逻辑推理，艺术史便不过是空中楼阁。因此，有必要建立艺术文献学和艺术考古学。有这两门分支学科的支撑，艺术史就会成为一个基础非常坚实、内涵非常丰富的学科群。

〖三〗 艺术学边缘学科群

艺术美学是最重要的一种边缘学科。它的主要任务，是用美学的方法来研究艺术，并回答艺术学中的美学问题，如艺术与美和审美的关系、艺术发生的美学原理、艺术创作的审美理想、艺术欣赏的审美心理、艺术批评的美学原则、各门类艺术的美学性质和审美特征等。不难看出，艺术美学要回答的问题是既颇为繁多又极为重要的。究其所以，就在于艺术是审美意识的集中体现，而审美则是艺术的主要社会功能。所以，在历史上，美学往往被看作是艺术哲学，而艺术学则往往被看作是较为肤浅和通俗的美学。这些说法虽然未必正确，但不可否认，艺术学和美学的关系极为密切。如艺术起源、艺术本质、艺术规律等，就为美学和艺术学所共同关心；而所谓"艺术学方法论"，在其最基本的原则上，也差不多就是"美学方法论"。艺术学和美学的互渗和互补，可以说是理所当然和势所必然的。

艺术心理学是第二个重要的边缘学科。艺术是人类独有的一种精神文明，艺术创作和艺术欣赏归根结蒂是人的一种精神活动，艺术作品也归根结蒂是人的一种精神产品，而一部艺术史，则可以看作是一本打开了的、可以触摸人类内在灵魂的心理学。可以这么说，离开了对艺术心理的分析和研究，任何貌似堂皇的艺术学理论体系都难免粗疏和空洞；而艺术心理学的任务，也不仅仅是描述艺术创作和欣赏的心理，分析艺术活动中的感觉、知觉、想象、理解、情感、意志等心理因素和气质、性格、天才、灵感等心理问题，更重要的还是通过这些描述和分析，最终揭示艺术的本质和规律。

艺术人类学是第三个重要的边缘学科。众所周知，世界上只有人才有艺术。因此，艺术的秘密，在某种意义上也就是人的秘密。既然如此，研究艺术而不诉诸人类学的方法和材料，就无疑是不智之举；而艺术人类学的建立，则显然是题中应有之义。一般地说，艺术人类学就是运用文化人类学的方法和材料来研究艺术的本质和规律，尤其是着重研究艺术的发生机制和原始形态的学科。它的根本任务，是对艺术的本质进行人类学的"还原"，即回答"人为什么要有艺术"这个问题。这当然必须追溯到艺术的原始状态，而艺术人类学在某种意义上也就差不多等于艺术发生学。不过，随着人类学研究范围的扩展，艺术人类学的研究对象也不再限于原始艺术，如国外颇为看重的"影视人类学"即是。此外，由于民族学和民俗学一般也属于人类学的范畴，民族艺术学和民间艺术学便也可以看作是艺术人类学的组成部分。

艺术教育学是第四个重要的边缘学科。艺术是为人和属人的，教育也是为人和属人的。教育的目的，是人的全面自由发展，而艺术对于实现教育的这一目的，则有着极其重要和不可替代的作用。要言之，艺术能够极大地丰富人的心灵，使人成为心理健康、精神健全、人格完善，具有理想品格和完美个性的真正的人。因此，建立艺术教育学，研究艺术教育的目的、功能、结构、方式和教学法，对于建设精神文明、提高民族素质、实现人类理想，都有着相当重要的意义。

艺术商学又叫艺术经济学或艺术市场学，是第五个重要的边缘学科。它要研究的，是艺术与人类经济活动的关系，尤其是艺术生产与艺术市场的关系，包括艺术生产主体、艺术生产客体、艺术产品、艺术消费、艺术品流通、艺术再生产、艺术市场管理与宏观调控，以及艺术产权、艺术买卖、艺术合同、艺术代理、艺术投资、艺术赞助、艺术品收藏等。随着艺术和艺术品越来越走向市场，艺术商学将越来越成为一门重要的艺术学边缘学科。

艺术法学是第六个重要的边缘学科。它的任务，是研究与艺术有关的法律、法规和政策。我国是一个法治国家，艺术的立法和执法，也是法制建设不可或缺的内容。目前我国法律中，与艺术有关的尚只有著作权法，还有必要制定和颁布艺术创作法、艺术批评法、艺术品保护法、艺术品收藏法和艺术商法（包括产权法、买卖法、合同法、代理法、投资法、赞助法和艺术公司组织法等），以鼓励和保护有益于民族文化和人类进步的艺术创作、艺术传播、艺术批评，发展和繁荣艺术事业。

艺术学边缘学科还有艺术社会学、艺术伦理学、艺术人才学、艺术传播学、艺术管理学、宗教艺术学、电脑艺术学等等。所有这些边缘学科和分支学科，都将极大地丰富艺术学的学科内容，把艺术学的研究推向纵深。

最后要提到的是比较艺术学和中国艺术学。比较艺术学很难说是边缘学科，但也很难归入艺术论或艺术史。因为它所涉及的，可以是艺术现象的比较，也可以是艺术学说的比较；可以是艺术范畴的比较，也可以是艺术史的比较；可以是艺术门类的比较，也可以是中外艺术的比较。也就是说，比较艺术学是由于"比较"这个方法的运用而建立的。比较是一种很好的方法，有比较才有鉴别，有鉴别才能看出特征、找到规律、揭示本质。我们相信，随着比较方法的普遍运用，艺术学的研究必将有长足的进步。

如果说比较艺术学是将不同的艺术进行对比研究，那么，中国艺术学则是将中国艺术当作一个独立的对象来考察。中华民族有着光辉灿烂的艺术遗产和源远流长的美学传统。它凝结在祖国宝贵的艺术遗产里，积淀在民族的审美心理结构中。作为文明古国的心灵历史和伟大民族的感性特征，它不是某种外在的东西，而是中国艺术的精神。这是一个博大精深的审美意识体系，这是五千年披肝沥胆创造出来的伟大精神文明。如何在新的历史条件下弘扬我们民族的这一美学传统，将是中国每一个艺术工作者都应该认真思考的课题；而中国艺术学的建立，也将是中国艺术学学者义不容辞的任务。

1997年12月7日一稿

1997年12月29日二稿

1998年9月28日改定

——原载《厦门大学学报》1999年第1期

第八章
论艺术标准

〚一〛 艺术标准的两难与艺术标准的确立

艺术应不应该、能不能够有一个标准？这一直是美学、文艺学和艺术学上的一个难题。认真说来，艺术是不可比的，就像人格都是平等的一样。建筑没有理由看不起雕塑，音乐没有理由看不起舞蹈，摄影取代不了绘画，电影也取代不了戏剧，任何一种样式、风格、流派，现实主义、浪漫主义、古典主义、现代主义，都有存在的合理性。艺术也是难比较的。不要说很难拿莱昂纳多·达·芬奇的《蒙娜丽莎》、米开朗琪罗的《大卫》、贝多芬的《第九交响曲》和《红楼梦》作比较，便是同一门类、样式、风格、流派之间，比如凡·高和莫奈，康定斯基和蒙德里安，甚至罗丹和亨利·摩尔，也未必好比。不可比，就无须设立标准；不能比，就无法设立标准。

艺术又是不能不比较的。艺术品内容有深浅，形式有新旧，艺术家品位有高低，手法有优劣。有的艺术家可以当之无愧地被称作"大师"，有的则只能称之为"二三流"甚至"不入流"；有的艺术品是"不可企及的典范"，具有"永恒的魅力"，有的则不过昙花一现，很快就销声匿迹。艺术也是可比的。贝多芬肯定比现在在世的许多艺术家伟大，不管他们是画家，还是舞蹈家。这说明一个艺术家的"量级"也并不受门类的限制。这种"量级"甚至是"明摆着"的。比方说，人们会喋喋不休地争论切利尼究竟是具有完美艺术技巧的艺术家，抑或只不过是一个出色的金银工匠，却不会对米开朗琪罗是伟大艺术家有丝毫怀疑。

显然，艺术作为艺术，只有类别，没有等级；但艺术家和艺术品，却又有品类。有天才的艺术家，也有平庸的艺术家；有杰出的艺术品，也有拙劣的艺术品。这都是不争的事实。为了区分这些艺术家和艺术品，就需要有一个标准。事实上这个标准早就存在。文学史和艺术史实际上就是由它为主线构成的。美学、文艺学和艺术学的任务，不是主观和先验地"设定"这样一个标准，而是把这个早已存在的标准说得更清楚更明白一些。

这个标准必须满足两个条件。一方面，它必须能为人们的内心体验所确证，否则欣赏者和批评家就会拒绝承认和使用，因此它只能是主观的；另一方面，它又必须在理论上能为一切人所接受，至少在实际上能为大多数人所接受，否则就不能叫标准，因此它又应该有普遍性。既是主观的，又要有普遍性，这正是艺术标准的两难之处。

艺术标准不但具有主观性和普遍性，而且还具有特殊性。适用于表演艺术的不一定适用于造型艺术，适用于古典艺术的不一定适用于现代艺术，适用于中国艺术的不一定适用于西方艺术，甚至同一艺术流派的每个艺术家也未必适用于同一标准。但如果我们为每一种艺术甚至每一个艺术家都制定一个标准，这就等于说没有标准。因此艺术标准又不能太具体、太有针对性。当然艺术家和批评家都希望有这样一种标准。因为越具体越有针对性，就越便于操作。事实上也存在着诸如此类的所谓"标准"及其争论，比如中国画要不要笔墨等等。然而美学、文艺学和艺术学却无意于此。美学、文艺学和艺术学的任务，是为艺术标准的确立提供带有原则性和普遍性的意见。至于如何实际地应用这些原则，则是艺术家和批评家自己的事。如果一定要有可操作性才能被叫作艺术标准的话，那么本文提出的便只是"标准的标准"，或者说是各类艺术具体标准的总标准。

其实艺术的标准可以有丰富的层次，各类艺术也可以有各自的标准，但如果没有对艺术总标准的深刻认识，这些具体的标准就会因流于琐碎而失去意义。你可以说一幅画没有笔墨就不是中国画，但你无法据此否定它是艺术品，而是不是艺术品显然比是不是中国画更重要。可见"标准的标准"也比具体的标准（比如有无笔墨之类）更重要。而要说清"标准的标准"（总标准），又必须先说清楚艺术的本质规定性。

艺术是什么？艺术在本质上是人类情感的普遍传达。所谓传达，就是通过一个中介物的作用使不同的人体验到相同的情感。不同的人为什么要体验相同的情感？因为只有在这种体验亦即美学意义上的"同情"中，才能实现人与人之间的相互确证。马克思说，人到世间来，没有带着镜子，他是通过别人来反映和认识自己的。一个名叫彼得的人把自己当作人，是因为他知道一个名叫保罗的人和自己一样。[1]也就是说，每个人都必须也只能通过他人来确证自己是人。这就是人的社会性，也就是人性。人与动物不同的一个紧要之处，就在于动物不必证明自己是动物，人却必须证明自己是人。由于这种证明归根结蒂是人的确证，是对每个人的确证，因此它又必须由确证感来确证。一个人，只有当他确确实实地体验到自己已为对象和他人所证明时，他才真正实现了确证的目的。这样，当人与人之间实现相互确证时，他们就必须体验到相同的情感。同样，当人与人之间体验到相同情感时，他们就实现了相互确证。体验到相同情感的人越多，确证感也就越强。一个人的情感如果能得到普遍的同情，他作为一个人也就能得到普遍的确证。

情感总是主观的。任何情感都是个体独特的心理体验。要想使主观的情感得到普遍的传达，就必须通过一个中介物的作用。艺术品就是这样一个中介物。艺术品使艺术家的情感对象化，这就是"表现"；艺术品使欣赏者的情感产生共鸣，这就是"欣赏"；而当欣赏者与艺术家通过艺术品心心相印、息息相通、同情同感时，艺术就实现了"人类情感普遍传达"的目的。艺术品能够实现这个目的，是因为它有一种特殊的形式。正是这种特殊的不可重复的形式，使主观情感的普遍传达畅通无阻，并不断培养着人类传达情感的心理能力。因此，任何艺术体验都将包含三种成分：确证感、同情感和形式感。只有当这三种成分得到一定程度的满足时，艺术才能作为艺术而存在。正是由于这个原因，艺术标准才不但具有主观性和普遍性，而且具有特殊性。[2]

〖二〗绝对标准与相对标准：理想与典型

根据上述对于艺术本质规定性的认识，我们可以逻辑地推定艺术的绝对标准：每个个体的任何独特情感都通过不可重复的对象形象而为每个其他个体所同感。[3]

这个标准是由三个环节组成的：（1）个体的独特情感，（2）不可重复的对象形象，（3）其他个体的共同感。所谓"个体的独特情感"，在本质上其实就是个体在一个对象上体验到的确证感；所谓"其他个体的共同感"，当然就是同情感；而"不可重复的对象形象"，则在艺术体验中表现为形式感。艺术体验是十分重要的，它是艺术标准的直接现实和心理确证。任何真正的欣赏者和批评家无不因自己的艺术体验与自己认定的艺术标准相符或不相符，而对艺术品作出判断。既然艺术标准终归要体现于艺术体验，那么，我们还不如直接用艺术体验的方式和术语来表述艺术的绝对标准：一切个体的确证感都通过各不相同的形式感变成了所有人普遍体验的同情感。

于是，上述艺术标准的三个环节就可以理解为确证感、形式感和同情感。其中，确证感最具个别性，形式感最具特殊性，同情感最具普遍性。任何人的确证都首先是每个人的自我确证。既然这种证明是"他的"而不是别人的，就不可能没有个别性。同样，既然每个人都只能通过他人来证明自己，他就不能不诉诸同情感，不能不诉诸"每个人都要寻求他人证明"这一"人同此心，心同此理"的普遍性。艺术的发生，其实就建立在这一人性普遍共同原则基础之上；而艺术之为艺术，或艺术与人类其他确证方式的不同，又仅仅在于它是通过一个个独特的对象形象（特殊性），来实现个别性和普遍性的统一，即通过艺术体验中的形式感，来实现确证感和同情感的统一。而且，艺术品的形式和形象越是独特越不可重复，它就越具有艺术魅力，也就越能实现艺术的目的。因此，上述艺术标准也可以作如下表述：个别性通过特殊性变成普遍性。

无疑，只有当这三个环节都得到了最充分的实现，而且还最完美地统一起来，从而最大限度地满足了全人类的审美需求时，才实现了艺术的最高理想，达到了艺术的绝对标准。这当然其实是实现不了的。在具体的艺术活动中和艺术品那里，这个标准从来就没有完全达到过，也不可能完全达到。艺术家不管如何努力，都无法保证自己的独特情感能变成一切人的普遍情感，更不要说一切人的独特情感能如此这般，还每次都不重复。所以它只是一个理想。而且，正因为它永远达不到，才是理想。

但是，我们又不能没有这样一个绝对标准。没有它，人们就没有追求了。实际上，这个标准一直都"潜伏"在每一项艺术活动中，"包含"在个人审美标准里，成为每个人心中的一根标杆和一把尺子。每个人都会自觉不自觉地用这个标尺去"核准"和"校对"自己的审美感受和艺术创造。当这一标准三个环节中的某一环节得到满足或部分满足，比如艺术家的情感十分微妙，艺术品的形式极为特殊，或者作品引起了普遍共鸣时，人们就会为之喝彩，承认它是杰出的或优秀的艺术品。相反，如果艺术内容千人一面（没有个别性），艺术形式千篇一律（没有特殊性），或者矫情怪异让人无法接受（没有普遍性），就会引起反感而并不被承认为艺术品。可见，这个标准也并非没有现实性。在现实的艺术判断中，它可以表述为这样一个相对标准：个体罕见的情感（个别）通过尽量不重复的对象形象（特殊）而为尽可能多的人所同感（普遍）。

接近于全面满足艺术相对标准的是典型——准确地说，是艺术典型。它并不仅限于现实主义艺术，也不等于科学典型。科学典型和艺术典型一样，都是个别性和一般性（普遍性）的统一。典型总是个别的，否则就是概念。典型也总要有普遍性（一般性），否则就是特例。但在科学那里，典型的个别性是服从于一般性（普遍性）的。也就是说，科学典型虽然也是个别的（比如一片树叶、一块石头、一只昆虫），却又必须是最普通、最一般的，否则就不"典型"，不"标准"，也就不能成为"标本"（标准的样本）。可见，对于科学来说，最普通、最一般的，也就是最典型的。哪怕它是一个异类、变态、稀有物种，也要表现出异变稀有的一般性和普遍性亦即规律性。

然而艺术典型却是最个别、最特殊的。在艺术作品中，一个典型的傻瓜总是傻得不能再傻，一个典型的坏蛋总是坏得不能再坏，一个典型的仁者也总是仁慈得不能再仁慈。而且，文学家和艺术家也总是要用极为特殊的、甚至匪夷所思的方式把这些典型的典型性表现出来。比如阿Q挨了打以后还要说"儿子打老子"，就是"典型的"阿Q式的"精神胜利法"。这些表现方式也是不可替代和不可重复的。一旦可以替代，可以重复，就失去了个别性和特殊性，也失去了艺术典型的"典型性"。可见，艺术典型的一般性和普遍性必须服从于个别性和特殊性。在艺术中，最个别、最特殊的，也就是最典型的。

科学典型和艺术典型的区别还在于：科学典型是客观世界固有的，科学家只不过"发现"了它们；艺术典型则是客观世界没有的，要靠艺术家去"塑造"。科学家发现典型，是为了认识世界，因此不能不着眼于一般性和普遍性，以期从中发现规律；而科学典型的普遍性，也就只能是"客观普遍性"。艺术家塑造典型，却是为了传达情感。它仅仅着眼于精神的自由创造（个别性）和这种自由创造的社会普遍意义（一般性）的统一；而艺术典型的普遍性，也就只能是"主观普遍性"。发现需要验证，所以科学典型可以重复（同一物种可以有多个标本）；创造要求新颖，所以艺术典型必须独一无二，最忌陈陈相因。

艺术典型之所以不可替代和不可重复，还因为情感体验不可替代，不可重复。任何情感都是个体独有的内心体验，谁也无法替代；每次体验都不相同，所以不可重复。艺术就是要把这些不可替代和不可重复的情感表现出来，让他人同感，因此艺术的表现也不可替代、不可重复。它只能诉诸同样不可替代、不可重复的对象形象，至少要看起来是不可替代、不可重复的。显然，科学典型是"本质的典型"，艺术典型则是"情感的典型"。它的个别性，是情感的唯个体体验性；它的一般性（普遍性），是情感的可普遍传达性；它的特殊性，则是情感对象形象的不可替代和不可重复性。能够使这三者统一起来的，就是艺术典型。

这样看来，典型，就不是现实主义艺术的"专利"，也不仅仅是典型形象、典型人物或典型环境中的典型性格。这里需要特别加以说明的是"典型形象"。如果我们不是把形象仅仅理解为人物，而是理解为"一切可以感知或想象的东西"，即"非概念"，那么，任何艺术都可以塑造典型形象。它不是别的，就是那个把艺术家个别情感和欣赏者普遍情感统一起来的特殊对象形象，而所谓艺术典型也可以这样定义：个人独特情感（确证感）和社会普遍情感（同情感）在一个不可重复的对象形象（形式感）上的统一，或个别性（艺术家）和普遍性（欣赏者）通过特殊性（艺术品）达到的统一。

这样一种典型是一切艺术（浪漫主义艺术、现代主义艺术）的共同追求。任何一件真正的艺术品都是一个典型，哪怕它只是一幅抽象绘画、一首乐曲。只要它能做到个别性和普遍性在一个特殊对象形象上的统一，它就是典型，也具有现实主义艺术中典型的基本特征。和那些典型人物一样，它们也都是"一个整体"，一个"完满的有生气的人"，而且"本身就是一个世界"。因此，它们也具有生命和灵性、性格和倾向，能和我们的心灵对话，也能作为一个自身完整、独立封闭的"全息"的"细胞"或"单子"，反映着整个艺术世界的秘密，就像现实主义作品中的典型人物反映着整个人类社会的秘密一样。

〖三〗 艺术标准与艺术史

迄今为止的全部人类艺术史，就是不断通过塑造艺术典型来实现艺术理想的过程。这个过程是没有止境的，因此艺术史也永远不会终结。

艺术与科学有一个重要的区别，那就是艺术无所谓"进步"与"落后"，也没有"时间性"。科学是会"过时"的。"日心说"被证明是真理，"地心说"就过时了；"真空说"被证明是真理，"以太说"就得退出历史舞台。艺术却不会"过时"。古典艺术并不因现代艺术的出现而显得"陈旧"或"落伍"，就连原始艺术也保持着它永恒的魅力。相反，面对艺术史，人们还常常会感慨"今不如昔"。其实，所谓"今不如昔"也并不一定是事实（当然也并不一定不是事实）。如果说是事实，那也只是一种"心理事实"。人类在艺术传达的漫长过程中历史地形成了情感对象化的某些相对稳定的模式。这些模式往往被称作"典范"。人们习惯了这些"典范"，一旦发现新艺术品与"典范"不同（或是相异，或是不及），就会认为"今不如昔"。实际上，即便是最具有怀古情绪的人，他看待古典艺术的眼光也和古人不同。他欣赏古典艺术，不过是因为古典艺术的形式和情调与他此刻的情感相符，甚至不过是因为当他置身于现代艺术的汪洋大海之中时，古典艺术之于他，反倒是一个不可重复的对象形象，反倒更具有特殊性。总之，一件艺术品只要被欣赏，它就是"现在的"。

但即便如此，人类的艺术也不会停留在过去。哪怕明知"今不如昔"，人们也要不断创造新的艺术样式和新的艺术作品。这是因为人类的情感永远不能穷尽，对情感传达的方式永远不会感到满足，而艺术的绝对标准也永远不可能实现。人们只能创造出一个又一个的艺术典型去接近艺术的绝对标准。这些艺术典型，有的离艺术的绝对标准远一些，有的近一些，却不可能完全相符，就像著名的斐波那契数列（1，1，2，3，5，8，13，21，…）中那些数字之间的比，总是以"黄金分割比"为轴线上下浮动，却永远不会等于"黄金分割比"一样。这才有一浪推一浪的不懈追求，这才有艺术史的不断创新和刷新。

在这个不断和不懈的追求中，艺术创作和艺术批评表现出它们各自不同的性格和品格分野。艺术创作是借鉴过去、立足现在、面向未来，艺术批评则是借鉴过去、立足未来、面向现在。在这里，艺术创作和艺术批评都共同地把"过去"（即艺术遗产）当作了一面镜子。这是因为这些艺术遗产都是或者都曾经是艺术典型。它们都曾经在自己的时代部分地满足了人类情感普遍传达的需求，却又都未能实现艺术的绝对标准。也就是说，它们为创作和批评提供了正反两方面的经验。唯其如此，才可以引以为鉴。

同样，未来也是一个参照系。所谓"未来"，其实就是艺术的绝对标准。由于艺术家是面向未来、立足现在的，所以任何追求对于他来说都是一种满足。因为不管怎么说，他总归是"实践"了自己的理想。这也是几乎所有艺术家都会在自己的创作过程中体验到满足感和成就感（实质上是确证感），甚至认为自己的作品"世界一流"的原因之一。事实上，没有这种满足感和成就感，他的创作就无法进行下去。然而，当艺术家转换了自己的立场，以一个欣赏者和批评家的身份来反观自己的作品时，他又会感到极大的"不满足"，感到尽善尽美的不可企及，因而苦恼万状痛不欲生，甚至在临终前要将自己千辛万苦创作出来的作品付之一炬（如卡夫卡和高更）。这是因为，批评是立足未来、面向现在的。立足未来，就不会满足于现在；面向现在，就不能不承认他不愿意承认的现实。

实际上，艺术标准从来就不可能在一两部作品上得到充分的体现，它所设立的目标也不可能由一两部作品来实现。体现艺术标准的，只能是人类的全部艺术史，而且没有尽头。说得更透彻一点，人类设立这样一个标准，原本就是为了艺术的百花齐放、推陈出新。因此，只要是创新，这些新作品和新流派就会为人类的精神宝库增添内容，就会激发人们新的热情，甚至必将或隐或显地引起对整个艺术史（包括艺术批评史）的"改写"和"重估"。

艺术史之所以必须"改写"和"重估"，是因为艺术永远都是"现在时"的。艺术家也好，批评家也好，欣赏者也好，实际上都只能在当下、在此刻来体验艺术。然而历史却不会停止自己的步伐。时代每前进一步，人们就会对艺术标准产生新的认识，也会对艺术提出新的要求。因为时代变了，人们的心理状态也会发生变化。这就需要有新的情感传达方式和新的情感对象化形式。因此，艺术永远需要创作，也永远需要批评。

当然，我说的是真正的艺术创作和艺术批评。真正的艺术创作总是艺术精神的一个新观点、新角度。它们总是通过自己的"实践"，对一个时代的艺术创作、艺术精神、艺术潮流和艺术作品作出评论。事实上，真正的艺术家往往都是对时代精神的变革最为敏感的人，而他们的追求永远都值得肯定。因此，真正艺术家的创新必将引起真正批评家的惊赞和喝彩。这种惊赞和喝彩绝非多余。因为对时代精神的变革，艺术家能感受到，却说不出（只能隐含在作品中）。要把它明确说出来，让大家都知道，还得靠批评家。如果说，创作是对艺术绝对标准的现身说法，那么，批评就是对这一标准的反复论证；创作是对艺术绝对标准勇往直前的追求，批评就是不断提示的路标，并对偏离者"亮出黄牌"。创作与批评的关系，就像左手和右手，都共有一个大脑，那就是艺术标准。

艺术史就是这样由艺术家和艺术批评家共同写成的。而且，是由他们携手合作不断"改写"和"重估"的。在这种"重估"和"改写"中留下来的，就是"真"艺术品，"好"艺术品，也是真正"美的"艺术品。

——原载《厦门大学学报》2001年第4期

ANNOTATION
注释

1. 《马克思恩格斯全集》第 23 卷，人民出版社 1972 年版。
2. 易中天：《人的确证——人类学艺术原理》，上海文艺出版社 2001 年版。
3. 邓晓芒、易中天：《黄与蓝的交响》，人民文学出版社 1999 年版。

第九章
走向"后实践美学",
还是走向"新实践美学"

〖一〗问题所在

杨春时先生对实践美学(准确地说应称之为"旧实践美学")的批评,应该说是相当有力的。较之以"反映论"为代表的"前实践美学",旧实践美学虽然大大地前进了一步,却仍陷于客观论和决定论的桎梏不能自拔,以至于有诸如"美是客观性与社会性的统一"之类于情不合于理不通的说法。依逻辑,一个东西,要么是主观性与客观性的统一,要么是个体性与社会性的统一,哪有什么"客观性与社会性的统一"?社会性和客观性并非一个逻辑层面上的东西,怎么能统一,又如何统一?究其所以,无非既不愿意放弃客观论和决定论的立场,又不愿意像彻底的客观派美学那样,干脆主张美是客观世界的自然属性。正是这种理论上的不彻底,造成了旧实践美学在逻辑上的混乱和在论争中的尴尬。只要不转变这个立场,引进再多的新范畴(无论是实践范畴还是其他什么范畴)都无济于事。即便没有后实践美学的批判,旧实践美学也终将作为一个被扬弃的环节而退出历史舞台。这并不仅仅因为旧实践美学在成为主流学派以后"无所建树,停止发展",更因为它在理论上"先天不足",具有无法克服的自身矛盾。

然而,后实践美学虽然对旧实践美学攻势凌厉频频得手,其自身理论建设的基础却也相当脆弱,无法真正取代旧实践美学。杨春时先生批评实践美学关于审美起源的说法——原始人在自己劳动创造的产品中看到自己的本质力量,因而产生喜悦的心情"只是一种臆测"[1],但他提出"审美发源于非理性(无意识)领域",难道就不是臆测?至于审美"突破理性控制,进入到超理性领域",就更是问题多多。什么叫"超理性领域"?杨春时先生说是"终极追求"。我不知道他说的"终极追求"又是什么。我只知道,如果它真是超理性的,是类似于道、禅、般若、真如一类的东西,那它就不能为理性所把握,只能诉诸体验甚至超感体验,也用不着什么美学。如果说对超感体验之类的描述也是美学的话,那也不是什么"后实践美学"的事,因为老庄禅宗等等早就说得很多而且很透彻了。

就算超理性是所谓"终极追求",审美是"超越现实的自由生存方式和超越理性的解释方式"吧,那么,人的这种超越精神、自由追求和解释方式又是从哪里来的?是从天上掉下来的吗?是上帝赋予的吗?是人一生下来就有的吗?要不然就是杨春时先生自己想出来的。事实上,超越也好,自由也好,种种生存方式也好,都不是人的天赋、本能或自然属性。它们只能来源于实践并指向实践。尤其是杨春时先生最为看重的"自由生存方式",就更是指向实践的。的确,艺术和审美能够创造一个超现实的美好境界,它可以在现实领域中并不存在。问题是,人为什么要创造这样一个现实领域中并不存在的美好境界呢?难道只是为了满足自己的想象力和好奇心吗?也许,杨春时先生会说,是为了"终极追求"。那么,人又为什么要有"终极追求"呢?难道不正是为了让现实的人生活得更幸福吗?这就要诉诸实践,否则就没有意义。人不能没有想象,但也不能只生活在想象中。同样,人不能只有实践,但也不能没有实践。当然,实践并不万能,也并不理想。它并不像旧实践美学设想的那样,可以造就一个尽善尽美的人间天堂,一劳永逸地解决人类生存的所有问题。杨春时先生说得对:"生存的意义问题不是现实努力所能解决的。"但它又是不能不诉诸现实努力的。努力尚且不能最终解决,不努力那可就一点希望都没有了。

实践解决不了的问题(生存的意义),艺术和审美同样解决不了。以为艺术和审美就能解决人类生存的意义问题,这只是杨春时先生和某些现代哲学的一厢情愿。杨春时先生在批判旧实践美学把现实审美化的同时,显然也把审美理想化了,正如他在批判旧实践美学理性主义倾向的同时,也陷入了神秘主义一样。

何况我们别无出路,别无选择。自从人通过劳动使自己成为人,从而告别了动物的存活方式（顺便说一句，那才是真正意义上的"自然生存方式"）以后，他就踏上了一条永无止境的不归之路，那就是：他必须通过不断的实践斗争，使自己越来越成其为人。

也许，这才是人的"宿命"，而实践也就是一个绕不开的话题。旧实践美学的确没能很好地解决许多问题，但这并不等于说实践就不能成为美学的逻辑起点和基本范畴。我们不能因为旧实践美学的失误，就把孩子和脏水一起泼了。我们确实需要有一种新的美学来取代旧实践美学，但不是用"后实践美学"，而是用"新实践美学"。

〖二〗 逻辑起点

新实践美学与后实践美学，至少与杨春时先生是有对话基础的。因为我们都同意，创造具有权威性的现代美学体系，其关键是要有坚实的哲学基础和可靠的逻辑起点。整个美学的范畴体系应该也只能从这个逻辑起点推演出来。但我还想强调三点。第一，从逻辑起点进行推演，一直推演到艺术和审美的本质特征和一般规律，是一个相当长的过程，并有不少中间环节，不可能一步到位。第二，重要的是推演出美学的"第一原理"，即关于美和艺术的本质的定义，然后再逻辑地顺次推演出一切艺术和审美活动的本质规律。其中，不能有任何一个规律是从另外的原则引入或外加进来的。第三，这个逻辑起点必须是在人文学科范围内不可再还原的。不可再还原，才具有可靠性。如果杨春时先生同意这三点意见或这三个前提，那我们就可以展开讨论了。

杨春时先生认为，"应该确认社会存在即人的存在为逻辑起点"。为了剔除其中的古典主义和形而下因素，杨春时先生把它改造为"生存"。人的社会存在即生存，万事万物都包括在生存之中。生存是第一性的存在，是哲学唯一能够肯定的东西，当然也能作为美学的逻辑起点。更重要的是，生存以实践为基础，却又超出实践水平，做"后实践美学"的逻辑起点就更为合适。何况，在杨春时先生看来，人的生存有三种方式，其中"自由生存方式"明显地具有超越性，很自然地就能得出"审美的本质就是超越"的结论，也符合他的方法论思想（美和审美包含在作为逻辑起点的那个概念或范畴中）。

这似乎无可挑剔。但可惜，即便从逻辑推演上讲，也不是没有问题的。杨春时先生既然以"生存"为逻辑起点，那他的美学就该叫作"生存美学"。然而杨先生却宁愿称之为"超越美学"，因为他的"第一原理"是"审美的本质就是超越"。从这一点上讲，他把他的美学称为"超越美学"也并无不妥之处。问题是，生存并不等于超越。比如所谓"自然生存方式"似乎就不具备超越性，"现实生存方式"看来也成问题。从生存到超越，显然缺少中间环节。杨春时先生何以能够从生存推演出超越来，我们不得要领。

何况，他的那个逻辑起点（即所谓"生存"）本身就十分可疑。什么叫"生存"？它的内在规定性是什么？人的生存和动物的存活又有什么区别？人是怎样从动物也有的"存活"一变而为"人的生存"的？在这个过程中，究竟是什么原因使人有了自由和超越的精神和可能？不把这些问题一一解决，指望着从"生存"二字就能直接地推演出美的本质，不过是一厢情愿。

显然，所谓"生存"，也是可以再还原的。即便如此，我们和杨春时先生也仍有对话的可能。因为我们（包括旧实践美学）都同意："美的本质就是人的本质。"既然如此，我们便只要问一个问题就行了：究竟是什么原因使人成为人？或者说，究竟是什么原因使人获得了"人的本质"？

答案也只有一个：是劳动。只要"劳动使猿变成人"这一结论不被新的科学研究所推翻，这个答案也就毋庸置疑。既然是劳动使人成为人，是劳动使人获得了"人的本质"，而我们又都同意"美的本质就是人的本质"，那么，我们就该都同意，是劳动使美获得了"美的本质"（其实同时也使艺术获得了"艺术的本质"）。因此，美学体系的逻辑起点就不能也不该是别的，只能是劳动。劳动是人类最原始、最基本，也最一般的实践。以劳动为逻辑起点，也就是以实践为逻辑起点。这正是我们虽然和旧实践美学多有分歧，却仍然要把自己的美学称为"实践美学"的原因。

以劳动为艺术和审美一般原理的逻辑起点，首先意味着以劳动作为艺术和审美最初表现的历史起点。但与旧实践美学不同，新实践美学更关心的不是或不仅仅是人类的劳动如何产生出艺术和审美，而是它为什么必然会产生出艺术和审美来。也就是说,在我们看来,艺术起源和审美起源并不仅仅是一个考古学、人类学、文化学或心理学问题,更是一个哲学问题。新实践美学的艺术发生学和审美发生学就是这样一种哲学。它的任务,是要从生产劳动的实践原则中逻辑地推演出艺术和审美的本质规定性。因此,在这种探索中,既不能把艺术审美和生产劳动割裂开来、对立起来(这是我们和"后实践美学"的不同),又不能把它们等同起来(这是我们和"旧实践美学"的不同)。对于我们来说,劳动只是研究艺术和审美起源的一个出发点。从这个出发点开始,我们不会也不能仅仅停留在诸如"原始劳动对原始艺术有什么影响""射箭的弓怎样变成了拉琴的弓"的一般描述上。我们要做的工作,是要从发生学的角度去打开人的感性心理学和人的本质力量的巨大书卷,并从哲学的高度揭示艺术和审美必然发生和发展的历程。这个观点,早在二十世纪八十年代,在邓晓芒撰写《艺术发生学的哲学原理》,以及邓晓芒和我合作撰写《走出美学的迷惘》(该书1989年由花山文艺出版社出版,1999年更名为《黄与蓝的交响》,由人民文学出版社出版)时就提出了,可惜至今仍未能引起美学界足够的重视和注意。

〖三〗 内在规定

劳动能够成为美学的逻辑起点吗?这恐怕是杨春时先生要怀疑的。按照杨春时先生的方法论思想,美学的逻辑起点中应该包含着美,而劳动似乎没有。如果劳动即是审美,劳动产品即是艺术作品,则山货店就会变成美术馆,工地也会变成歌舞厅了。我们当然不会这么简单地把劳动和艺术、审美混为一谈。但如果不揭示劳动的内在规定性,则上述误解仍不能消除。

无疑,劳动不是艺术,也不是审美,原始劳动就更不是。借用普列汉诺夫的说法,它最初不过是人类在死亡线的边缘所做的一次"获生的跳跃"。在这种水平极其低下的活动中,人类随时都可能走向死亡或者重新沦为动物。因此,除了实用功利的考虑,他不可能还有什么别的考虑。

然而,即便是在这种最原始、最简单、最粗糙、水平最低的生命活动中,也已经蕴含着（而且必然地蕴含着）艺术和审美的因素。尽管这些因素还十分微弱，并不起眼，甚至还不能为原始人所自觉意识，也并不就是艺术和审美，但有此萌芽，已经十分可贵了。因为如果连这么一丁点因素都没有，我们实在不知道艺术和审美将何由发生。

蕴含在原始生产劳动中的艺术审美因素就是劳动的情感性，以及这种情感的可传达性和必须传达性。原始劳动，即便再简单、再粗糙，水平再低下，也是人的生命活动，是人的生存方式而不是动物的存活方式。人与动物有什么本质区别？区别就在于人的生命活动是有意识的，而动物的生命活动则是无意识的。正是意识，使动物也有的"表象"上升为"概念"，"欲望"上升为"意志"，"情绪"上升为"情感"。人的劳动与动物的觅食最本质的区别也正在于此。动物在自己的觅食过程中只会产生情绪。这些情绪会随着过程的终止而消亡（一只猫不会因为一想到自己曾经成功地捕捉了一只老鼠就笑起来）。人在自己的劳动过程中却会产生情感。他会因此而爱上自己的劳动产品。我们说"会"，不是说每次劳动都会这样，或每个劳动者都会这样，只是说有这种可能，而动物是没有这种可能的。猫不会把吃过的老鼠尾巴挂满一身，人却会欣赏和炫耀自己的劳动产品。也就是说，人的劳动具有情感性，它是一种"有情感的生命活动"。

人不但会在劳动中产生情感，他还会以劳动产品为传情的媒介，把情感传达出去。正如马克思在《1844年经济学哲学手稿》中所说，"你使用我的产品而加以欣赏，这也会直接使我欣赏"。在这种相互欣赏中，情感就借助劳动产品这个中介而得到了传达。唯其如此，工匠之间相互赠送工具，战士之间相互赠送武器，才会是一种相当之重的情分。杨春时先生难道从来就没有过一点点这方面的体验吗？如果当真没有，那实在是太不幸了。要知道，即便是一个猎手或一个农妇也是会有这种体验的。当他们打到一只硕大的猎物或种出一种稀罕的菜蔬时，也会请左邻右舍乡里乡亲一同分享。他们迫不及待地要这样做，并不一定出自某种功利目的（比如睦邻友好）。基于功利目的的考虑是有可能的，但也有另一种可能，即只因为他们在劳动中产生的喜悦需要传达。这才有了炫耀，有了不计功利的分享。

蕴含在劳动过程和劳动产品中的这种艺术性因素和审美性因素不是可有可无的奢侈品。恰恰相反，缺失了这一环节，劳动就不成其为本来意义上的劳动，就会变成

"异化劳动"了。由于异化日久，很多人已体验不到劳动的情感性，甚至怀疑劳动是否当真具有情感性。这并不奇怪。但这丝毫也不等于说我们不能从逻辑和经验两方面证明这一点。劳动，尤其是原始劳动，常常是一种集体的行为。它需要团结一致，同心协力。显然，要做到这一点，光靠功利目的的吸引是远远不够的。仅靠功利维系的团队是酒肉朋友乌合之众。树一倒，猢狲就散。这就同时还需要情感的维系。只有功利需要再加情感维系，同步的、相互协作的社会性劳动才有可能。即便奴隶，在一起抬石头时也会喊上一声"哥儿们，一起来吧"。这份情感，我自己在强迫性劳动中就曾体验过。至于本来意义上的劳动，就更不可能没有情感了。我们甚至还可以说，情感不但是劳动的产物，它还是劳动的前提。

毋庸置疑，劳动，尤其是原始劳动，从根本上讲只是人的一种功利活动。因此，在原始生产劳动中，艺术性因素和审美性因素归根结蒂还是处于附属性地位。它们随时随地都要以生产劳动的实际效益为转移，否则原始人类就无法生存。在这时，艺术和审美的本质还是潜伏着的。它们还只是具有艺术性和审美性的"因素"，远不是艺术和审美。

〖四〗第一原理

从蕴含在劳动过程和劳动产品中的艺术性因素和审美性因素，到真正意义上的艺术和审美，经历了漫长的历史过程，其间有诸多中间环节，比如巫术与图腾，本文无暇论及（如有兴趣请参看拙著《艺术人类学》）。这里要回答的是，究竟是一种什么原因，最终使艺术和审美必然地要从生产劳动中诞生出来。也就是说，艺术和审美发生的"第一推动力"是什么。

还是要从劳动说起。正是劳动而不是别的，使人建立起两种学术界都承认的关系，即人与自然的关系和人与人的关系。但还有第三种关系，却为人们向所忽略，那就是人与劳动的关系。劳动的意义在于，它不仅是人类谋生的手段，也是使人从猿变成人的根本原因。能够使人成为人的，也能够证明人是人；而原本不是人的，也必须证明自己是人。因此劳动与人的关系就是一种确证关系：劳动以其过程和产品证明人是人，人则以某种形式证明劳动是人的劳动。

证明劳动是"人的劳动"的形式是一种心理形式，它就是确证感。这种证明之所以要通过一种心理形式来实现，是因为"人的确证"归根结蒂是人的自我确证。因此，它必须能为每个人所意识到，也就只能诉诸人的内心体验。事实上，正如人只有在感到自由时才自由，在感到幸福时才幸福，他也只有在感到被确证时才被确证。也就是说，人的确证是要由确证感来证明的。母亲疼爱婴儿，猎人炫耀猎物，小男孩因水面的圆圈而惊喜，艺术家因遇到知音而激动，这些都是确证感。正是靠着它们，人确证了劳动是人的生命活动；而那些不能使人体验到确证感的劳动，则是"异化劳动"。

人的劳动确证人是人，确证感则确证劳动是人的劳动。可见，确证感既是人确证劳动的心理形式，也是人确证自己得到了确证的心理形式，是"确证的确证"。因此，从理论上讲，任何人都不会体验不到确证感，无论他用什么方式。事实上，人类体验确证感的方式是很多的。小男孩把石子投入平静的水面，小女孩在纸上画出圆圈，都是。他们是那样的幼小，有此一举，也就够了。但人类不能满足于此。人类必须创造一种普遍可靠行之有效的方式，确保（至少在理论上确保）人人都能体验到确证感，并能传达这确证感。这个方式，就是艺术和审美。

艺术和审美起源于劳动。因为人最早是在劳动中，在自己改造世界的实践活动中体验到确证感的。正是"确证"二字，把人的"喜悦"和动物也有的"兴奋"区别开来。也就是说，他喜悦，不仅因为劳动产品能够满足他生存的需要，还因为它能满足他确证的需要。他能在他的产品那里体验到确证感。唯其如此，他才会爱上他的某些（不是所有）产品（比如工具）。他会觉得他的这些产品不但是"好的"（合目的），而且是"美的"（有感情），因而爱不释手，甚至到处炫耀，并希望别人欣赏。因为这是他证明自己是人的"物证"。炫耀，就是"出示"证据；欣赏，就是"认可"证据。

无疑，人的这种意识（如果它可以被叫作审美意识或艺术观念的话）最初是十分朦胧甚至不自觉的。他并不知道自己为什么要炫耀，为什么要请别人欣赏。所以它常常被看作是一种"无意识"。原始人甚至会把那些原本确证自我的"物证"看作神的恩赐，把自身本质力量的内在闪光当作外在对象来崇拜。但这并不妨碍他们通过这些"神秘的圣物"体验和传达确证感。因为世界上并没有什么神灵，人所崇拜的一切，归根结蒂都只属于人自己。至于"不自觉"和"无意识"，则无非证明它们在理论上已"不可再还原"。从这个意义上讲，确证自己是人，体验并传达确证感，就是人性的普遍共同原则。

总之，人在劳动中获得了一种心理能力，即通过确证感的体验，在一个属人的对象上确证自己的属人本质。审美就是这样一个心理能力和心理过程。换句话说，审美，就是人在一个属人的对象上体验确证感的心理能力和心理过程。这个对象，最初是劳动产品（主要是劳动工具），后来则主要是艺术品和自然界（这一发展演变过程另文讨论）。但不管它是什么，只要能使人体验到确证感，它就是审美对象。确证一个东西是不是审美对象的唯一标准是确证感。由于美是要靠美感来确证的，因此美感就是确证感；而为美感所确证的美，也就是能够确证人是人的东西。正因为"美是能够确证人是人的东西"，所以美是肯定性的（丑则是不能确证人是人的东西，所以丑是否定性的）。又因为确证自己是人，乃是人的"第一需要"，是艺术和审美发生的"第一推动力"，因此"爱美之心，人皆有之"。这个观点，就叫作"审美本质确证说"。这也是"新实践美学"区别于"旧实践美学"和"后实践美学"的关键之一。

当然，事情远非如此简单，其间尚有许多中间环节和逻辑过程，但已非短短一篇论文所能尽说。这里不过是把最基本的问题提出来，并以此引玉之砖求教于杨春时先生及诸大方之家。

——原载《学术月刊》2002年第1期

ANNOTATION 注释

1. 本文所引杨春时先生观点，均见《走向"后实践美学"》一文，《学术月刊》1994年第5期。

第十章
从"前艺术"
到"后艺术"

〖一〗正名

"前艺术"这个概念,最早是黑格尔提出来的,全称是"艺术前的艺术",原文是Vorkunst,可以和"史前史"类比,或译为"艺术的准备阶段"。[1]黑格尔之所以会提出这个概念,是因为他把艺术看作一个过程;而他之所以把艺术看作一个过程,则是因为他把世界看作一个过程,一个"过程的集合体",而不是"一成不变的事物的集合体"。这无疑是一个"伟大的基本思想"。[2]

艺术既然是一个过程,那么,它就应该有自己的初始阶段,也应该有自己的成熟阶段和终结阶段。这是我们从黑格尔那个"伟大的基本思想"中逻辑地得出的结论。但这并不意味着我们赞同他对这三个阶段的描述和界定。在黑格尔那里,艺术的初始阶段即"艺术前的艺术",其实是指以古埃及建筑为代表的"象征型艺术"。黑格尔认为,它只是"过渡到真正艺术的准备阶段"。因为在这类艺术中,理念还没有找到最适合自己的感性显现形式,因此它终将解体,而让位于以古希腊雕塑为代表的"古典型艺术"。古典型艺术是"艺术的中心",也是"真正的艺术",是艺术的成熟阶段。但艺术既然是一个过程,它就不会因此而停步。所以,古典型艺术也要解体,而让位于"浪漫型艺术"。浪漫型艺术在一个更高的层次上又回到了内容与形式相矛盾、精神与物质相对立的那种状态。只不过象征型艺术是形式大于内容,物质压倒精神;浪漫型艺术则是内容大于形式,精神溢出物质。艺术作为"绝对理念的感性显现",是不能没有物质成分的。当艺术的精神内容大到接近无限,物质成分小到接近于零,它就不能再作为艺术而存在。因此,浪漫型艺术也要解体,并由此导致整个艺术的解体,而让位于宗教和哲学。这样看来,浪漫型艺术也可以说是艺术的终结阶段。

艺术发展到浪漫型就要解体,这一点颇为人所诟病,黑格尔自己也很犹豫。他并没有斩钉截铁地宣布艺术终将灭亡,而是含糊其词地说:"我们尽管可以希望艺术还会蒸蒸日上,日趋于完善,但是艺术的形式已不复是心灵的最高需要了。"[3]实际上在这里黑格尔已经陷入了矛盾。因为按照他的逻辑,艺术从象征型起步,一定会发展到浪漫型;而艺术发展到浪漫型,又显然再无出路。但要公然宣判艺术的死刑,即便以"哲学王"之尊,黑格尔也很难下定论。事实上这在某种意义上也不合逻辑:艺术,作为人类不可或缺的精神文明之一,怎么可以消亡,又怎么可能消亡呢?

导致这一矛盾的根本原因,在于黑格尔那"头足倒置"的世界观,而其直接原因,则在于黑格尔美学体系的封闭性。尽管黑格尔把世界看作一个过程,但这个过程是有起点也有终点的。在黑格尔那里,世界作为绝对理念通过自我否定和自我实现而自我认识的过程,表现为自然界、人类社会和人的精神三个阶段,而人的精神则又表现为艺术、宗教和哲学三个阶段。艺术是人的精神的起点,此前无"前"可言。艺术解体后要代之以宗教,故此后也无"后"可言。这样一来,艺术的发生、发展、成熟和终结,便只能封闭在艺术的范围之内。实际上,黑格尔讲的"艺术前",其实还是在"艺术中"。他的所谓"象征型艺术",并非真正的"前艺术"。他的所谓"浪漫型艺术",当然也不是什么"后艺术"(黑格尔自己也不这么说)。如此,则所谓"艺术前的艺术",也就没有太大的意义(这也是黑格尔提了一句就不再多说的原因)。要使这个概念真正产生意义,就必须真正把它放到艺术之前,放到从非艺术到艺术的过渡时期。在我们看来,这才是真正的"前艺术"。

在这里,一个极为重要的观点是:艺术不但是一个过程,而且产生于非艺术。从非艺术到艺术,有一系列的中间环节和过渡阶段。正是它们,构成了"艺术前的艺术"。艺术既然产生于非艺术,那么,它就终将回到非艺术。从艺术到非艺术,也有一系列的中间环节和过渡阶段，它们便构成了"艺术后的艺术"。"前艺术"和"后艺术"都不是真正的、严格意义上的艺术，却又都有艺术性，可以广义地看作艺术，只不过一个在艺术之前，一个在艺术之后而已。

显然，在这里，有一个逻辑的前提必须事先予以确定，那就是何谓艺术；或者说，什么是所谓"真正的、严格意义上的艺术"。这自然又是一个颇费思量的事情。但有一点可以肯定：既然艺术是一个过程，那么，它也就是一个历史范畴。我们只有把它放在人类历史广阔的背景下，弄清它的来龙去脉，才有可能得出既符合逻辑又符合事实的结论。

〖二〗探源

人类原本没有艺术。它的诞生，是人类自我创造和自我确证的结果。事实上，在人类最早的有意识的生命活动——生产劳动中，即在工具的制造和使用中，便已蕴含着艺术的因素，这就是"确证感"及其普遍传达。当一个原始工匠制造出一把石斧或者一个陶罐时，他会感到无比的喜悦，这就是"确证感"。他会向他人出示和炫耀这一产品，这就是希望从他人的欣赏那里确证其确证感。而当他把这些产品交给他人使用并得到赞美时，他就在人与人之间传达了这一确证感。事实上，艺术无非是人类特地创造出来专门用于传达确证感的特殊工具和产品。当一件艺术品被人欣赏时，艺术家就确证了自己是一个有创造力的人，而欣赏者则确证了自己是一个有鉴赏力的人。他们都实现了自己"人的确证"。现在我们知道，艺术的这一本质规定性，深深地植根于人类的劳动中。劳动第一次使人类情感有了一个现实的、具有社会普遍性的表征。这些表征后来就发展成了艺术。[4]

然而劳动毕竟不是艺术。劳动工具、劳动过程和劳动产品也不能直接转化为艺术。生产劳动中只不过蕴含着艺术性因素，它们要变成艺术，尤其是要变成"真正的、严格意义上的艺术"，还必须经历多次"脱胎换骨"。第一次，是作为一种原始意识形态的形式，和原始宗教等精神生产一起，从原始生产劳动中分离出来。这是劳动分工的结果。人类在原始时代一共经历了三次大的分工。最先是男女之间的分工，比如男狩猎女采集。这是自然的分工。然后是由于天赋、需要、偶然性等原因产生的分工，比如同为男性的狩猎，跑得快的追，身躯大的堵，脑子灵的指挥，等等。这是自发的分工。最后是精神劳动和物质劳动的分工，比如一部分人（当然是少数）专门从事通神、媚神、占卜、预测等活动，另一部分人从事狩猎、放牧、养殖、农作等等。这是自觉的分工，也是真正的分工。正如马克思和恩格斯所说："分工只是从物质劳动和精神劳动分离的时候起才开始成为真实的分工。从这时候起意识才能真实地这样想象：它是某种和现存实践的意识不同的东西；它不用想象某种真实的东西而能够真实地想象某种东西。从这时候起，意识才能摆脱世界而去构造'纯粹的'理论、神学、哲学、道德等等。"[5]当然，也只有在这个时候，人类才可能开始去构造"纯粹"的艺术。

不过，在精神生产和物质生产刚刚分离的时候，它们还并不"纯粹"。这个时候的艺术，也不是艺术，只能称之为"艺术前的艺术"。它们或者是生产劳动的形式，或者是生殖崇拜的形式，或者是图腾崇拜的形式，或者是巫术礼仪的形式，甚至干脆混为一谈，而且无不有着明确的现实的功利目的。比如狩猎的舞蹈，是为狩猎而跳的，它常常要跳到真实的野牛出现为止。又比如洞穴壁画，也是一种巫术礼仪。洞壁上某只野牛之所以一画再画，就因为每画一次，便能捕获一头野牛。同样，陶罐上之所以要画鱼蛙，是为了多生孩子；部落里之所以要有雕塑，是为了图腾崇拜。总之，艺术是为了巫术（或图腾），巫术是为了劳动（或生殖）。或者说，艺术是巫术和宗教的形式，巫术和宗教则是生产（包括物质生产和人口生产）的形式。它们都不"纯粹"。

但毕竟人类已经开始有了艺术，尽管它们还不纯粹，还只能被称作"前艺术"。我们之所以把它们称为"前艺术"而不称为"非艺术"，是基于以下考虑：首先，它们已是精神生产而非物质生产。其次，它们已经具备了艺术的功能，比如图腾歌舞的实际功能是借助这一形式实现部落和氏族内部人与人之间的情感交流与传达，并由此增强部落和氏族的凝聚力。再次，它们已经具备了艺术的形式，这就是可供炫耀的技巧、可供欣赏的形象（包括视觉形象和听觉形象），以及程式化规范化的艺术语言。总之，尽管这时它们还混同和依附于原始劳动、原始巫术和原始宗教，却已经具备了艺术的功能和形态。剩下的事情，就是如何成为真正的、严格意义上的艺术。

这就需要第二次分离，即作为一个独立的部门从原始精神生产中分离出来。这次分离是劳动异化的结果。所谓"异化"，是相对"本来意义"而言。本来意义的劳动是精神与物质的统一。当劳动的精神环节和物质环节相脱离，分化为精神劳动和物质劳动时，异化便实际上已经开始；而异化一旦开始，就不会停下脚步，直至它被扬弃。与此同时，分工也不再满足于精神劳动和物质劳动的分离。它在这两大领域都还要进一步细化，即专门化和职业化，以满足人类越来越丰富多样的需求。因此，精神劳动还要再分化，分为科学、宗教、政治、伦理、哲学、艺术等等。甚至在艺术内部，各种门类和样式也都会一一独立和分化出来，分化为工艺、建筑、雕塑、绘画、音乐、舞蹈、戏剧等等。

由此导致的是第三次分化，即艺术创作与欣赏的分离。在这里，有三个因素同时起到重要的作用，这就是分工、异化和私有制。正是分工、异化和私有制，使一部分人成为生产者，另一部分人成为消费者。具体到艺术，则是一部分人成为创作者，另一部分人成为欣赏者。在文明时代的前期，艺术的消费者（即统治阶级）掌握着艺术的生产资料（包括物质材料和文化遗产）和鉴赏权，艺术的生产者则由平民甚至奴隶充任，并为统治阶级的审美需求服务。他们被视为体力劳动者，称作画匠、刻工、踊者、歌人、倡优、戏子，地位极低。只是到了后来，他们当中的一部分才被视为艺术家，但地位仍不很高。[6]这其实是艺术生产内部精神环节和物质环节的分离。作为艺术欣赏者的统治阶级掌握着艺术的精神环节（思想内容、情感基调、艺术理想、审美趣味等等），艺术的物质环节即表演和制作则交由视同体力劳动者的匠人们去完成。因此，在文明时代前期，艺术表现的总是统治阶级的趣味（如古希腊的高贵静穆和中国上古的温柔敦厚）。也就是说，生产是由消费来决定的。只是到了艺术完全独立以后，社会的审美取向才有可能为艺术家所主导。

〖三〗 定性

综上所述，纯粹艺术的诞生实际上经历了三次分离。第一次，是作为一个精神环节从原始生产劳动中分离出来。第二次，是作为一种精神生产从原始精神生产中分离出来。第三次，是作为艺术生产实现了自身精神环节和物质环节的分离。第三次分离虽然不像前两次那样堪称"脱胎换骨"，却也至关重要。没有这一次分离，仍然不可能有"真正的、严格意义上"的"纯粹艺术"。

最典型的案例是舞蹈。舞蹈最显著的特征，是主体与客体、自我与对象、精神与物质的统一，因为舞蹈的媒材是人体，或者说，是人自己。人用自己的身体来进行创造，若要精神与物质分离，除非"灵魂出窍"。而且，舞蹈作为一种人体艺术，一种借助人体的律动来创造体验的艺术，对它的欣赏不能只靠观看，还必须"身体力行"，即在舞蹈中体验；而真正能够体验到这一点的非舞蹈者自己莫属，观赏者只不过借助"内模仿"来间接体验罢了。因此，舞蹈的创作和欣赏在原则上是不能分离的，事实上在原始时代即"前艺术"时期也是如此。那时候，人人都是舞蹈家，每个人都通过自己跳舞来体验舞蹈。但即便是这种最不具备分离条件的艺术门类，在纯艺术时期也变成了一部分人表演另一部分人观看的"表演艺术"。可见创作与欣赏的分离，确乎是所谓"纯粹艺术"的重要特征。

实际上，没有创作与欣赏的分离，就不可能有艺术长足的进步。因为艺术也好，其他精神部门如科学、宗教也好，如果无人专司其职，就很难得到充分的发展。也就是说，它们都必须专门化和职业化。而在艺术领域，其前提就是创作与欣赏的分离。只有当创作与欣赏分离之后，才可能有一部分人在创作方面特别下功夫，从而成为艺术家。艺术家不一定就是职业艺术工作者，即不一定以艺术为谋生手段，但却无不对某一门类或某些门类的艺术有着强烈的兴趣、特别的关注和深入的研究。他们主要不是靠鉴赏力而是靠创造力才成为艺术家的。这就极大地推进了艺术的发展。

当然，我们把这一时期的艺术称为"纯艺术"，主要还是因为它已经成了一个独立的精神部门。无疑，这个时期的艺术仍然还要和其他精神部门或上层建筑，如科学、宗教、政治、伦理等等发生这样那样的关系，比如"为宗教服务"或者"为政治服务"。但它们毕竟已不是宗教或政治，这种服务也多半是暂时的、间接的。人们在实际的艺术欣赏中并不当真把它们看作宗教或政治（比如不会有人把《最后的晚餐》或《西游记》当宗教作品看），而那些宗教性或政治性太强的东西则不被看作艺术（比如"文革"期间的某些"作品"）。不管统治者和理论家如何倡导，艺术的实际功能都是在人与人之间传达情感，满足人们的审美需求。这就需要不断地创造新的情感对象化形式，以免人们在司空见惯中麻痹了自己的审美感觉。事实上，自艺术独立以后，一部艺术史，几乎就是一部形式创造史。原始时代简单的洞穴壁画发展为油画、版画、水彩、水墨，原始时代娱神媚神的图腾歌舞和综艺表演分化为门户独立的音乐、舞蹈、戏剧，而它们再分化下去，分化为声乐和器乐、话剧和歌剧。各类艺术语言及其构成要素如色彩、线条、笔触、肌理、质感、体量、姿势、动作、乐音、和声、节奏、韵律等等，也都得到了深入的研究并发挥到极致。艺术成了一个人必须穷尽其智力才可能有所作为的事业，艺术自身也只有通过不断的创新才能持续发展。品种越来越多，样式越来越新，分类越来越细，要求也越来越高，以至于除了个别天才，一个人如不经过专门的训练就休想跨入艺术的殿堂。

与此相适应，艺术的创造性也越来越强，个性也越来越鲜明，而且已由"生产"变成了"创作"。一般地说，创作是个人的事，而生产则是集体的。在原始时代，艺术不但和生产劳动纠缠不清，而且它自身也被看作一种生产，和采集、狩猎、制陶、编织没什么两样。它的"产品"往往是"集体智慧的结晶"，即便系个人所为，也没有"著作权"。文明时代的艺术却越来越注重个人的作用，越来越带有艺术家鲜明的个人色彩，并由此形成了风格和流派。原始艺术当然也有风格，但那是一种集体的风格，是种族、民族、氏族、部族的风格。文明时代的艺术风格却属于艺术家自己，以至于有"风格即人"的说法。艺术成为个人的作品，这是"纯艺术"的又一特征。

然而有趣的是，一方面是艺术创作越来越个人化或个性化，另一方面则是艺术欣赏越来越大众化和平民化。在文明时代前期，统治阶级掌握着艺术的鉴赏权（包括观赏权和批评权）和支配权，纯粹艺术一度与人民大众无缘，正所谓"此曲只应天上有，人间能得几回闻"。但是，曾几何时，"旧时王谢堂前燕，飞入寻常百姓家"。

宫廷音乐和戏剧流入民间，诗词歌赋也渐能渔樵共赏。平民大众越来越多地介入艺术的欣赏与批评，而艺术的形式也越来越走向通俗。只要看看中国文学就知道，诗由词而曲，文由骈而散，小说由文言而白话，岂非由雅而俗，由官而民？

这表面上看不可思议，其实有着深刻的内在原因，这就是：艺术原本是属于人民大众，属于全人类的。它的本质功能，是要通过每个人对艺术品的心心相印、息息相通（亦即共鸣），来实现全人类情感的普遍传达。艺术品的形式总是特殊和个别的。而且，越是特殊和个别，就越有艺术魅力。但艺术品的内容却必须具有普遍性，必须表现人类的共同情感，比如爱与死、勇敢与坚贞、人世间的悲欢离合等等，否则就无法欣赏。何况任何艺术品总是会表现一定阶级、民族、时代的共同特征，比如共同的文化传统、风俗习惯、社会心理、审美趣味，从而为大多数人所接受和欣赏。因此，艺术实际上是在一个异化社会里起着同化人性的作用，它当然要争取尽可能多的认同。其实，在文明时代前期，尽管艺术的鉴赏权和支配权掌握在统治者手里，具体制作却仍是底层平民的事。因此艺术并非从此就与民间无缘，民间艺术的长盛不衰就是证明。结果是，民间集体式的艺术创作不但没有绝迹，文化精英们反倒要不断到民间去汲取营养。这就为艺术回到生活回到大众埋下了伏笔，并终于导致"后艺术"的诞生。

〖四〗 预后

后艺术将在一个更高的层次上回到前艺术的那种状态，即重新与生产劳动、社会生活和其他精神部门融为一体，不复是独立的、"纯粹"的艺术。首先，一部分艺术的产生方式将不再是"创作"而是"生产"，它的成果也不再是"作品"而是"产品"，作为纯艺术标志之一的艺术家个人风格也将逐渐为欣赏者的共同口味所替代。这一趋势在电影艺术中已见端倪。电影几乎一开始就不是由艺术家个人，而是由公司、工厂来生产的。在传统的艺术门类中也许只有建筑和它一样，需要庞大的经济和技术支持，并被视为一项"工程"。但建筑一直不是"纯粹的艺术"（黑格尔就视其为"前艺术")。这就证明了我们对"纯艺术"概念界定的正确性——但凡可以视为"生产"的,就不是"纯艺术"。所以马克思说:"当艺术生产一旦作为艺术生产出现,它们就再不能以那种在世界史上划时代的、古典的形式创造出来。"[7]也就是说,它们不再是"纯艺术"。

不过,建筑和电影虽然不是真正的纯艺术,却也不是真正的前艺术和后艺术,而是介于二者之间。因为在建筑和电影这里,艺术家的个人因素仍然起着主导作用,只不过不像在音乐、绘画和文学中那样"随心所欲"。此外,建筑和电影也仍是创作与欣赏分离的。因此,建筑是从前艺术过渡到纯艺术的第一道门槛,电影则是从纯艺术过渡到后艺术的最后一道防线。

就在建筑和电影固守着创作与欣赏的分野时,反倒是戏剧率先表现出拆除这一藩篱的倾向。戏剧是典型的表演艺术,而表演艺术是最应该创作与欣赏分离的。然而现代戏剧尤其是小剧场话剧却在进行这样的实验:演员走下舞台,邀请观众入戏,共同完成那没有预设结局的剧情。在这里,这类戏剧已表现出后艺术的一个重要特征,那就是开放性。纯艺术作为古典时代和传统社会的艺术,是相对比较封闭的。不但各门类之间泾渭分明,而且各流派之间也难免门户之见。现代艺术却在打破这些界限。在现代艺术家那里,没有什么材料是不可以使用的,也没有什么手段是不可以使用的,更没有什么疆域界限、金科玉律是必须恪守的,就连艺术与非艺术的界限也不妨抹平。实际上它们也变得越来越不像艺术。常常有人目瞪口呆地看着诸如行为、装置、波普、达达之类的"艺术"问:"这还是艺术吗?"但如果把它们看作"后艺术",这些疑难也就迎刃而解。后艺术是从纯艺术走向非艺术的中间环节。它们变得"不像艺术",也就理所当然。

开放性在网络文学中表现得尤为突出。因为网络本身就是一个开放的系统,而文学又最容易做到创作与欣赏的统一。当诗人们一人一句地联句赋诗时,一个集创作与欣赏于一体的开放系统也就形成了。网络文学只不过把诗社和沙龙搬到了网上,并把创作的范围从诗扩大到一切文学体裁。比如版主(他相当于诗社的社长)把自己或某个网友创作的半成品文学作品贴出来,然后由网友们共同在网上完成。甚至版主或网友也可以只出一个题目,大家一起在网上用QQ的方式来写作。必须指出,只有用上述方式创作的，才是严格意义上的"网络文学"。那种事先写好再贴在网上的，则只能叫"网络上发表的文学"。

的确，电脑作为大脑甚至人体的延伸，它的出现使劳动的精神环节和物质环节开始重新趋向于统一，而设计则使艺术开始走进千家万户。设计艺术是传统工艺的现代版，它和传统工艺的本质区别在于"创意重于手艺"。传统工艺主要是靠所谓"能工巧匠"的"巧夺天工"取胜的，这当然不是人人皆可为之。但这些技术性问题现在都可以由机器、电脑来解决，创意的重要性就突显出来了。只要有创意，人人都可以成为设计艺术家。至少，为自己设计住宅的装饰，总归不成问题。

卡拉OK和大型演唱会也是典型的后艺术。卡拉OK使人人都成为歌唱家，哪怕你声嘶力竭，哪怕你五音不全。大型演唱会则往往消除了创作与欣赏的对立，因为观众们常常会和歌星们一起放声高唱，不分彼此。人们常常为这类表演算不算艺术争论不休。这其实又是后艺术的一大特点——说不清是不是艺术。说它是艺术，分明"不像"（其实是不像纯艺术）；说它不是艺术，又不知道如果它不是艺术又该是什么。最好的说法是"后艺术"——既不是艺术，也不是非艺术，而是一种"半艺术"。只因为它发生在艺术之后，所以叫"后艺术"，以区别于发生在艺术之前的另一种"半艺术"——"前艺术"。

后艺术给我们的是这样一个启迪：独立的、纯粹的艺术作为一个历史阶段，确实终将消亡。当脑力劳动和体力劳动的对立消除，人们不再奴隶般地服从社会分工，劳动也不再仅仅是谋生的手段，而是人的第一需要[8]，也就是说，当生产劳动变成了社会生活的同义语时，起源于生产劳动的艺术将重归生产劳动。独立的、传统的、纯粹的艺术将只剩下指导的意义，取而代之的将是无所不在、无人不能的美化环境美化人生的"艺术化生存"。我想，它也许应该被称为"泛艺术"。

——原载《厦门大学学报》2003年第4期

ANNOTATION
注释

1. 黑格尔：《美学》第2卷，商务印书馆1979年版。
2.《马克思恩格斯选集》第4卷，人民出版社1972年版。
3. 黑格尔：《美学》第1卷，商务印书馆1979年版。
4. 关于这个问题，请参看易中天：《艺术人类学》，上海文艺出版社1992年版，2020年再版；易中天：《人的确证——人类学艺术原理》，上海文艺出版社2001年版。两书对此均有详论。
5.《马克思恩格斯选集》第1卷，人民出版社1972年版。
6. 在中国古代社会，只有诗人和画家的情况略有不同。诗人很早就由统治阶级中人担任，画家后来也有了地位，其原因这里无法细说。但有一点可以肯定，帝王将相和文人士大夫的诗歌绘画创作只能是业余的，只能是茶余饭后的闲情逸致和陶冶性情的修身养性，否则就是"玩物丧志"。至于工艺师、建筑师、雕塑家，则仍被视为匠人；音乐、舞蹈、戏剧的表演者，也仍被视为倡优和戏子。
7.《马克思恩格斯选集》第2卷，人民出版社1972年版。
8. 同上书。

第十一章
论审美的发生

〖一〗前提

李志宏先生在《中国当代美学的理论支点：人的本质还是人的智能》（原载《学术月刊》2002年第11期）对实践美学、新实践美学和后实践美学都进行了批评。学术研究中有不同的意见，原本是十分正常的事情，问题是有没有对话的可能，即论辩的双方有没有大家都同意的观点作为进一步讨论的基础和前提。我们高兴地看到了这种可能性，即我们和李志宏先生都同意"为了理论的严密性，任何一个美学体系都必须解释审美发生问题"，只不过我们各自的解释不同罢了。因此，尽管我们在自己的一系列著作[1]中已从不同角度作过解释，但为了更好地求教于李志宏先生及诸位方家，我仍愿意集中和专门讨论一下这个问题。只不过在此之前，也还有一些最基本的理论问题必须事先予以说明。

首先必须确定的是，承认艺术和审美有发生问题，即等于承认艺术起源于非艺术，审美起源于非审美，正如宇宙起源于非宇宙，人起源于非人（猿）。李志宏先生说"萝卜的萌芽只能长成萝卜，黄豆的萌芽只能长成黄豆"，这当然不错。但萝卜的种子和萝卜还是两回事。而且，如果要讲发生学，还不能讲萝卜起源于萝卜的种子或萝卜苗，得讲它起源于某个原本不是萝卜的物种。前者只是"成长学"，后者才是"发生学"。

其次，对于美学而言，艺术和审美的起源绝不仅仅是一个考古学、人类学或心理学问题，更重要的是一个哲学问题。它的任务，不仅仅是描述艺术和审美如何产生，而是要回答艺术和审美的产生为什么可能和为什么必然。借用前面的比喻，就是要讲清楚那个原本不是萝卜的物种为什么有可能变成萝卜，又为什么必然地变成了萝卜。回答不了这个"可能"和"必然"，也就没有什么作为美学的艺术发生学和审美发生学。

再次，从非艺术和非审美，到艺术和审美，有一系列中间环节，正如从猿到人有"类人猿"和"类猿人"一样。"类人猿"已不是完全的猿，"类猿人"也不是真正的人，它们均只能被视为"半猿半人"。史前艺术和审美亦然，只能叫作"前艺术"（艺术前的艺术）和"前审美"（审美前的审美）。李志宏先生说"人猿相揖别"时即已有艺术，是不准确的，准确的说法是已有"前艺术"。它们或者是生产劳动的形式，或者是生殖崇拜的形式，或者是图腾崇拜的形式，或者是巫术礼仪的形式，甚至干脆混为一谈，而且无不有着明确的现实的功利目的。比如狩猎的舞蹈，是为狩猎而跳的，它常常要跳到真实的野牛出现为止。又比如洞穴壁画，也是一种巫术礼仪。洞壁上某只野牛之所以一画再画，就因为每画一次，便能捕获一头野牛。同样，陶罐上之所以要画鱼蛙，是为了多生孩子；而部落里之所以要有一根雕刻着动物形象的柱子，则是为了图腾崇拜。我在拉萨大昭寺亲眼见过藏族同胞盖房子时的"打阿嘎"。那些藏族民工一边歌舞，一边用夯锤和舞步将地面夯实夯平，你说这是劳动还是艺术？在我看来，这很可能就是"前艺术"的"活化石"。

同样，在"人猿相揖别"时即已有"审美前的审美"——前审美。这大约是李志宏先生很难同意的，因为他断言"在审美发生之前，事物和艺术不可能蕴含着具有审美性质的因素"，只不过在一个我们不能准确知道时间的日子里，它们又突然有了。总之，在他那里，审美就是审美，非审美就是非审美，二者之间既无联系，也没有过渡。这就使我想起恩格斯对那些"形而上学者"的批评："他们在绝对不相容的对立中思维""在他们看来，一个事物要么存在，要么就不存在；同样，一个事物不能同时是自己又是别的东西"[2]。李志宏先生正是这样。在他那里，审美要么存在，要么就不存在；同样，一个事物（比如生产劳动、图

146

腾崇拜、巫术礼仪)不能同时是自己又是别的东西(比如同时是审美对象),甚至不可能具有别的东西(比如审美)的萌芽和因素。由于缺乏这样一个前提,最后,事物的审美性质和人的审美能力便只能莫名其妙地从天上掉下来。

新实践美学却能够回答审美从何产生和何以产生的问题。下面,我将从三个方面来进行回答,即:审美的发生为什么可能,审美的发生为什么必然,审美怎样发生。

〖二〗 可能

什么是审美?李志宏先生认为:"审美是人类以高度智能为前提,在非功利状态下通过对事物外在形态的知觉而产生愉悦感的活动;简言之:审美是由非功利认知方式引发情感的活动。"这个定义显然问题多多。比如对文学作品的审美就不好说是"对事物外在形态的知觉",审美也不是认知而是体验。但本着求同存异的原则,我们还是发现了双方都认可的一些观点:第一,审美是一种情感活动,因此也是一种精神活动;第二,审美是一种产生愉悦感的活动;第三,这种愉悦是无关乎功利的,是无利害而生愉快。在承认这三点共识的基础上,我们愿意先来回答第一个问题:审美的发生为什么可能。

先说精神。精神生活是人所独有的。植物有生命无心理,动物有心理无意识,唯人类有生命、有心理、有意识、有精神生活,因为唯人类劳动。劳动作为人类独有的一种有意识、有目的、有情感的自由自觉的生命活动,自身便包含着物质与精神两个环节。它的有意识性、有目的性、有情感性,即是它的精神部分。只是由于分工,劳动的精神环节和物质环节才分离开来,才开始有了相对独立的精神生产和精神部门,并逐渐发展为完全独立的精神生产和精神部门。这个由马克思主义经典作家所揭示、新实践美学反复论证过的原理,我想已毋庸赘述。[3]

次说情感。李志宏先生说"情感是人类乃至动物的一般的生物性功能",这显然是混淆了情感和情绪。情绪是动物也有的,情感却为人所独有。当然,某些高等动物如类人猿已有情感的萌芽,某些家养动物如猫狗也有"类情感"反应,这正是其"类人"之处。情感与情绪的区别在于:情感有对象而情绪无对象。我们只能说爱谁恨谁,不能说兴奋谁烦闷谁。因此,情感必以意识为前提。因为意识是一个自我意识与对象意识的同格结构,也只有意识才是这样一个结构。什么是自我意识?就是那种能够把自我当作对象来看待的心理能力。同样,对象意识则是能够把对象当作自我来看待的心理能力。能够把自我当作对象来看待,才能够表现情感;能够把对象当作自我来看待,才能够体验情感(比方说,把他人的悲欢离合看作自己的悲欢离合);而只有当其既能表现又能体验时,情感才是情感而不是情绪。情感决不简单地只是喜怒哀乐,更重要的是对喜怒哀乐的体验,包括在想象中体验和在回忆中体验。只有完全具备了能够在现实中、想象中和回忆中体验,并能够把他人的情感当作自己的情感来体验的能力,我们才能说这个主体具备了情感的能力。只看到猫狗恋人就说它们有情感,却全然不顾它们是否能够体验,显然是把高级的东西看低级,把复杂的东西看简单了。

　　要能够在现实、想象和回忆中体验,并把他人的情感看作自己的情感,就首先必须能够把自我当作对象、把对象当作自我来看待。也就是说,必须有意识。意识并不是上帝所赋予,而恰恰是在劳动中,在工具的制造和使用中建立起来的。工具使人第一次有了"把自己划分为二"的可能——一方面是可以看作自我的对象(工具),另一方面是可以看作对象的自我(工具的制造者)。由于"意识任何时候都只能是被意识到了的存在"[4],因此,工具这个直观的对象对于意识的发生就是一个关键性的契机。同样,它对于情感的发生也是一个关键性的契机。因为情感作为个体独有的心理体验,原本无法为他人所同感;而如果不能把他人的情感当作自己的情感来体验,情感又不成其为情感。这就只有借助一个中介,即一个"传情的媒介"来实现情感的传达,也就是通过对这个中介的共同感受来实现人与人之间的心心相印、息息相通(亦即"共鸣")。现在我们知道,最早充当这个中介的是工具,后来才发展为别的东西(比如千里之外送来的鹅毛),并有了专门用于情感传达的特殊工具——艺术和艺术品。

最后说超功利。李志宏先生称审美状态为"非功利",似欠妥,应为"超功利",即"超越功利"。后实践美学如杨春时先生甚至认为审美的本质就是超越。在审美具有超越性这一点上,我们和后实践美学并无分歧,分歧只在于杨春时先生他们拒不说明人的超越性究竟从何而来,即不承认审美有一个发生学的问题。其实,不但审美有发生学问题,超越也有。人类超越现实超越功利的能力,绝不是从天上掉下来的,也不是上帝赋予的,更不是一生下来就有的。和审美一样,它只能产生于劳动,而且与工具的制造和使用直接相关。制造和使用工具的目的无疑是功利的,即人的族类生存,甚至是肉体的生存,工具则不过是实现这一功利目的的手段。但是,正如黑格尔所指出:"手段是比外在的合目的性的有限目的更高的东西;——锄头比由锄头所造成的、作为目的的、直接的享受更尊贵些。工具保存下来,而直接的享受却是暂时的,并会被遗忘的。"(列宁在书边批道"黑格尔的历史唯物主义的萌芽")[5]也就是说,手段和工具是具有超越性的。手段和工具一旦脱离了直接的功利目的,就会成为一种具有超越性的存在。人的超越性便正是由它培养造就的。这其实也是历史唯物主义的常识,因此在这里也不赘述。

综上所述,我们不难看出,正是被新实践美学视为逻辑起点同时也是历史起点的劳动,使人有了意识,有了情感,有了精神生活,有了超越性,也有了审美发生的可能。但可能性不等于必然性。因此,我们还必须回答第二个问题:审美的发生为什么必然。

〖三〗必然

还是先从大家的共识说起。李志宏先生和我们都同意审美具有愉悦性,美感是一种愉快感,并且这种愉快是超功利或者非功利的,而审美的超越性则为杨春时先生所主张,所以杨春时先生应该也能接受上述观点。那么,剩下的问题,也就是人类何以要有一种超功利的愉悦感。换句话说,这种愉快并不能给我们带来实际上的好处，我们为什么还要要它，而且非要不可？

秘密仍在劳动那里。几乎所有批评实践美学和新实践美学的人都反对把劳动、把实践看作美学的逻辑起点和历史起点，这是因为他们对劳动缺乏深入的研究，甚至"只是从它的卑污的犹太人活动的表现形式去理解和确定"[6]。其实劳动并不是像他们想象的那么简单（比如只是"苦力的干活"），它的意义在过去也远未说透。毫无疑问，在最严格的意义上，劳动一开始当然不是艺术活动，也不是审美活动，而是为了维持生存所进行的一种勤勉的生命活动，是远古原始人类在死亡线边缘上所作的一次"获生的跳跃"。即便在今天，劳动也仍然主要是创造生产资料和生活资料的活动，即"谋生的手段"。但是，我们又必须看到，如果劳动仅仅是谋生的手段，则它和动物的生命活动就没什么两样。人要谋生，动物也要谋生，请问人的谋生（劳动）和动物的谋生（吃草、捕虫、抓老鼠）有什么不同？区别就在于人的劳动不光是谋生。除了谋生以外，它还有一层意义，就是使人成其为人，并证明人是人。这个意义和作用，我就称之为"人的确证"。

确证自己是人，这是只有人才有的心理需求。动物不必证明自己是动物。一只养尊处优的猫不必特地抓一只老鼠来证明自己是猫，一头孤独的狼也不必到别的狼那里去证明自己是狼。然而人却必须通过自己的行为，尤其是通过自己创造性的劳动证明自己是人；也必须通过自己与他人的关系，在他人那里证明自己是人。前者就叫"自我确证"，后者则叫"相互确证"。之所以如此，是因为动物原本是动物，而人原本不是人。既非"自然"，就得证明。因此，每个人都必须终其一生用种种方式证明自己是人。这是人的"原罪"，也是人的"宿命"。当然，这两个词都得打引号。

人不但需要确证自己是人，而且这种确证也需要确证，即确实证明自己得到了人的证明。显然，这种证明不能诉诸物理手段，只能诉诸心理感受。也就是说，正如人只有在感到幸福的时候才幸福，只有在感到自由的时候才自由，他也只有在感到被确证时才被确证。这就说明，人的确证是要由确证感来证明的。

人最早是在劳动中体验到确证感的。当一个原始人捕获了一头猎物或打制了一件工具时,他会像猫逮住了老鼠一样兴奋。但是,猫的兴奋也只是兴奋而已。它不会因此而爱上那只老鼠,不会叼着老鼠的尾巴到处炫耀。然而人却会爱上那猎物或工具,会拿着猎物的皮毛到处给人看,甚至会用它们来殉葬。因为这工具或猎物已足以证明他是人,是他证明自己的"物证"。同样,这时他的心理也不再仅仅是动物也有的兴奋(情绪),而是人才有的愉悦和爱(情感)。

因此,当我们说到人的愉悦时,必须对它的构成进行分析。就原始人类的原始劳动而言,这种愉悦常常包含着两种成分。一种是由于生存需要和谋生目的得到满足而产生的愉快(即满足感),这是功利性的愉快感;另一种则是由于能够确证自己是人而引起的愉快(即确证感),这是超功利的愉快感。前者动物也有,后者为人所独能。当然,人的确证也可以广义地说成是一种功利目的,但不是直接的功利目的,甚至人自己还不能清楚地意识到这一目的,是看起来并没有什么目的却实际上合目的的"无目的的合目的性",因此叫作"超功利",即"超越直接功利"。

超功利不等于没有用,更不等于可有可无。由于人的确证在实质上是人的"第一需要",因此,确证感还有"大用",而且不可或缺。只不过因为它不以满足直接功利为目的,所以看起来好像没有用,也因此只能叫作"超功利",不能叫作"非功利"。同样,一个对象如果能够使我们体验到确证感,那么,我们就不会只叫"好"(有用),还会叫"美"(愉快),至少同时会叫"美"。因为只有确证感和美感一样,是一种超功利的愉快感,因此一个能够确证人是人的对象便一定会被看作审美对象。事实上,当一个原始人制造的工具不但满足了他生存的需要,而且使他体验到了确证感的时候,这件工具就不但是"好",而且同时是"美"了。只不过在这时,它还主要是"好",不是"美"。只有当人们完全超越了功利目的,不但能够在自己创造的对象那里,而且能够在其他对象甚至是一个和自己毫无关系的对象那里也体验到这样一种超功利的愉快感时,审美才真正从非审美和前审美变成了审美。从非审美和前审美到审美,其间当然有一个漫长的过程和一系列中间环节,但审美发生的必然性,却毋庸置疑地就在人的确证的必须性那里。

〖四〗 过程

现在,我们来回答最后一个问题:审美怎样发生。前已说过,审美起源于非审美。具体地说,就是起源于原始生产劳动中的审美性因素。劳动不是审美活动,劳动过程和劳动产品也不是审美对象,却能够使人体验到因自我确证而产生的愉悦,即确证感。它作为第一种超越了直接功利目的的愉快感,就是美感的原始形态和蕴含在劳动中的审美性因素。

美感的原始形态要变成现代形态[7],蕴含在劳动中的审美性因素要变成真正的、严格意义上的、作为一种独立精神生活的审美,当然非一日之功。其间起到决定性作用的,有内部原因,也有外部原因。内部原因在于情感的性质。我们知道,美感也好,确证感也好,都是一种情感,而一切情感都是"同情感"。所谓"同情",并非道德意义上的"怜悯",而是指"相同的情感"。爱是一种肯定性的同情感,恨则是一种否定性的同情感。一个产生了爱或者充满仇恨的人,总是在自己的想象中,把对方看作是和自己一样在爱着或者一样在恨着的人,从而"越看越可爱"或者"越看越可恨"。否则,就会"爱不下去",或者"恨不起来"。这也就等于说,没有同情(相同的情感),情感就不成其为情感。

因此,情感从本质上讲是可以传达也必须传达的,而经过了传达亦即对象化了的情感就是美感。美感不是一般情感,而是"高级情感"。之所以"高级",则是因为它经过了传达,对象化了。所谓"对象化",无非是通过"移情"把自己的情感看作了对象的性质,以至于人们常常误以为美感是从对象那里获得的。其实,"我见青山多妩媚,料青山见我应如是",不过是"想当然",是"料"。但是,没有这个"想当然",没有这个"料",就不能审美,因此又是"理所当然",是"应"。说到底,无非"情往似赠,兴来如答"。

情感的对象化既然只不过是"移情",那么,它就与对象的实体无关,而只与其形式有关,比如"蜡烛有心还惜别,替人垂泪到天明"。在这里,蜡烛有没有心并不重要,重要的是有没有"垂泪"的形式。有此形式,便可移情。于是,美感就最终变成了形式感,也就是情调。情调是人的一种高级情绪,只不过我们不把它叫作情绪，而叫作情调。它与一般低级情绪的区别在于：情绪感觉的是"内容"（比如天气的冷热），情调感觉的是"形式"，比如山峰的挺拔感，原野的辽阔感，燕子的轻盈感，殿堂的肃穆感。这些都只与对象的形式有关，因此又叫"形式感"。

审美就是体验形式感，比如田园情调、都市情调、古典情调、现代情调，贝多芬乐曲中的月光情调，康斯太勃尔笔下的英格兰乡村情调。实际上，在与艺术品猝然相遇又怦然心动的那一刻，我们是来不及仔细琢磨它的意义和结构的。我们总是"一下子"就被某种"说不清"的东西感动和震撼了。这东西就是情调，就是形式感，是那朴拙的造型，细腻的质感；是那如歌的行板，如瀑的笔势；是那如海苍山之上的如血残阳，那旗卷西风月照征程的雁叫霜晨，"马蹄声碎，喇叭声咽"。就连被李志宏先生视为"非审美"的原始艺术，也因其充满蛮荒气息和野性活力的情调而对我们具有审美魅力。

对形式感的审美体验具有直接性，它在心理过程上表现为一种直觉。因此，它好像不是体验，而是认识，即对对象形式结构的一种纯客观的冷静的整体把握。这也是李志宏先生误将审美看作认知的原因。但必须指出，情调看起来是"对对象的情感"，实质上却是"对情感的情感"，是情感的形式或调子。因此它决不能等同于一般低级情绪，也因此不能叫"情绪"，而应该叫"情调"。

当人类的心理活动和精神生活从对确证感和一般同情感的体验上升到对形式感的体验时，审美就完成了它从非审美和前审美到纯粹审美的全过程。与之相对应，艺术也完成了它从非艺术到前艺术再到纯粹艺术的过程。在这里，劳动的异化起到了关键性的作用。异化劳动是相对本来意义上的劳动而言，而后者的特征，就是精神与物质、主体与对象、过程与结果的统一。异化劳动则使之分离。正是由于这种分离，在艺术领域，创作与欣赏也分离了，分离为生产者（艺术家）和消费者（欣赏者）；而在审美领域，则使审美对象不必再是审美主体自己创造的对象（如工具和猎物）。它甚至不必让人直接感到它是可以确证人之为人的，只要它的外在形式能够引起超功利的愉快感，便一而足矣（但一般地说，明确让人感到"拒绝确证"的东西如粪便、死尸，仍很难成为审美对象）。这当然又是一个必须专文论述的问题。不过，对于审美发生学最重要的问题,我们都已作了回答,相信李志宏先生应该不会再说新实践美学"无法做出合理的解释",也不会再说我们"顾此失彼,不能一以贯之"了吧?

——原载《厦门大学学报》2004年第4期

ANNOTATION
注释

1. 这些著作是:邓晓芒《人的本质力量与移情》(《哲学动态》1983 年第 1 期),邓晓芒、易中天《中西美学思想的嬗变与美学方法论的革命》(《青年论坛》1985 年第 1、2 期),邓晓芒《关于美和艺术的本质的现象学思考》(《哲学研究》1986 年第 8 期),邓晓芒《艺术发生学的哲学原理初探》(《贵州社科通讯》1985 年第 9 期),邓晓芒、易中天《黄与蓝的交响——中西美学比较论》(人民文学出版社 1999 年版),易中天《艺术人类学》(上海文艺出版社 1992 年、2020 年版)。
2. 《马克思恩格斯选集》第 3 卷,人民出版社 1972 年版。
3. 请参看马克思和恩格斯《德意志意识形态》:"分工只是从物质劳动和精神劳动分离的时候起才开始成为真实的分工。从这时候起意识才能真实地这样想象:它是某种和现存实践的意识不同的东西;它不用想象某种真实的东西而能够真实地想象某种东西。从这时候起,意识才能摆脱世界而去构造'纯粹的'理论、神学、哲学、道德等等。"《马克思恩格斯选集》第 1 卷,人民出版社 1972 年版。
4. 《马克思恩格斯全集》第 3 卷,人民出版社 1960 年版。
5. 列宁:《哲学笔记》,人民出版社 1974 年版。
6. 《马克思恩格斯选集》第 1 卷,人民出版社 1972 年版。
7. 这里说的"现代",是人类学意义上的,即相对"原始"而言,而非相对"古代"而言。

第三卷

《文心雕龙》
美学思想论稿

序

易中天同志的这本《〈文心雕龙〉美学思想论稿》，是以其硕士论文为基础而补充修改完成的。对于他的硕士论文，我当时颇为欣赏。我们的祖先在各个时代不断创造积留下丰富优秀的文学遗产，其内蕴的精深丰美，如山海之探取无尽，随着时代的变迁而不断腾发出新异的光辉。我们作为祖国文化事业的后继者，肩负着历史赋予的重要任务，在以新的时代眼光对那些遗产进行整理发掘，阐扬出新的时代意义，为我们创造发展社会主义文化提供有益的借鉴。易中天同志以现代的美学观点对《文心雕龙》所作的探讨，正是符合当今时代的要求的。

《文心雕龙》是自周至晋一千多年文学创作的总结，举凡所有文体及有关创作的从构思而至各种表现方法及手段，以及鉴赏品评，无不"深极骨髓"地加以论析，其系统之完整，论述之详审，识见之卓越，笔调之精美，在我国文学理论批评史上可谓绝无仅有之宏伟专著。全书虽纲目毕具，义各有归，然事理相关，互多牵涉，纷纭杂陈，易滋眩惑，要别具所见，理为条贯，重加阐论，正如刘勰所自谓，"弥纶群言为难"的。中天同志运用现代美学眼光，从《文心雕龙》中有关文学本体、创作精神、审美理想三方面着重申论，所有本书中这三方面有关言辞，无不爬梳列举，并酌取其他典籍之文，以为佐证，言来俱能切中事理，惬当人心，其构思之精、用力之勤，可以想见。而其总括《文心雕龙》全书义脉，如万流之朝宗于海，归于"自然"，可谓探得骊珠所在。这本著作的面世，无论是对于理解《文心雕龙》的意蕴，或对整理祖国文化遗产应走的途径，都是重要的贡献。

我早年就很喜爱《文心雕龙》，但觉其体大思精，须专力攻治，而一直不遑顾及，故近数年来学术界对该书的讨论尽管那样热烈，我连作壁上观也说不上，直是远离论坛。今天，易中天同志要我为他的这本著作写序，我只能借此谈点粗浅的感想。

在《文心雕龙》全书中，从文学本体以至创作标准，都贯彻了"宗经""征圣"的儒家思想。在这方面，可能被认为是刘勰文学思想的一种局限，我却认为其中存在不可磨灭的文学至理。他在《原道》中说，孔子"镕钧《六经》，……写天地之辉光，晓生民之耳目"，能"弥纶彝宪，发辉事业"，"鼓天下之动"，对于人类社会有这么巨大的作用，因此，他要求作者"摛文必在纬军国"，要能"兴治济身"，"弼违晓惑"，不能"无贵风轨，莫益劝戒"。他所要求的文学创作应具有的这些重大的作用，是文学本身生而与俱的。这一认识，在我们今天尤感重要。

文学作为一种社会意识，它的产生，就是为了反映社会生活，推动社会前进。因为作为社会的人，为了存在，为了繁殖，必须关心社会，社会的治乱直接关系着人的生活及生存，而从人的头脑中产生的意识形态的文学，必然要反映人所生活于其中的社会现实，并给予积极的作用。这是文学的天然职责，即刘勰所谓的"天地之心""自然之道"。可就是这人所共知而成为常谈的道理，有些人并不记得或不重视。毛泽东同志认为文艺是团结人民、教育人民、打击敌人的有力武器，这是在抗日战争最艰巨的时代说的，自然有较浓厚的火药气味。但团结人民、教育人民的作用是永远存在的。尤其在今天，我们建设社会主义物质文明的同时，要建设社会主义精神文明，文学对社会人民的教育任务尤为突出。大家都知道的一句话：作家是人类灵魂的工程师。这一崇高的荣誉职称，对于正在大力从事社会主义精神文明建设的作家来说，其应产生的责任感是非常重大的。

运用文学这一工具来教育人民，推进社会，必须掌握大的方向。今天我们都很明白，必须坚持四项基本原则，其中最基本的是坚持党的领导，走社会主义道路，在这些基本原则下，贯彻"双百"方针，使我们的文学繁荣发展，发挥出为两个文明建设服务的巨大作用。刘勰主张的文须"宗经"，正是深明文学创作须有大的方向这一道理的。刘勰身处齐梁时代，政治上争夺频繁，哲学思想上释、道盛行，就是释、道思想，他也是有所承受的，而他在文学创作上主张"宗经"，乃是他认为儒家经典义理能"参物序，制人纪"，仍是治世安民的良方，适合他对文学的社会功用的要求的。当然，儒家哲理之于封建政治，四项基本原则之于"四化"建设，性质迥异，何可比拟！然如航海之有定向，事物之理，古今仍是一致的。至于儒家思想对我国长期封建社会之功过得失，则是性质不同又当别论的一个重大问题了。

刘勰认为儒家经典之文"参物序，制人纪"的同时，还可"洞性灵之奥区"，而"五性发而为辞章"亦"神理之数"。这样也给我们表明，文学的社会功用，在主要的"纬军国"之外，人的一切生活感情无所不在，"山林皋壤，实文思之奥府"，亦可见其一端，因为所有情文之发皆得其正，无不有益于"纬军国"的目的的。由此想到我们今天对文艺功能的要求。为了适应今天新的时代，我们的文艺思想大为解放。我们的文艺不限于为工农兵服务，而是要为全国人民、为社会主义服务的。在坚持四项基本原则下贯彻"双百"方针，文艺的天地无限广阔。我们除了从某些重大题材表现出人的高贵品质，也应从许多日常生活描写中展示人的优美的精神世界，由于是人们熟习的日常生活，更使人觉得亲切而易受感染，其对于读者的浸润之功是不可估量的。

从我国古代诗歌中，我深切感到其对人的涵养移情之功。读屈原、杜甫的作品，他们那种关怀国家人民的忠悃之情，深重有力地激励着我们，有助于增强我们尽忠国家人民的志气；即使被称为"隐逸诗人之宗"的陶渊明，何尝不能裨益于我们高尚情操的培养！陶渊明深恶当时世俗之溷浊而"有志不获骋"，便决然脱去，归到田园，亲事农业劳动，一任本真，无所矫饰，虽备历艰困，而怡然自得，志气无所变移，"不慕荣利"，"忘怀得失，以此自终"。读其诗文，诚如昭明所谓，"语时世则指而可想，论怀抱则旷而且真"。并谓"有能观渊明之文者，驰竞之情遣，鄙吝之意祛，贪夫可以廉，懦夫可以立"，亦"有助于风教"，可谓能深知渊明，而肯定其人品文章"有助于风教"，识见尤为卓越。渊明少壮时也曾"猛志逸四海，骞翮思远翥"，可见并非无心世事的，及看清现实黑暗，便决然与绝，不同流合污，虽憔悴亦不辞，而且"怡然自得"，读他的诗文，真觉"古道照颜色"。就是在今天，他的高尚真朴的情操，也可有益于我们的精神文明建设的。如陶渊明当身抱羸疾，"偃卧瘠馁有日"了，江州刺史檀道济去看他，"馈以粱肉，麾（挥）而去之"。这真是一副知识分子的硬骨头典型。前辈朱自清先生在生活艰难时拒受美援救济物资，不也就是与此同类的表现吗？这种精神，在今天如能对我们有所感染，何尝不可增强一些对不正之风的抗拒力量！

谈到陶渊明，即感到《文心雕龙》中存在的一个问题，通观全书，不见渊明踪影，虽然《隐秀》篇中提到"彭泽"，而此语在伪作补缺一段中，看来似乎作者尚不知有陶渊明其人者。事实当不然。渊明虽隐居田园，而其人与诗文早即为世所知。与其友好的颜延之为作《陶征士诔》，盛称其人品之高尚。钟嵘《诗品》对其诗有所品次，而昭明太子萧统搜校其文编为一集，并为其作序及传，极赞其文章及人品。以刘勰之闻见广博，对渊明当不至竟无所知，何以终无一语道及？我想这还是由刘勰的文学主张所使然。在当时文学创作倾向于极力追求形式美的时代，而渊明独自卓然标举朴素清淡的风格，在当时确是不合时尚的，如颜延之的诔文主要的是赞扬其人品，对其文学创作但言"文取指达"，文只"指达"，与颜之辞采绵密在艺术风貌上相去甚远。可见颜之与陶，虽因气性相投而情谊笃挚，而对陶的为文并未心许的。刘勰在文学创作上虽首重内容，同时亦注重形式，尤强调辞必有采，故称"颜谢重叶以凤采"，而无视于颜谢同时的陶渊明。《文心雕龙》特具的时代意义，一方面着重对当时文风中的虚滥弊端加以箴砭，同时又主张文须辞采彪炳，这一主张，正表明了文学发展的时代要求，可他却因此忽视了文学作品另具的一种朴素之美，并对其素所重视而在陶诗中最为可贵的"真"亦不之顾，在这方面远逊于钟嵘和萧统。钟嵘虽由于某种不恰当的原因而将陶诗列于中品，而其评陶"文体省净，殆无长语，笃意真古，辞兴婉惬"，极为精当。昭明亦谓渊明"其文章不群，辞采精拔，跌宕昭彰，独超众类，抑扬爽朗，莫之与京。横素波而傍流，干青云而直上"，阐扬出了渊明文学创作出类拔萃的风格，可谓独具慧眼。而刘勰见不及此，未免有所偏蔽。

在《文心雕龙》中，与陶渊明情况类似的还有鲍照。刘勰全书所论，止于晋代，刘宋之世，偶亦触及，如《明诗》篇亦曾概述"宋初文咏"，而《时序》篇言及刘宋人才之盛，多所称举："王袁联宗以龙章，颜谢重叶以凤采，何范张沈之徒，亦不可胜也。"鲍照创作，体兼众制，诗赋铭颂，俱卓越当时，即颜延之、谢灵运亦有所不及，其他诸人，更不必论。而刘勰历举诸人中独未见鲍照，当非不知鲍照其人。颜延之曾以己与谢灵运之优劣问鲍照，而鲍答以"初日芙蓉"及"铺锦列绣"之喻，当时即传为口实。钟嵘《诗品》及萧子显《南齐书·文学传论》亦并曾论及。钟嵘嗟叹鲍照"才秀人微，故取湮当代"，是值得考虑的一个方面。在这个门阀制度森严的时代，人们的文学眼光，总不免要带些势利的成分。即如钟嵘，他能深知渊明诗风之美，正合他所主张的"直寻"之旨，然仅列之中品。对陆机的诗，亦指出不及公干、仲宣，"有伤直致之奇"，显然不符合他的"直寻"主张，竟列于上品。这种抑扬之间，恐不免有所牵于世俗之见。鲍照之所以遭遇如此，如其所自谓的"孤门贱生"当亦其一因。刘勰之所以无视于鲍照，更主要的有他文学思想的局限一面。钟嵘曾论鲍照"不避危仄，颇伤清雅之调，故言险俗者多以附照"。而萧子显在《南齐书·文学传论》中说："发唱惊挺，操调险急，雕藻淫艳，倾炫心魂，亦犹五色之有红紫，八音之有郑卫，斯鲍照之遗烈也。"更具体地阐发了"危仄"的状况，大有"天下之恶皆归焉"之势，这一切正是刘勰所认为的"好异之尤"，大乖雅正的。萧子显的这一看法，正可代表包括刘勰在内的正统保守观点。对鲍照的这种看法，当从其《行路难》诸作而生。这组作品，从内容到形式，俱能令人耳目一新，标志出诗歌发展新的里程，可在刘勰看来，应是"讹而新"了。实则鲍照在其中宣泄的孤贫之愤，也是远符"劳者歌其事"的义旨的，倘因而如此遭受摈斥，恐亦过分严守"诗、持"的义训了。鲍照之不见于《文心雕龙》，以上两点，纯属推测，然揆之事理，亦唯如此可言。

　　以上所言，皆显而易见，人所共知，而亦个人宿昔所感，有会于心，借此表达出来，也说不上什么"一得之见"了。

胡国瑞

1987年4月13日

上篇

自然之道

文学本体论

心生而言立,言立而文明,自然之道也。——《原道》

第一章
时代骄子

〖一〗

在严格的意义上,作为独立学科的中国美学开始于鸦片战争到新中国成立这一历史转折时期。一大批资产阶级启蒙思想家对西方美学的引进,改变了中国美学的固有模式,使它不再停留在经验总结和直观描述的阶段而上升为理论思维。在这个重大的历史转折关头,以鲁迅(1881—1936)为代表的一大群有志之士的筚路蓝缕,使作为独立学科的中国现代美学几乎一开始就在马克思主义科学原理的指导下,踏上了通往真理的坦途。正是在上述意义上,我们说,有了这一次转折,中国才有了独立的美学;或者换言之,在这次伟大的转折后,作为独立学科的美学才在中国真正开始自己的历程。

但是,审美意识的发生显然大大早于审美理论和美学学科的创立。当人类作为我们这个星球上唯一能够思想的生命,开始思考自己的思想和思想面对的现实界的时候,关于美和审美意识的探索也就开始了。所以美学思想的萌芽,可以上溯到美学(Aesthetica)创立以前的两千年。如果把鸦片战争以前的漫长岁月界定为中国美学史的古典时期,那么,其间又有一次大的转折,即魏晋南北朝时期。

魏晋南北朝以前的先秦两汉,是中国史前期美学的萌发阶段。我们民族的审美意识,便正是在这个时期奠基。然而,《周易》作为中国古代美学思想的众水之源,《礼记·乐记》作为中国古代文艺理论的开山之祖,都既不是美学著作,又不是文艺理论，而是哲学和伦理学著作。同样地，对中国古代美学思想产生了深远影响的孔子（前551—前479）和庄子（约前369—前286），也首先是哲学家和伦理学家。《周易》和庄子的美学思想蕴含在对宇宙、人生等重大问题的哲学思考和理论把握之中；孔子和《乐记》则把艺术也当作一种广义的政治，更多地注重艺术的功利作用和实用价值，注重艺术与政教伦理的关系而不是其自身的规律。至于《毛诗序》，虽然是专门的文艺理论，但也主要是从政教伦理的角度来谈诗。所以，混同于哲学伦理思想，是这个时期美学思想的主要特征。反之，魏晋南北朝以后的唐宋元明清，则是中国史前期美学的成熟阶段。大量的诗话、词话、画论、书论、小说评点和戏曲理论等等，注重的是审美经验、审美感受、审美趣味和艺术技巧，不但较之前期远为成熟、纯粹、丰富、精细，而且已形成中国美学的特色，具备了中国美学著作的特殊形式。这一时期的审美理论，主要是直观的、感受的、经验形态的审美心理学。不再是寻根问底，也没有高谈阔论，而是仔细地品尝，反复地斟酌，认真地推敲，精辟地评点，感受到入微之处，甚至一切文字和概念都失去了精确表达的功能，而只能诉诸介乎形象和概念之间的暗示，让读者去"一味妙悟"。[1]很显然，中国古代美学思想史的前期和后期，思想方法大相径庭，理论形态风格迥异。那么，作为从前者过渡到后者的中间环节，魏晋南北朝美学思想的特征是什么呢？

我认为，如果要用一句话来概括，那就是"文学的自觉"。正如鲁迅先生所指出的：

曹丕的一个时代可说是"文学的自觉时代"，或如近代所说是为艺术而艺术（Art for Art's Sake）的一派。[2]

很显然，所谓"文学的自觉"，首先体现在作为一种美学原则，"为艺术而艺术"否定、取代了"为政教而艺术"的传统观念。前已说过，发祥于孔子、完成于《礼记·乐记》和《毛诗序》的儒家伦理美学，一般都把艺术和审美仅仅看作是政教、伦理的手段和工具，以"扬善惩恶""美刺比兴""助人伦成教化"作为艺术的主要社会功能。如果说，它作为人类早期社会的一种思想，在其合理性中已带有片面性和危害性的话，那么，在儒家思想定于一尊的两汉，这种片面强调艺术阶级属性和教育功能的狭隘教条和功利框架，就势必因对艺术的束缚、损害、破坏而走向它的终结。作为它的对立面，"为艺术而艺术"强调的是文学艺术的独立地位。文学与经学分家，艺术与政教脱离，从而一改过去那种附庸地位而成为独立的意识形态。尽管理论家们在谈到文学的作用时，还免不了要说上几句"盖文章经国之大业，不朽之盛事"[3]，或者"济文武于将坠，宣风声于不泯"[4]之类冠冕堂皇的套话，但在文学家们心中，文学实在已不必再为政教服务，或者不必那么直接地去服务，也不必把男女情爱之作也都扯到"后妃之德"上去。至少在题材的选择和文章的立意方面，作家们在思想上已获得了相当程度的创作自由。《文心雕龙·明诗》篇论及建安诗歌时说：

暨建安之初，五言腾踊：文帝陈思，纵辔以骋节；王徐应刘，望路而争驱。并怜风月，狎池苑，述恩荣，叙酣宴，慷慨以任气，磊落以使才。

这里有多少是为政教服务的？毫无疑问，建安诗人确实写了不少反映"世积乱离，风衰俗怨"的社会现实的作品，但那绝不是"为政教服务"的美学思想的产物，恰恰是文学独立的结果。所以这些发自肺腑的哀怨之声就比那些铺陈排比、歌功颂德的皇皇大赋更有美学价值。至于仙风道骨如玄言诗，争奇斗艳如山水诗等等，与政治教化就相去更远了。于是，到南梁昭明太子萧统（501—531）编纂《文选》时，一个是"以能文为本"还是"以立意为宗"的区别文学与非文学的准则就提出来了。如果说在曹丕（187—226）那里，"文章"一词的内容还相当宽泛，还包括有非文学的成分的话，那么，在萧统这里，这一点似乎已不再含糊。这与其说是曹丕与萧统的区别，毋宁说是肇始于建安的新的美学思想经过几代人努力而走向的成熟。

当萧统把"综辑辞采""错比文华，事出于沉思，义归于翰藻"，一言以蔽之曰，把"以能文为本"[5]的作品从大量的文化遗产中甄别出来，编成一集时，这位太子也许没有想到，他无意中为一个时代的美学思想作了总结。因为当文学与艺术刚刚独立的时候，它的自觉不但要表现为与政教的脱离，而且要具体地表现为形式的自觉。不经历一个对形式美的刻意追求阶段，文学的真正独立和繁荣就实际上并不可能。毫无疑问，作为哲学家和思想家的孔、孟、老、庄等人，他们的著作也是文采斐然的。孔子明确说过"言之无文，行之不远"[6]；老子虽以为"信言不美，美言不信"[7]，然而"五千精妙，则非弃美矣"（《情采》）[8]。不过这种对形式的注重与上述形式的自觉却有着质的不同。前者只是把辞章和文饰当作使"言"能够"行远"的手段，而"言"又是表"意"的媒介，所以"文"就只是手段的手段，它服务于明确的实用目的；而后者却在一定程度上把它本身当作了目的，即不仅仅要善于传情表意，而且形式本身要有"滋味"，也就是要能给人以美感。钟嵘（约468—约518）《诗品序》谈到五言诗之所以取代四言诗成为文学主流时就曾指出："五言居文词之要，是众作之有滋味者也。"很显然，"行远"的观念转变为"滋味"的观念，也就是实用的理论转变为审美的理论。如果把萧统的观点和钟嵘的观点综合起来考察，我们就可以大致勾勒出这个时期的文学观，即：文学应该"以能文为本"，而"文"是一种有"滋味"的审美形式。如果说得再明白一点，那就是：文学是以审美形式为特质的。

　　文学观从实用理论向审美理论的转变，极大地促进了创作的繁荣。从建安时期开始，一代又一代地产生着甚至包括皇帝在内的作家群。《文心雕龙·时序》篇说："魏武以相王之尊，雅爱诗章；文帝以副君之重，妙善辞赋；陈思以公子之豪，下笔琳琅；并体貌英逸，故俊才云蒸。……"钟嵘《诗品序》也指出："今之士俗，斯风炽矣，才能胜衣，甫就小学，必甘心而驰骛焉。"为什么"必甘心而驰骛"？曹丕的回答是："盖文章，经国之大业，不朽之盛事。年寿有时而尽，荣乐止乎其身，二者必至之常期，未若文章之无穷。是以古之作者，寄身于翰墨，见意于篇籍，不假良史之辞，不托飞驰之势，而声名自传于后。"[9]很显然，这里有着传统观念的影响，即《左传》所谓"太上有立德，其次有立功，其次有立言，虽久不废，此之谓不朽"。"言"之所以能够"不朽"，在《左传》的时代，应该说主要是因其所传之"意"的缘故，因为那时不朽的主要是圣贤之言；然而在曹丕看来，文学家的"言"也在"不朽"之列，但其所以不朽者，应该说主要是因其"文"了。所以，不仅是"经"、是"子"、是"史"，而且诗赋之作也能"不朽"。曹植仅仅是因其文学上的成就，就获得了"譬人伦之有周孔"[10]的崇高声誉，这不能不说是"文学的自觉"的结果。

很显然，只有把包括文学作品在内的精神产品看作是人生价值的真正标志，才会这样自觉地刻意为文、作文寄心；也只有把审美看作艺术的主要特质，才会对形式美进行不懈的探求。一个完全符合逻辑的历史事实是：魏晋南北朝是中国文艺史上极富创造精神的艺术开拓期。你看那孕育着律绝形式的五言诗章，你看那迈开了前进步武的七言古体，你看那类似诗歌的抒情小赋，你看那已具雏形的笔记小说，你看那齐整绚丽的骈文，你看那可视为游记体文学的散文……这里还不包括刚刚成为独立艺术门类的书法等等。这些崭露头角的新文学样式，虽然远不及后代那样成熟、完美，却已竞相显示出自己的美学魅力而足以使人耳目一新，并且充分显示出这一时期文学家在艺术形式方面的创新精神和开拓精神。从周代民歌开始，楚辞、汉赋、唐诗、宋词、元曲、明清小说和戏剧，几乎每个时期都有自己主宗一代文坛、可以引为骄傲的文学样式，而这里却只有一排刚刚冒尖的新芽。"小荷才露尖尖角，早有蜻蜓立上头"，文艺理论极为敏感地显示了时代的特征。同样符合逻辑的历史事实是，魏晋南北朝也是中国美学史上极富创造精神的理论开拓期。诗歌、散文、书法、绘画的创作和欣赏，成了学术研究的对象；艺术规律和审美形式的探求，成了文人们的热门话题。从文体的辨析到文笔的区分，从才学的主次到华实的关系——各种问题不断提出；从"气有清浊"到"声无哀乐"，从绘画六法到十二笔意——各种学说不断建树；从文学构思到艺术鉴赏，从作家品评到流派考辨——各种领域不断开拓；而"气""韵""风""骨""情""采""体""势""神思""滋味"等中国美学特有的范畴、概念也都纷纷提出。至于文人集团的出现，文论专著的写作，文学专集的编纂，更是前所未有。总之，问题提出很多，范围涉及甚广，虽然前后流派纷呈，诸家学说不一，但共同的倾向，却是"文学的自觉"。

"文学的自觉"表现为创作的繁荣和批评的繁荣。正是在这个历史条件下，真正的、严格意义上的审美理论才产生出来。因为只有在这样一个艺术开拓期和理论开拓期，才有那么多问题值得研究，才有那么多对象可供研究，而且这种研究才不会再和对社会政治伦理的研究混在一起，也才能在具有相当宽度、广度、深度的背景下，产生《文心雕龙》这样的集大成者。《文心雕龙》作为中国古代唯一一部自成体系的文论专著诞生在这个时期，与其说是因为刘勰（约465—约532）这个天才人物的偶然出现，毋宁说正好反映了历史的必然。

〖二〗

值得注意的是，魏晋南北朝这个探索最力、建树颇多的艺术开拓期和理论开拓期，却是中国历史上政治最黑暗、局势最混乱、社会最痛苦的时代。艺术与政治、经济发展的这种明显的不平衡，常使人怀疑这种繁荣的真正原因。为此，似有必要简单地回顾一下历史的行程。

经历了春秋战国时期的社会大动荡之后，新兴的地主阶级终于在中华大地上建立起专制主义和中央集权的封建大帝国。"秦王扫六合，虎视何雄哉！"[11]"始皇之心，自以为关中之固，金城千里，子孙帝王万世之业也。"[12]处于上升阶段的新兴地主阶级是何等地充满自信！事实上，百代皆沿秦制度，秦虽二世而亡，它的事业却被汉政权继承下来。经过从"焚书坑儒"到"独尊儒术"的变异，儒学作为统治阶级的统治思想，它那定于一尊的正统地位和建立在儒学基础之上的道德规范、用人制度、美学原则，都随着版图的日益扩大和粮库的日益充实而确立起来。从哲学思想到道德观念，从学术研究到文艺创作，整个思想文化领域几乎成了儒学的一统天下。继承着北中国的正统观念和写实态度，高扬着楚文化的神奇风采和浪漫精神，颂赞着汉帝国的文治武功和繁荣昌盛，以皇皇大赋为代表的汉代文艺，表现着一个上升阶级所必需的自信心、进取心和肯定精神，并与这个时代的文艺思潮——重功利讲实用的儒家伦理美学相一致。

文艺是时代精神的体现，而历史总是要按照自己的逻辑前进的。五百年过去了，由奴隶社会过渡而来的早期封建制，从经济基础、上层建筑到意识形态，各方面都暴露出自己的弊病，内忧外患，矛盾重重。在思想文化领域，儒学一家独尊的表面繁荣下隐藏和潜伏着极大的危机，烦琐迂腐的经术、妖妄荒诞的谶纬，以及铺陈排比、诡势瑰声的赋体，都束缚着人们思想的自由，成了既无学术价值又无审美价值的僵死教条和模式。陈旧的思想和腐朽的制度已很难培养造就杰出的人才，"举秀才，不识书,举孝廉,父别居","直如弦,死道边,曲如钩,反封侯",到了东汉末年,刘氏王朝已风雨飘摇,积重难返。终于,在社会动乱和农民起义的冲击下,汉帝国巍峨大厦一朝倾覆,五百年独尊局面分崩离析,群雄割据取代了一统天下,标新立异取代了因循守旧。在统治阶级不能作为一个强有力的政治文化中心对思想和文化作过多钳制和束缚的情况下,"家弃章句,人重异术"[13],论辩成风,"是非蜂起"[14],以玄学怀疑论为哲学基础和思想前导,以外来文化主要是印度佛教文化为助燃剂,一股新颖先进的思潮以燎原之势席卷全国。

这股新思潮在文艺和审美领域的表现就是前述"文学的自觉",它和以嵇康、阮籍为代表的那种狂诞不经、颇遭物议的人生观一样,都是对旧传统的背弃、对旧信仰的动摇、对旧价值的否定和对旧法规的冲决。不同于先秦两汉,这个时期把自己的光辉闪烁于美学史上的,是一批真正有着审美心灵的艺术家和批评家。他们或高踞于社会之上(如曹氏父子),或超然于世事之外(如竹林七贤),却无不在陶醉于音乐、诗歌、绘画、书法等审美境界的同时,潜心于艺术自身规律的体察与琢磨之中。儒家艺术社会学的影子已日淡如水,文人们内心深处的美学原则是"为艺术而艺术"。"诗缘情"取代了"诗言志",也就是个人私情的自我表现取代了社会性伦理道德情感的普遍传达。文艺不再是宫廷点缀、六经附庸,而是自我表现的手段、人生价值的标志。"劝善惩恶"的狭隘功利框架和"唯正之听"的僵死表现模式被打破了,而代之以真性情的自由抒写和对新形式的大胆探索。注重情感、讲究形式的超功利的审美态度,取代注重伦常纲纪、讲究实用价值的观念,成为这个时代的美学主流。

对于这一新思潮,无疑应有高度的评价。它是新的历史时期人们对艺术本质的新认识,较之从政教伦理、典章礼仪的角度来看艺术,有更多的合理因素。然而任何思想的变革总是反映着社会的变革,而历史总是按照自身的规律和逻辑走着螺旋式的道路。事实是,中国封建社会经过魏晋南北朝三百多年的反思与否定,终于以否定之否定而走向以唐为始端的成熟期。随着庶族地主阶级通过新的途径取代士族地主阶级登上历史舞台,儒学又重新成为统治阶级的统治思想——当然,它已扬弃了两汉经学中的迂腐气息和神学色彩,并受到道家思想和佛教思想的渗透。但是,它对我们民族意识的主宰作用，却是任何思想所不能替代和左右的了。自唐始到鸦片战争，其间虽有两次少数民族入主中原，却仍不能动摇儒学的这一地位，而魏晋南北朝时期的"离经叛道"，便成了中华民族少年时代唯一的一次"顽皮"。这种历史变革的必然性作为结果，反映到文艺与审美领域，便是以杜（甫）诗、韩（愈）文、颜（真卿）字、吴（道子）画为代表的唐代艺术精英；而它作为一种理论上的预示，则是产生于南朝齐梁之际的刘勰的《文心雕龙》。刘勰作为文学自觉时代的理论巨子，似乎"超前"地预感到，一种从内容到形式都终究（不一定是直接）受到儒家学说的规范、制约、渗透，个人情感中有社会内容，艺术形式中有理性因素的艺术必然产生，新的审美理论和审美趣味必将取代魏晋风度而成为新的美学主流。从这个意义上讲，《文心雕龙》既是它所处时代的产物，又是后一个时代的先声。

〖三〗

《文心雕龙》这一承前启后的历史地位，主要体现在它尊儒宗经的鲜明态度上。关于这种态度，学术界所论颇多，似毋庸赘述。问题在于，在玄学勃兴之后，佛学盛行之时，《文心雕龙》何以能反戈一击，挽狂澜于既倒？

前已说过，魏晋南北朝是一个哲学重新解放、思想颇为活跃的时代。不但烦琐的经术和荒诞的谶纬终于垮台，就连儒学本身也面临着"信仰危机"。魏晋玄学大兴，南朝佛学颇盛，二者都与儒学相悖。晋室东渡之后，玄风仍大盛于江左，元帝简省博士，置王（弼）氏《易》而不置郑（玄）氏《易》；刘宋元熹年间，王郑两立，颜延之为祭酒，黜郑置王，马郑之徒又遭打击，两汉时期的雄风，一直未能重振。至于刘勰所处的齐梁之际，则是南朝佛教的高峰时期。齐竟陵王萧子良设斋大会僧众，亲送茶饭；梁武帝萧衍竟然公开舍身同泰寺，愿与众僧为奴。统治者既躬行于上，佞佛者便遍于国中。唐人杜牧诗云"南朝四百八十寺，多少楼台烟雨中"，诗中之数虽非实指，却也未必是夸饰之词。范缜作《神灭论》攻击佛教，"辩摧众口，日服千人"，最后还是受到政治迫害，佛学势力之盛，由此可见一斑。刘勰生活在这样的环境中，少时又曾"依沙门僧佑，与之居处，积十余年"，而且"博通经论"[15]，然则《文心雕龙》之作，却标举儒学，其中的奥妙，确实是大可深究的。

要回答这个问题，显然必须做大量的研究工作，而且似乎可以得出许多答案。比如，除了前述社会历史发展的逻辑外，还可以从儒学本身的生命力找到原因。儒学作为深深植根于中华民族文化心理结构基础之上的一种伦理哲学，反过来又深深地影响着中华民族的文化心理结构，二者之间在长期的社会生活历史过程中已形成了一种稳固的联系，从而产生出一种排他性功能和吸收性功能，所以外来文化终不能在中国取得统治地位，而只能被兼容或者同化；产生于中国本土的其他学说、思想与儒学的关系也是如此。只要看看印度的佛教如何演变为中国的禅宗，只要想想中国的知识分子如何入则为儒臣，出则为老庄，达则兼济天下，穷则寄情山水，就不难明白这一点。因此，如果说"焚书坑儒"的暴戾行为尚不能将儒学扼杀于独尊之前，那么，经历了五百年熏陶教化之后，任何外来文化或新兴异端，也就至多只能引起我们民族的一点好奇心罢了。对于一个宗教观念淡薄而伦理观念极浓、思辨兴趣颇低而务实精神颇强的民族来说，玄妙的清谈和狂热的崇拜都实在不合他们的胃口，所以儒学的重新抬头，乃是势在必然，刘勰不过顺应了这一潮流罢了。但是对于刘勰来说，他标举儒学，提倡征圣宗经，更为直接的原因，恐怕还在于文坛的现状。

当时文坛的风气，虽不可一概而论，但总的倾向，是如李谔《上隋高祖革文华书》之所言："江左齐梁，其弊弥甚。贵贱贤愚，唯务吟咏。遂复遗理存异，寻虚逐微，竞一韵之奇，争一字之巧。连篇累牍，不出月露之形，积案盈箱，唯是风云之状。"[16]在这里，"贵贱贤愚，唯务吟咏"，正是"文学的自觉"的结果，并无值得指责之处；但形式的极度雕琢对应着内容的极度贫乏，创作的道路越走越窄，却不能不说是齐梁文风的一大弊病。《文心雕龙》一书中，对这种文风多有批评：

自近代辞人，率好诡巧，原其为体，讹势所变，厌黩旧式，故穿凿取新，察其讹意，似难而实无他术也，反正而已。（《定势》）

后之作者，采滥忽真，远弃风雅，近师辞赋，故体情之制日疏，逐文之篇愈

盛。（《情采》）

自近代以来，文贵形似，窥情风景之上，钻貌草木之中。吟咏所发，志唯深远；体物为妙，功在密附。（《物色》）

俪采百字之偶，争价一句之奇，情必极貌以写物，辞必穷力而追新。（《明诗》）

总之是"骨采未圆，风辞未练，而跨略旧规，驰骛新作，虽获巧意，危败亦多"（《风骨》）。《风骨》篇这段话前虽有一"若"字，但实际上是有所指而非空泛之议的。造成这种文风的原因，刘勰认为，乃在于违背了儒家正统思想的美学原则。关于这一点，他在《宗经》篇里说得十分明确。他说：

励德树声，莫不师圣；而建言修辞，鲜克宗经。是以楚艳汉侈，流弊不还，正末归本，不其懿欤！

在这里，刘勰所要批判的，已不止于齐梁文风，而且直指楚汉浪漫传统。在《辨骚》一篇中，刘勰虽给予屈原极高的评价，认为"楚辞者，体宪于三代，而风雅于战国，乃雅颂之博徒，而词赋之英杰也。观其骨鲠所树、肌肤所附，虽取熔经意，亦自铸伟辞"，因此"衣被词人，非一代也"。但论"经"而曰"宗"，论"骚"而须"辨"者，便已有主次高下之别，故于褒扬之外，亦颇有微词。刘勰认为，正因为楚辞并未达到儒家经典的高度，所以继承屈骚传统的作家，"才高者"或可"菀其鸿裁"，"中巧者"便至多只能"猎其艳辞"，其结果势必是等而下之，讹势诡声，不足为道。而"后之作者，采滥忽真，远弃风雅，近师辞赋"，这就导致一代不如一代，以至于"流弊不还"。为此，他开出八个字的药方来，谓之：

矫讹翻浅，还宗经诰。（《通变》）

在刘勰看来，当时文坛的弊病，无非是"浅"与"讹"。"浅"指内容而言，"讹"指形式而言，即我们前面指出的形式的极度雕琢对应着内容的极度空虚。刘勰用"还宗经诰"的办法来"矫讹翻浅"，在当时的历史条件下，应该说也不无道理。因为儒家美学思想中，本有其合理的因素；而他们关于内容应该充实、形式应该典雅、文风应该刚健的许多论述，对于刘勰来说不啻最称手的武器。因此，他认为应该重申儒家美学思想的基本原则，并以儒家经典作为学习的典范与楷模。在《序志》篇，他明确指出：

唯文章之用，实经典枝条，五礼资之以成，六典因之致用，君臣所以炳焕，军国所以昭明，详其本源，莫非经典。而去圣久远，文体解散，辞人爱奇，言贵浮诡，饰羽尚画。文绣鞶帨，离本弥甚，将遂讹滥。盖《周书》论辞，贵乎体要；尼父陈训，恶乎异端：辞训之异，宜体于要。于是搦笔和墨，乃始论文。

应该说，这就是刘勰写作《文心雕龙》的主要动机。诚然，他的写作动机中也不是没有"名山事业"的意念，他自己也说："宇宙绵邈，黎献纷杂，拔萃出类，智术而已。岁月飘忽，性灵不居，腾声飞实，制作而已。"（《序志》）然而可以制作者甚多，何以独作"论文"？当然是因为"敷赞圣旨，莫若注经；而马郑诸儒，弘之已精，就有深解，未足立家"（《序志》）。但论文之法亦甚多，何以独要"本乎道，师乎圣，宗乎经"？恐怕不是如梁绳祎先生所言，是什么"托古改制的一种诡计"[17]，而恰恰是他的由衷之言。《序志》篇说："予生七龄，乃梦彩云若锦，则攀而采之。齿在逾立，则尝夜梦执丹漆之礼器，随仲尼而南行；旦而寤，乃怡然而喜。大哉圣人之难见也，乃小子之垂梦欤？自生人以来，未有如夫子者也！"对于刘勰的这段表白，曾有人提出质疑："与如来释迦随行则可，何为其梦我孔子哉！"[18]然而这一质疑，却正好反证了这段话是刘勰的肺腑之言。正如元人钱惟善所言："自孔子没，由汉以降，老佛之说兴，学者日趋异端，圣人之道不行……当二家滥觞横流之际，孰能排而斥之？苟知以道为原，以经为宗，以圣为征，而立言著书，其亦庶几可取乎？"所以处在这样一个玄风炽盛、佛学大行的时代，抬出一个孔圣人来，是并不时髦的,因此钱惟善才赞曰:"其志宁不可尚乎!"[19]如果细读一下上述文字就会发现,在这里,刘勰一反《文心雕龙》全篇骈散相间而以骈文为主的写法,纯用散文写成。这种文笔,一方面是以其古朴之风来寄托思古之情,另一方面也说明它确非冠冕堂皇的矫饰之词。这样充满感情的描述与表白,绝非是主张"为情造文"反对"言与志反"的刘勰的装腔作势。刘勰推崇孔子,原因只有一个,就是他要以儒学之"正"救世风之"邪",以经典之"雅"医时文之"讹",矫讹翻浅,正本清源,中兴儒学,廓清文坛,从而立"不朽"之言。——"言"的不朽,正是建立在思想的不朽的基础之上的!

〔四〕

从某种意义上讲,《文心雕龙》确实是不朽的,因此它至今仍是中国古代文论和中国古代美学研究的重要课题之一。然而《文心雕龙》的不朽,并不在于它重复了多少儒家美学的观点和信条,因为任何重复,即便是高明的重复,也不存在自身的价值。《文心雕龙》的成就,也不仅仅在于它在总结创作实践和批评实践的基础上对文艺理论的建树,在这方面,刘勰虽颇多贡献,但就其影响而言,则前不如曹丕,后不如钟嵘,同时代人不如沈约(以后还要再谈到)。我认为,《文心雕龙》之所以在中国古代文论史和中国古代美学思想史上具有极其重要的历史地位,甚至可以看作是魏晋南北朝这个重大转折时期的代表著作,其中一个重要的原因,就在于它是中国古代唯一一部自成体系的艺术哲学著作。无论是刘勰以前,抑或是刘勰以后,都没有人能够对包括文学本质、创作规律、批评原则和审美理想在内的诸多重大理论问题做过如此系统、全面的研究,更不要说在这个理论体系中集中了中国美学思想的主要观点。陆机的《文赋》虽然也有博采众家的优点,但正如刘若愚先生所指出的,他的方法是"采择主义"的,因而表现出一种多元理论的倾向;而刘勰的方法却是"综合主义"的。[20]刘勰集先秦以来文艺理论和美学思想之大成,并在"自然之道"的贯穿下,构造了一个逻辑严密、结构完整的艺术哲学体系而"勒为成书之初祖"。十分有趣的是，刘勰这一成就的取得，并不在于他对儒学的标举，而恰恰得益于他对儒家哲学方法论的突破。

孔子创立的儒家学说，本质上是一种以社会生活为对象，而且注重实用功利的伦理哲学。它在研究方法上的特点，是重行为而轻思辨，重直观而轻抽象，重领悟而轻推理，这与它在研究对象上重人世而轻本体，重伦理而轻认识，重功能而轻实质的特点正相一致。"它不在理论上去探求讨论、争辩难以解决的哲学课题，并认为不必要去进行这种纯思辨的抽象。"[21]也就是说，它从来不回答世界的本源是什么，而只描述世界的现状是什么；不回答行为的根据是什么，而只规范行为的准则是什么——即使回答，也带有一种情感感受和直观领悟的特点，而远非抽象推理和逻辑实证的。宰予问三年之丧，孔子回答说："食夫稻，衣夫锦，于女安乎？"又说："子生三年，然后免于父母之怀。夫三年之丧，天下之通丧也。予也有三年之爱于其父母乎！"[22]很显然，这里已不是诉诸理性而是诉诸情感（"爱于其父母"）、诉诸良心（"于女安乎"）、诉诸惯例（"天下之通丧"），所以孔子在许多时候不像是哲学家倒像是艺术家了。又如有人问鬼神，孔子说："未能事人，焉能事鬼"[23]，"祭如在，祭神如神在"[24]。这种态度与其说是正确的，毋宁说是机智的，与其说是深刻的，毋宁说是回避的，其根本原因还在于他那注重人世的功利主义哲学观。正因为方法论上的这种情感态度、直观特点和务实精神，孔子哲学就远未达到思辨哲学的纯粹程度和理论高度，尽管它在中国思想史上产生了极其深远的影响。

然而刘勰的时代已大不同于孔子的时代。中国哲学刚刚经历了一次思想的大解放，其思辨哲学的纯粹性达到了前所未有的程度。孔子式的立论方法早已过时，两汉经学的烦琐迂腐更令人厌恶。相反，玄学讲本体，佛学重逻辑，二者都比儒学更新鲜、更有魅力。在这个时代，刘勰要标举儒学，就不能不面对来自两个方面的挑战，即玄学本体论宏观态度和佛学因明学思维方式。

魏晋玄学也许是中国哲学史上唯一称得上是真正"形而上学"即本体论哲学的纯粹的思辨哲学。所谓"形而上学"（Metaphysics），按照中国人的说法，是关于"道"的学说（《易·系辞上》："形而上者谓之道"）；按照西方人的说法，是关于"终极原因"或"第一原理"的知识。魏晋以前，中国罕有这种哲学。先秦两汉哲学,主要是政治伦理学(如孔子、墨子、韩非子)和宇宙构成论(如《易传》),它们的"道",都基本上不是本体论意义的。直到魏晋,才进入哲学本体论阶段。玄学家们已不满足于对社会伦理和天地起源等具体问题的规范和描述,即不再停留在世界由什么构成、是否有神的目的和人们的行为应该如何规范这些比较简单的哲学答案上,而把探索的目光深入到所有这一切存在的根据和终极原因,研究万物万事万有即现象界之上、之后是否有一个更为根本的本体。尽管玄学家们对这个问题的回答是唯心主义的,但问题的提出本身,却不能不说是中国哲学的一大进步。

与这种新的哲学思想的产生相适应的,是新的哲学方法的提出。为了论证"以无为本",玄学家们提出了"得意忘言"的认识原则。因为作为本体的"无"或"道"是无名无形、无声无臭、超言绝象、不可感知的。连刘勰也说过:"神道难摹,精言不能追其极;形器易写,壮辞可得喻其真。"(《夸饰》)也就是说,可以感知、模拟、界说和规范的只是形器、万有,形器之上的道或万有之后的无是不可言说的。然而不可言说,则无从确证其为本体;一旦言说,则失其本体之为本体。为了解决这个两难命题,玄学方法论的办法是既要以言表意而又不可执着、拘泥于言,谓之"得意忘言"。玄学从庄子那里继承发展而来的这一方法对于长期被两汉经学烦琐章句之术禁锢的头脑来说,不啻一剂清醒剂,于是立即风靡整个思想界。更何况玄学作为一种思辨性颇强的哲学,建立了自己一整套有着一定逻辑序列的概念、范畴体系,如有无、体用、本末、一多、言意等,以便于抽象理论问题的探讨,这就突破了孔子儒学的旧有思维模式,并给予《文心雕龙》直接的影响。

长于思辨的玄学与讲究逻辑的佛学相结合,其影响就更加不可估量。佛学进入魏晋以后,一改东汉时依赖神仙方士道术而行的妖妄面目,借玄学之力而风行全国,其哲学意味也随之大增。究其所以,一方面固然因为玄佛二家都以现象背后的精神本体——"无"为最高真实,另一方面,也因为它们都注重对定理、命题的论证。佛学论证经义,有因明之学。"因明"为五明之一,即讲心身论的内明、论文字语言的声明、医学的医药明、工艺技巧的工巧明和察事辨理的因明,所以因明即是明因,也就是思维推理、弄清所以然的方法。因明学的主要著作《因明入正理论》和《因明正理门论》虽然分别于公元647年和649年才由玄奘译出,但因明之法和重逻辑的精神当早已随佛经本身传入中国。试看僧肇等人的著作并不以妖言惑众，而是层层演绎，言之成理，便或可得知其中消息。实际上，要知道，佛学要在颇有哲学头脑的知识界传播，单靠一些唬人故事，显然是行不通的。佛教的玄学化，可以说也是一种历史的必然。

刘勰的《文心雕龙》，就产生于这样一个哲学背景之下。他少时依沙门僧佑，接触了大量的佛经和玄学化的佛学，深知以玄佛二家的逻辑力量，马郑诸儒那一套不足以抗衡。他在《序志》篇中说："敷赞圣旨，莫若注经；而马郑诸儒，弘之已精，就有深解，未足立家。"在尊儒和自谦的背后，也未尝没有更新方法的意思。这一点，在评价他以前的文论著作时，就十分明显了：

详观近代之论文者多矣：……各照隅隙，鲜观衢路；或臧否当时之才，或铨品前修之文，或泛举雅俗之旨，或撮题篇章之意。魏《典》密而不周，陈《书》辩而无当，应《论》华而疏略，陆《赋》巧而碎乱，《流别》精而少功，《翰林》浅而寡要；又君山、公幹之徒，吉甫、士龙之辈，泛议文意，往往间出，并未能振叶以寻根，观澜而索源，不述先哲之诰，无益后生之虑。

很显然，所谓"振叶以寻根，观澜而索源"，也就是要"本乎道"；而"本乎道"即"原道"，也就是一种本体论的哲学态度。正如清人纪昀所指出的："文以载道，明其当然；文原于道，明其本然。"[25]这种不满足于对现象本身的描述和规范，而要深入探寻现象背后的本质规定和终极原因的思维方式，无疑是玄学的影响所致；至少是，刘勰多少认识到，在这样一个时代，只有回答了文学的本体问题，才足以"立家"。而这个问题的提出，就使刘勰的理论超越了前人而上升到哲学高度，即不再停留在直观描述和经验总结的低级阶段，而上升为按一定的逻辑序列构成的理论体系。在这个逻辑序列中，多元因素交错依存，各种范畴自由组合，或两两成对（如情与采、质与文、神与思、体与性、通与变、风与骨、隐与秀），或三五连珠（如心言文、情体势、气志言）……但都有一定的内在逻辑联系，而且统摄于从原道本体论出发的思维之网中。这个由多层次概念、范畴组合的思维之网的构造，又无疑受到中国最古老的哲学著作《周易》的影响，即《序志》所谓"位理定名，彰乎大易之数"。然而《周易》虽有五十之数（《易·系辞上》："大衍之数五十，其用四十有九"），却无上下之篇。上下篇的结构，无疑效法佛经。范文澜先生指出："彦和精湛佛理，文心之作，科条分明，往古所无。自《书记篇》以上，即所谓界品也，《神思篇》以下，即所谓问论也。盖采取释书法式而为之，故能翩理明晰若此。"[26]我以为所论极是。当然，五十之数也好，上下两篇也好，都不过是一种外在形式；然而，一定的形式总是由一定的内容所决定并与之相适应的。正如陆机《文赋》主要是创作经验的总结因而可以采取赋的形式一样，《文心雕龙》的具有哲学意味的形式正好从一个侧面反映了它是一部艺术哲学著作。

《文心雕龙》作为中国美学史上唯一一部艺术哲学著作，其逻辑之严密，体系之完整，思辨性之强，涉及面之广，都是空前绝后的。这使得它既有别于前期艺术社会学的《礼记·乐记》，又有别于后期审美心理学的《沧浪诗话》而成为中国美学史上极为重要的一环。《文心雕龙》之值得注意，原因之一也在于此：它的思想内容是中国美学的传统观念，它的论述形式却不是中国文论的传统方式。要言之，它是用思辨的语言阐述着感受的内容，实证的材料充实着本体的研究，这确乎是很具特色的。

正因为《文心雕龙》在方法论上的这一变革，就使它虽标举儒学却又超越了儒学，继承前贤又不囿于前贤，而是有所扬弃，有所发明，承前启后，自成体系。儒家的功利观念，道家的审美自由，玄学的本体模式，佛学的因明逻辑，熔铸成为一个整体；传统的表现理论和决定理论，新兴的审美观念和技巧观念，综合在哲学的形上体系中。而笼罩群言，贯穿始终，成为《文心雕龙》一书灵魂与骨髓的，则是以儒家思想为内核、道家范畴为外壳的"自然之道"。

ANNOTATION
注释

1. 请参看邓晓芒、易中天《中西美学思想的嬗变与美学方法论的革命》，《青年论丛》1985年第1、2期。

2. 鲁迅：《魏晋风度及文章与药及酒之关系》，《鲁迅全集》第3卷，人民文学出版社 1981 年版。

3. 曹丕：《典论·论文》。

4. 陆机：《文赋》。

5. 萧统：《文选序》。

6. 《左传·襄公二十五年》。

7. 《老子·八十一章》。

8. 本书引用《文心雕龙》均只注篇名。

9. 曹丕：《典论·论文》。

10. 钟嵘：《诗品》卷上。

11. 李白：《古风五十九首·其三》。

12. 贾谊：《过秦论》。

13. 《宋书·臧焘传》。

14. 刘伶：《酒德颂》。

15. 《梁书·刘勰传》。

16. 《隋书·李谔传》。

17. 参见郑振铎编《中国文学研究》下册，商务印书馆 1927 年版。

18. 李家瑞：《停云阁诗话》。

19. 钱惟善：《文心雕龙序》。

20. 刘若愚：《中国文学理论》，台湾联经出版公司 1981 年版。

21. 李泽厚：《孔子再评价》，《中国社会科学》1980 年第 2 期。

22. 《论语·阳货》。

23. 《论语·先进》。

24. 《论语·八佾》。

25. 纪昀：《文心雕龙·原道》评语。

26. 范文澜：《文心雕龙注》，人民文学出版社 1958 年版。

第二章
自然之道

〖一〗

《文心雕龙》的本体论宏观态度和哲学思辨性质，决定了它的第一篇必定是《原道》。"原道"者，"溯源于道"也，或"溯文之源于道"也。然而此处的"源"，如前所述，已不是先秦两汉哲学宇宙构成论的"源"，而是本体论意义的"源"；即不是把"道"看作"文"的起源，而是把"道"看作"文"的本体。虽然，《原道》篇也涉及文学的起源，但那只是次一层次的问题，首要的还是文学的本体，即"文原于道，明其本然"，所谓本然，即文之为文的终极原因。

然而本体的研究只有通过对现象的研究才能解决。因此，论"体"必先说"用"，原"道"必先明"德"，所以《原道》篇第一句便是"文之为德也大矣"。这就首先有两个概念必须加以明确：第一，何谓"文"？第二，何谓"德"？

"文"，是《文心雕龙》一书之中使用颇频而歧义甚多的一个概念。除了相当于我们今天所谓"文学"（literature）外，还有不下十余种用法，但大致可以归纳为两类。一类相当于今天所谓"文化"（culture）或"文明"（civilization），包括语言文学（如《原道》："自鸟迹代绳，文字始炳"）、学术文化（如《时序》："唯齐楚两国，颇有文学"）、典章制度（如《原道》："唐虞文章，则焕乎始盛"），以及体现了某种道德修养的神采风度（如《程器》："周书论士，方之梓材，盖贵器用而兼文采也"），等等。另一类相当于"文饰"（outward embellishment），包括色彩花纹（如《情采》："虎豹无文，则鞟同犬羊"）、音韵节奏（如《原道》："声发则文生矣"）和语言文字的修饰（如《情采》："文采所以饰言"）等，还可以引申为某一事物或某一作品的审美形式（如《情采》："夫水性虚而沦漪结，木体实而花萼振，文附质也"），或形式的美（如《颂赞》："何弄文而失质乎？"），又引申为讲究形式讲究修饰的作品（如《总术》："今之常言，有文有笔"），或注重形式注重修饰的风格（如《知音》："夫篇章杂沓，质文交加，知多偏好，人莫圆该"）……总之是含混而宽泛，庞杂而多义的。马克思在《资本论》中曾经说过："把一个专门名词用在不同意义上是容易引起误会的，但没有一种科学能把这个缺陷完全免掉。"这种现象在中国古代论著中尤为严重。然而刘勰却巧妙地利用了"文"这个字的多义性，通过文学与人类文明或审美形式之间的类比，从更广泛的意义上来论证文学的特质和功能。在刘勰看来，无论是文学或文明或文饰，本质上都是某一事物的某种外在形式。譬如色彩花纹是美术作品的外在形式，音韵节奏是音乐作品的外在形式，神采风度是道德修养的外在形式，典章制度是政治教化的外在形式，而文学则是内在心灵的外在形式，它们都广义地是一种文饰。

"文"作为这样一种带有"文饰"意义的外在形式，必然以审美为自己的特征，因为"文"的本义就是装饰。我们知道，"文"这个象形字，本来就是像人身刺以花纹之形，故其本义是"文身"，或"文身之文"；而文身是一种外饰，因此文也就必然地具有一种装饰的意义。《广雅·释诂》曰："文，饰也"；《荀子·礼论》云："故其立文饰也"；《韩非子·解老》称："文为质者饰也"；刘勰也说："文采所以饰言"（《情采》）。最早的文饰，当是对人身的。《庄子·逍遥游》称："越人断发文身"；《礼记·王制》称："东方曰夷，被发文身"；《淮南子·原道训》称："九疑之南，陆事寡而水事众，于是民人被发文身以像鳞虫"；《汉书·严助传》称："越，方外之地，剪发文身之民也"。当然，我们的先民不但装饰自己的身体，还装饰自己的工具、器皿和洞穴。《韩非子》称"禹作祭器，墨染其外，而朱画其内"，也正是一种文饰。在距今七千到五千年的仰韶文化遗址里，已发现了绘制着富丽繁复花纹的陶器，便是明证。当这种文饰活动相当普遍，并给人以审美的愉悦时，"文"的观念即审美意识也就产生了。于是人们便在现实地进行文饰活动的同时，把自然界固有的色彩、线型、音响等，也都观念地看作自然的文饰而称之为"文"，从而形成"文犹美也"（郑玄语）的美学观念。

这种具有审美意义的"文"又称作"采""章""文采""文章"。如《墨子·辞过》："暴夺民衣食之财，以为锦绣文采靡曼之衣"；《论语·泰伯》："焕乎其有文章"；《庄子·马蹄》："五色不乱，孰为文采"；《楚辞·九章·橘颂》："青黄杂糅，文章烂兮"……刘勰则说："圣贤书辞，总称文章，非采而何"（《情采》）。也就是说，"文"是一种审美的形式。那么，它作为一种具有审美特征的外在形式，又有什么存在意义与价值呢？

于是刘勰提出了"德"的概念。作为与道相对应的范畴，它不是"体"而是"用"，因此既不是《左传·襄公八年》"小国无文德而有武功"之"德"，亦非《易·小畜·大象》"君子以懿文德"之"德"，应该说接近于《论语·雍也》"中庸之为德也，其至矣乎"之"德"。《尔雅·释名》曰："德，得也，得事宜也。"这里的"德"作为"得"，即从"道"所得来的意义、作用、特性、功能。那么，文之德如何？刘勰说："大矣，与天地并生。"他这样论述：

夫玄黄色杂，方圆体分，日月叠璧，以垂丽天之象；山川焕绮，以铺理地之形：此盖道之文也。仰观吐曜，俯察含章，高卑定位，故两仪既生矣。唯人参之，性灵所钟，是谓三才；为五行之秀，实天地之心。心生而言立，言立而文明，自然之道也。傍及万品，动植皆文：龙凤以藻绘呈瑞，虎豹以炳蔚凝姿；云霞雕色，有逾画工之妙；草木贲华，无待锦匠之奇。夫岂外饰，盖自然耳。至于林籁结响，调如竽瑟；泉石激韵，和若球锽；故形立则章成矣，声发则文生矣。夫以无识之物，郁然有彩；有心之器，其无文欤！

从以上论述我们可以看出，文德之大，首先在于它有一种普遍性，这种普遍性又体现在时空两方面。就时间而言，它与天地并生；就空间而言，它遍于宇宙之内："仰观吐曜"，日月星辰交相辉映；"俯察含章"，山岳河汉交错纵横；人类作为万物之灵，更是文采斐然；即便"傍及万品"，也"动植皆文"。很显然，"文"既然具有普遍性，也就绝非一种偶然现象，或者说也就具有必然性。这种必然性，刘勰用"自然"这个概念来表述："心生而言立，言立而文明，自然之道也"；"夫岂外饰，盖自然耳"。所谓"自然"，与其说是自发、自为，毋宁说是必然。

那么，"文"的这种客观必然性是从哪里来的呢？或者说，"文"的存在根据和终极原因是什么呢？从"文之为德也大矣，与天地并生"的说法看，这个根据和原因应该是很大的。因为"体"大"用"才大，"道"高"德"才高，既然文之德大到了"与天地并生"，那么它的根据也就不会在"经国之大业"的社会功利之内，而只能在阴阳太极一类的世界本体之中。

这个根据就是"道"。不但那天地之文毫无例外地是"道之文"，便连后来的"人文"也如此："辞之所以鼓天下之动者，乃道之文也"（《原道》）。所以鲁迅指出，刘勰的观点，是认为"三才所显，并由道妙"[1]。总之，道是原因，道是根据，道是本体，文的普遍性无非体现着道的普遍性，文的必然性最终取决于道的必然性，当然文的美归根结蒂也就只是道的美。那么，道是什么？

〖二〗

"道"是中国古代理论著作中使用颇多的一个范畴。道，路也，人行所必须遵循者。道规范行，行遵循道，所以道的意义是"决定"。引而申之，可以用来表示事物运动变化所必然遵循的规律，如《左传·昭公十八年》："天道远，人道迩，非所及也。"这一意义向思辨哲学方向衍变，推指宇宙间万物的本原、本体，如《老子》："有物混成，先天地生，……可以为天下母。吾不知其名，字之曰道"；向伦理哲学方向衍变，则指一定的人生态度、政治主张或思想体系，如《论语·公冶长》："道不行，乘桴浮于海"；《论语·卫灵公》："道不同，不相与谋"。这些意义之间，有一定的内在联系。因为本体决定着现象，规律决定着运动，人生态度和政治主张决定着行为，在上述意义的引申和衍变中，"道"这个概念中所含的"决定"性质并无变化，但它已不是物质形态的道路，而转化为超越物质（形器）的东西了，即《易·系辞上》所谓"形而上者谓之道，形而下者谓之器"。"道"在上，是本体、原因、根据、规律；"器"在下，是现象、作用、特性、功能，形上之道决定着、规范着形下之器，因此，源文之道，也就是要寻找文之为文的本质规定和终极原因。

然而这个作为"文"之存在根据和终极原因的"道"究竟是什么，在刘勰这里却十分含糊。是"有"还是"无"？是物质还是精神？是自然元气还是虚无理念？是客观规律还是主观意志？……都不清楚。刘勰自己既未明说，后人注释也众说纷纭，所以鲁迅指出："其说汗漫，不可审理。"我们只知道它是幽微的（"道心唯微"）、神秘的（号为"神理"）、不可捉摸的（"天道难闻"）、难以再现的（"神道难摹"），但又确实存在。正是在它的主宰下，天地、人类、万物，都按照一定的层次和规律，有秩序地展开为一个充满了文采的美的世界。在这个美的世界里，日月争辉，群芳斗艳，林泉结韵，虎豹凝姿，而人类灿烂的文明，更是独秀于其中，成为道这个本体最光辉的显现。

"人文之元，肇自太极，幽赞神明，易象唯先。庖牺画其始，仲尼翼其终；而《乾》《坤》两位，独制《文言》，言之文也，天地之心哉！"在这里，刘勰表现出这样一个思想，即"人文"是观照、认识"道"的结果。按照《原道》篇的逻辑，道似乎并不满足于仅仅通过天地之文或万物之文显示出自己的光华，它还要创造一个能够观照自己、表现自己的"有心之器"——"人"。人"为五行之秀，实天地之心"，他"肖貌天地，禀性五才，拟耳目于日月，方声气乎风雷，其超出万物，亦已灵矣"（《序志》）。唯其如此，才能体察道心，代天立言。然而"道"幽微神秘一如前述，人何以能够合于道心呢？刘勰认为，这就得靠"神启"："若乃河图孕乎八卦，洛书韫乎九畴，玉版金镂之实，丹文绿牒之华，谁其尸之？亦神理而已。"（《原道》）"道"用这种神秘的方式启迪、暗示着圣人，圣人之心也就自然契合于天地之心。圣人既得天独厚，更兼以神启，于是能画八卦，立文字，设制度，创经典，"取象乎河洛，问数乎蓍龟，观天文以极变，察人文以成化"，这样才"经纬区宇，弥纶彝宪，发辉事业，彪炳辞义"。总之，圣人的著作，"莫不原道心以敷章，研神理而设教"，而"道心""神理"也正是通过圣人的著作，才能教化黎庶，鼓动天下。这就叫"道沿圣以垂文，圣因文而明道"，也就是说，正是通过"圣"这个中介，"道"才在"人文"中显示了自己。

于是"道"便平行地显示为两种"文"：一种是包括天象、地貌和万物的形态声色在内的自然现象，它可以被广义地称为"天文"；另一种是包括语言文字、典章制度、风度神采、学术著作和文学艺术在内的精神文明，它可以被广义地称为"人文"。"天文"与"人文"这两个概念，无疑来自《易·贲卦·彖辞》所谓"观乎天文，以察时变；观乎人文，以化成天下"。但有资格"化成天下"的当然只是"圣"，即从伏羲中经文王、周公直到孔子这一系列儒家学派所尊崇的"圣人"。"圣人"之文为"经"。"经也者，恒久之至道，不刊之鸿教也。"（《宗经》）之所以是恒久之至道，因为它是道这个世界本体的显现。因此儒家之道也就应于宇宙之道，纲常伦理也就合乎道心神理，后世作者只要宗经征圣，也就能够创作出合于道心之文。正是靠着这样一套一半是装神弄鬼、一半是含糊其词的把戏，刘勰始于天道而终于人道，发于自然之道而归于儒家之道，而他自己，也许还正因为自以为窥见了宇宙的秘密而得意扬扬呢！

于是"原道"也就有了双重意义：作为文学本体论，它把形上之道看作是宇宙间一切文采的终极原因；作为文学创作论，它又把儒家之道尊崇为人世间一切文章的指导思想。前者讲天道，后者论人道；前者谈认识，后者详伦理；前者明本然，后者立原则；前者务虚玄，后者重实用……而介乎二者之间，能够沟通天人，统一虚实，贯穿本体与创作，联系理论与实际的，则是"自然"这个范畴。

〖三〗

"自然"，是刘勰美学思想体系中一个极为重要的范畴。清人纪昀说："齐梁文藻，日竞雕华，标自然以为宗，是彦和吃紧为人处。"[2]近人黄侃认为："彦和之意，以为文章本由自然生，故篇中数言自然。"[3]刘永济先生也指出："舍人论文，首重自然。"[4]我们认为，刘勰对"自然"的重视，不但表现在书中始终贯穿"自然"观念、处处体现"自然"精神,而且表现在他把"自然"提到"道"的高度,称之为"自然之道",这就已经超越针砭时弊(日竞雕华)的有限目的,而具有本体论的意义了。

正是这种本体论的宏观态度,使刘勰在标举儒家美学思想的时候采用了一个道家的哲学范畴作为自己的理论外壳。因为如前所述,孔子创立的儒家伦理哲学,基本上是回避本体论问题的。《易传》虽然接触到世界起源问题,但认为世界起源于"太极"。"太极,太一也"(虞翻注),即天地未分之前的原始统一体,是一种混沌的物质元气,而不是虚无本体,当然也不是这种混沌物质存在的根据和原因。至于形上之道,则只是阴阳对立统一、相互推移和变化的规律,因此说"一阴一阳之谓道"。故而在《易传》那里,"太极"比"道"更为根本,而《易传》哲学本质上只是宇宙构成论或宇宙发生论而非本体论。然而在《老子》哲学中,"道"是世界的本体,"自然"是道的法则,故曰:"道生一,一生二,二生三,三生万物"(四十二章),"人法地,地法天,天法道,道法自然"(二十五章),"道之尊,德之贵,夫莫之命而常自然"(五十一章)。刘勰要从本体论的高度论文,又要和不自然的文风作斗争,《老子》哲学的"自然之道"较之《易传》哲学的"阴阳之道",显然是更为称手的武器。

的确,当刘勰使用"自然之道"这个概念时,他的思想与老子哲学确有相似之处。比如他们都以道为本体,都以自然为法则,都强调道的幽微与神秘,都主张审美观照和艺术创作中的"虚静"态度,都以"白贲"之美为最高品位,等等。但刘勰与老子有重大的区别,即并不以为世界的本体是"无",并不认为美的规律是"无为"(莫之为而常自然)。相反,刘勰坚持儒家关于艺术的社会功利性的一贯主张,强调实用价值,强调人工制作,认为文学"实经典枝条"并"以雕缛成体"(《序志》),是一种为现实服务的人工产品,只不过要求这种人工产品不要露出人工斧痕,因此看起来好似天然罢了。因此,不能因为刘勰使用了"自然"范畴就把他归于道家。实际上,"自然"并非道家的专利品,孔子说"天何言哉!四时行焉,百物生焉,天何言哉"[5],这不是自然吗?这和"天地有大美而不言"的"自然",不是有某些相似之处吗?更何况自汉魏以降,"自然"概念的内涵,早已因人而异,其理甚多，有王充万物之初的元气自然，有王弼万物之理的本体自然，有嵇阮礼法之外的人性自然，有郭象礼法之本的名教自然[6]，名则同耳，实何同耶？

那么，刘勰"自然"概念的内涵又是什么呢？是艺术本质的"心生而言立，言立而文明，自然之道也"（《原道》）；是艺术创作的"人禀七情，应物斯感，感物吟志，莫非自然"（《明诗》）；是艺术风格的"自然之趣""自然之势"（《定势》）；是艺术境界的"自然会妙"（《隐秀》）……总之是作为美学范畴的艺术自然；而所有这一切，又与作为文学本体和规律的"自然之道"息息相关。

在刘勰看来，"道"派生出"文"，这本身就是"自然"。不但自然之文出于自然："夫岂外饰，盖自然耳"；就连人文也不例外："心生而言立，言立而文明，自然之道也"。如前所述，在刘勰看来，正是由于"河图""洛书"这些体现着"道心"的自然物的启示，圣人才创造了最早的"人文"——八卦。八卦作为象征着神秘幽微之"道"的抽象符号，如果没有具体的说明和规定，便成了谁也无法理解的、因而毫无意义的"鬼画符"，因此有一系列的圣人出来立"不朽之言"，而其中对于文学的发生最具重要意义的，在刘勰看来便是孔子。孔子体察了"天地之心"，于乾坤两位"独制文言"，便首开文学之滥觞（后来清人阮元《文言说》谓"孔子于乾坤之言，自名曰文，此千古文章之祖也"，其意正出于此）；也正因为孔子"熔铸六经"，这才有了各种文体。《宗经》篇说：

三极彝训，其书曰经。经也者，恒久之至道，不刊之鸿教也。故象天地，效鬼神，参物序，制人纪，洞性灵之奥区，极文章之骨髓者也。……故论说辞序，则《易》统其首；诏策章奏，则《书》发其源；赋颂歌赞，则《诗》立其本；铭诔箴祝，则《礼》总其端；纪传铭檄，则《春秋》为根：并穷高以树表，极远以启疆，所以百家腾跃，终入环内者也。……赞曰：三极彝道，训深稽古。致化归一，分教斯五。性灵熔匠，文章奥府。渊哉铄乎！群言之祖。

所谓"群言之祖"，也就是把从伏羲到孔子这一系列儒家所谓"圣人"的"彝训""经典"，看作是文学的起源，这无疑是一个先验的唯心主义理论结构，是历史唯心主义的文学发生论，今天看来，已毫无理论价值可言。但在当时，却已算得上是一个精致的体系；刘勰征圣宗经的主张，也因此显得比较冠冕堂皇；更重要的是，正是靠着这个历史唯心主义的文学发生论的中介作用，刘勰才从文学的本体论，顺利地过渡到文学的特质论。

那么，在刘勰看来，文学的特质是什么呢？

ANNOTATION
注释

1. 鲁迅：《汉文学史纲要》，人民文学出版社 1973 年版。
2. 纪昀：《文心雕龙·原道》评语。
3. 黄侃：《文心雕龙札记》，中华书局 1962 年版。
4. 刘永济：《文心雕龙校释》，中华书局 1962 年版。
5. 《论语·阳货》。
6. 参看庞朴《名教与自然之辨的辩证发展》，《中国哲学》第一辑。

第三章
文学的特质

〖一〗

关于文学的特质，《原道》篇已有揭示：从本体论的角度看，文学是"道"的自然显现；从发生论的角度看，文学则是"经典枝条"。然而万物俱由道生，非特文学而已；经典之生枝条，毕竟与经典有异。故于文学自身的特质，不可以不深究。

还是得从"自然之道"说起。"自然之道"有一个重要内容，就是"心生而言立，言立而文明"，这就等于指出：文学是人类心灵的自然流露与表现。

毫无疑问，刘勰的这一观点，是对我们民族美学传统的继承和发扬。与西方古典美学一般把艺术看作是自然的模仿与再现不同，中国古代美学一般都把艺术看作是心灵的外化与表现。早在《尚书·尧典》中，就记载了据说是舜的名言："诗言志，歌永言，声依永，律和声。"接着，《礼记·乐记》和《毛诗序》都反复强调了"情动于中故形于声"和"情动于中而形于言"的观点。按照这一观点，人的心灵（包括情感、意志、思绪、心境等等），或者说人的精神活动和心理过程，似乎天然地、本能地有一种要外化为某种物质形式的冲动和倾向，而这种冲动付诸实现的结果，是产生了艺术。《礼记·乐记》说：

诗，言其志也；歌，咏其声也；舞，动其容也：三者本于心，然后乐气从之，是故情深而文明，气盛而化神。

《毛诗序》也说：

诗者，志之所之也，在心为志，发言为诗。情动于中而形于言，言之不足故嗟叹之，嗟叹之不足故永歌之，永歌之不足，不知手之舞之足之蹈之也。

很显然，正是继承着这传统的表现理论，刘勰提出了"情文"的概念，即把文学界定为情性的外化和表现。《情采》篇说："立文之道，其理有三：……三曰情文，五性是也。……五情发而为辞章，神理之数也。"在这里，"情文"一词很可能就直接是前引"情深而文明"演变而来，"五情发而为辞章"更无疑是"情动于中而形于言"的翻版。《体性》篇就说得更明确：

夫情动而言形，理发而文见，盖沿隐以至显，因内而符外者也。

此外，《文心雕龙》一书其他篇章中，也有类似的提法：

情者，文之经；辞者，理之纬。经正而后纬成，理定而后辞畅，此立文之本源也。（《情采》）
情理设位，文采行乎其中，刚柔以立本，变通以趋时。（《熔裁》）
情致异区，文变殊术，莫不因情立体，即体成势也。（《定势》）

很显然，这和《礼记·乐记》或《毛诗序》，实如出一辙。可以这么说，当刘勰提出"情文"概念时，中国传统的表现理论已经达到相当自觉的高度了。因为刘勰并不像他的前辈那样，只对文学的这一特质作直观的描述，而是把它和本体论的研究紧密地结合在了一起。

按照刘勰的本体论观念，包括文学在内的一切"文"，归根到底无不是"道"这个本体的自然显现，这就等于说"道"有一种表现特质。正是由于这种特质，"道"才派生出弥漫于宇宙之间的各种文采，而且这种表现本身，也就是"自然之道"。唯其如此，刘勰才说万物之文"夫岂外饰，盖自然耳"。然而在刘勰那里，更重要的还在于"道"通过"圣"这个中介，把自己的表现特质赋予了人。据《原道》《征圣》《宗经》三篇，我们可以知道，"圣文"不但是在《河图》《洛书》的启示下对"道"的认识与观照，同时也是圣人自己"情性"的表现。《原道》篇称"雕琢情性"，《征圣》篇称"陶铸性情"，《宗经》篇称"义既极乎性情"云云，都说明了这一点。只不过在"圣人"这里，"人心"刚好合于"道心"，所以"经"既是"情性"的表现，又是"道心""神理"的表现，二者完全统一。后世文学，不复有对"道"的直接观照、认识的意义，但它作为"经典枝条"，却继承了"圣文"亦即"道"的表现特质，遵循着"心生而言立，言立而文明"的"自然之道"，表现着作家艺术家的内在心灵。这样一来，刘勰就把传统的表现理论纳入了自己创立的形上模式，从而为它找到了本体论哲学依据，而在这一模式中起着中间环节作用的便是"圣"。

"圣"作为从文学本体论向文学特质论过渡的中间环节，是《文心雕龙》美学体系中的一个重要范畴。因此，刘勰于《原道》《宗经》两篇之间专立《征圣》篇，也就既非多余，也非凑数，而是顺理成章的了。正是在《征圣》篇，刘勰从更宽泛的意义上，即从人类精神文明的意义上论述了作为一种审美形式的"文"的重要性。他说：

是以远称唐世，则焕乎为盛；近褒周代，则郁哉可从：此政化贵文之征也。郑伯入陈，以文辞为功；宋置折俎，以多文举礼：此事迹贵文之征也。褒美子产，则云言以足志，文以足言；泛论君子，则云情欲信，辞欲巧：此修身贵文之征也。然则志足而言文，情信而辞巧，乃含章之玉牒，秉文之金科矣。

也正是在《征圣》篇，刘勰还提出了"圣文之雅丽，固衔华而佩实者也"的审美理想；提出了"抑引随时，变通会适，征之周孔，则文有师矣"的文学主张。之所以在以经为宗的同时还要以圣为师，就是因为正是圣人，开创了将"原道"与"缘情"相统一的先例，因此不但他们的著作是美的典范，就连他们本人，也成了艺术家的百世楷模，这正是刘勰体系的必然结论。

如果说从形上本体论述文学特质，是将传统表现理论从经验描述上升到哲学高度的话，那么，"自然"概念的引进，则是刘勰对传统表现理论的美学改造。在《礼记·乐记》和《毛诗序》中，心灵表现为文采、情性外化为艺术，已有一种直接性，这种直接性用"不知"二字来表述，即仿佛是不自觉地、自然而然地，心灵就变成了语言、文学、音乐、舞蹈。这种表述显然带有经验描述的直观性质。刘勰强调了这一点，并用"自然之道"这个艺术哲学范畴来表述，这就把经验变成了哲学，而且体现了他的审美理想。关于这一点，我们今后还要详加论述。总之是，在刘勰那里，文学不但是"情文"，而且是"自然之文"，或者准确地说，是"自然之情文"，这是刘勰关于文学特质的第一个层次的规定性。

[二]

从"原道"本体论出发，刘勰不但把传统的表现理论上升到哲学高度，而且使这种理论同时具有了反映论的意味。

我们说刘勰的表现论具有反映论的意味，是因为在刘勰那里，文学（情文）虽然被看作"情性"的表现，但这"情"却又是人对客观外物反映的产物，即如《明诗》篇所说："人禀七情，应物斯感，感物吟志，莫非自然。"有的研究者仅凭"人禀七情"一句，就判定刘勰认为作家的情感是天生的，这显然是对刘勰的误解。其实，"人禀七情"的"情"，并非今之所谓情感，而毋宁说是一种情感感受能力，即如《礼记·礼运》所言："喜怒哀惧爱恶欲，七者弗学而能。"弗学而能的只能是一种能力，不可能是任何具体的情感。当然，这种心理能力，在儒家看来是人的一种天性。《荀子·正名》说"生之所以然者谓之性"，《荀子·天论》说"性之好恶喜怒哀乐藏焉，夫是之谓天情"，这正是刘勰所谓"人禀七情"之所本。这种把人类在长期的社会实践中生成的超生物性心理素质看作是"天性""天情"的观念，当然是历史唯心主义的。但这并不等于说，在儒家那里，文艺作品表现的内容——"情"，也是与生俱来的先验心理状态。恰恰相反，在儒家看来，情感感受能力虽然是一种天赋人性，但具体的情感感受和情感体验，却是上述天赋能力在客观外物刺激下才产生的心理效应。换言之，如果没有外物的刺激，作家艺术家就不会产生创作冲动。因此从这个角度看，也可以说文艺作品是外物刺激的结果了。《礼记·乐记》说：

凡音之起，由人心生也。人心之动，物使之然也。感于物而动，故形于声。
乐者音之所由生也，其本在人心之感于物也。

这是说得再明白也没有了。刘勰完全继承了这一观点。他多次指出："睹物兴情""情以物兴"（《诠赋》），"诗人感物，联类不穷"（《物色》），明确申明"情"是因物而兴、感物而起的一种心理效应。当然，他同时也认为，在情感感受产生之前和情感体验过程之中，有一种先于感受和体验的心理构架或心理定式在起作用，即所谓"物以情观"。关于这一点，我们以后还要详细谈到。总之，情感的发生既以天赋感受能力和先验心理构架为主观条件，又以外物的刺激为客观条件。只有同时具备主客两方面的条件，作家表现冲动的产生才是可能的。

文学创作以情感表现为内容，情感的产生又以外部感性世界的刺激为依据，这就叫"情以物迁，辞以情发"。所以刘勰作《物色》篇，指出作家的情感因自然的变化而变化：

春秋代序，阴阳惨舒，物色之动，心亦摇焉。盖阳气萌而玄驹步，阴律凝而丹鸟羞，微虫犹或入感，四时之动物深矣。若夫珪璋挺其惠心，英华秀其清气，物色相召，人谁获安？是以献岁发春，悦豫之情畅；滔滔孟夏，郁陶之心凝；天高气清，阴沉之志远；霰雪无垠，矜肃之虑深。岁有其物，物有其容，情以物迁，辞以情发。

又作《时序》篇，指出文学的风格因社会的变迁而变迁：

时运交移，质文代变，古今情理，如可言乎！……文变染乎世情，兴废系乎时序，原始以要终，虽百世可知也。

这就是说，文学所表现的，虽然是作家个人的"情性"，因而"各师成心，其异如面"（《体性》），但这个人的"情性"却又受到自然与社会，尤其是受到社会生活的影响和制约。因此，"歌谣文理，与世推移，风动于上，而波震于下"（《时序》）。这样一来，刘勰的表现理论，也就同时具备了反映论和决定论的意味。

这里的所谓反映论和决定论，是指那种认为文学是客观对象自觉或不自觉的反映或显示的理论。强调文学自觉反映客观的，是文学的反映论；强调文学不自觉或不可避免地受到客观世界影响和制约、因而最终反映了客观的，是文学的决定论。从《原道》"写天地之辉光，晓生民之耳目"看，刘勰似乎是反映论者；从《时序》"风动于上，而波震于下"看，刘勰又似乎是决定论者。也许他是兼而有之，又不那么明确。在这个问题上，刘勰主要还是继承儒家美学，将反映论与决定论合而为一，从而把一定的文学作品看作是一定的社会生活的必然产物。《礼记·乐记》指出：

凡音者，生人心者也。情动于中，故形于声；声成文，谓之音。是故治世之音安以乐，其政和；乱世之音怨以怒，其政乖；亡国之音哀以思，其民困。声音之道，与政通矣。

是故审声以知音，审音以知乐，审乐以知政，而治道备矣。

《毛诗序》也指出：

至于王道衰，礼义废，政教失，国异政，家殊俗，而变风、变雅作矣。

这里揭示反常时代必然产生反常文学的规律，无异从另一方面论证了文学必然是一定社会生活之反映或所决定的观念。如果考察一下刘勰的文学史观，就可以看出他所持的，正是这样一种观点。如《时序》篇论上古之文学称：

昔在陶唐，德盛化钧，野老吐何力之谈，郊童含不识之歌。有虞继作，政阜民暇，薰风诗于元后，烂云歌于列臣。尽其美者何？乃心乐而声泰也。至大禹敷土，九序咏功；成汤圣敬，猗欤作颂。逮姬文之德盛，周南勤而不怨；大王之化淳，邠风乐而不淫；幽厉昏而板荡怒，平王微而黍离哀。故知歌谣文理，与世推移，风动于上，而波震于下者。

又如同篇论建安之文学称：

观其时文，雅好慷慨，良由世积乱离，风衰俗怨，并志深而笔长，故梗概而多气也。

在这里，社会生活被看作是文学创作的直接动因，文学作品被看作是时代精神的审美体现，孔子"兴、观、群、怨"之"观"，一如郑玄之所解释，被理解为"观风俗之兴衰"。《乐府》篇说："匹夫庶妇，讴吟土风，诗官采言，乐胥被律，志感丝篁，气变金石。是以师旷觇风于盛衰，季札鉴微于兴废，精之至也。"同篇赞语还说："岂惟观乐，于焉识礼。"这种对文学认识作用，尤其是对文学认识社会风俗、社会心理之作用格外强调的观点，正是前述反映论和决定论的必然结果。

文学的反映意味在《原道》篇已见端倪。《原道》篇论及圣人之文时，就指出他们"取象乎河洛，问数乎蓍龟，观天文以极变，察人文以成化"，可见圣人之文，不是什么自我的表现，而是客观的反映；正因为是客观的反映，才有可能具备客观普遍性，也才成其为"恒久之至道，不刊之鸿教"。但在这里，"圣文"不是客观现实的反映，而是客观精神的反映，即把本来是儒家主观精神的伦理神秘化为作为反映对象的"神理"，把本来是社会关系准则的人道神秘化为作为反映对象的"天道"。因此刘勰的这种理论，如果也可以叫作"反映论"的话，也绝非我们今天通常说到的唯物主义反映论，而只能说是一种客观唯心主义的"反映论"。

但在这里，刘勰确实是把"道"作为客观对象来观照、来认识、来反映的，这同他把"文"看作是"道"的显现毫无相悖之处。也就是说，作者通过对"道"的观照而创造了"文"，不过是"道"通过"文"显现了自己罢了。这就叫作"道沿圣以垂文，圣因文而明道"（《原道》）。即便这种创作在作者看来只不过是自己"情性"的自然流露与表现，但只要人心合于道心，心理合于神理，那么自我的表现也就同时是客观的反映而具有"道"的普遍性。如前所述，正是通过"圣"这个中介，刘勰把"反映论"和"表现论"也和谐地统一于"原道"本体论的形上模式之中了。

〖三〗

正因为在刘勰看来，文学所表现的"情"，是客观事物并归根结蒂是客观理念（道）的反映，所以他要求文学作品有一种客观普遍性。这种客观普遍性或者说理性，是刘勰关于文学特质的又一规定性。

根据这一规定性，作为文学内容的"情"，应该或具有特定的政治意义，或具有普遍的伦理价值。前者如《明诗》篇提到的"大禹成功，九序唯歌；太康败德，五子咸怨"。后者如《比兴》篇提到的"关雎有别，故后妃方德；尸鸠贞一，故夫人象义"。前者直接对社会生活中的军国政教大事作出反应，褒贬时政，干预生活；后者在细小卑微的事件（自然景物或男女私情）中蕴含寄寓着深远重大的意义，因此同样值得肯定。所以刘勰赞美《楚辞》："楚襄信谗，而三闾忠烈，依诗制骚，讽兼比兴"；批评汉赋："炎汉虽盛，而辞人夸毗，诗刺道丧，故兴义销亡"，"日用乎比，月忘乎兴，习小而弃大，所以文谢于周人也"（《比兴》）。按"比"与"兴"作为两种艺术手法，应该说本无高低贵贱之分的。但刘勰以为用比忘兴是"习小而弃大"，就因为在他看来，"比"仅仅是一种修辞手法，以此物比彼物，唯以"切至为贵"；而"兴"却在艺术形象的背后，蕴含着具有普遍价值的伦理意义，如"关雎"之象征后妃之德，"尸鸠"之象征夫人之义，这就叫"称名也小，取类也大"，大就大在它具有一种社会伦理道德的普遍性。比体之中，虽然也有"金锡以喻明德，珪璋以譬秀民"之类，但这只是对事物外在特征的比喻，而不是对事物内在性质的象征，本质上与"麻衣如雪，两骖如舞"之类无异。因此刘勰重"兴"轻"比"，说到底，还是要求艺术内容具有社会伦理意义。

刘勰的这一思想，在《谐隐》篇表达得十分明确。作为一种文体，刘勰并不特别贬低和排斥"谐辞""隐语"。他说:"蚕蟹鄙谚,狸首淫哇,苟可箴戒,载于礼典。故知谐辞隐言,亦无弃矣。"但是,他强调指出:谐隐"本体不雅,其流易弊";而其主要流弊,则在于"空戏滑稽,德音大坏",诸如东方枚皋,"无所匡正";魏文薛综,"无益时用";魏晋滑稽,"有亏德音";——总之是"谬辞诋戏,无益规补"。刘勰认为,"文辞之有谐隐,譬九流之有小说",其体虽小,其义宜大。古代优秀的谐辞隐语,"大者兴治济身,其次弼违晓惑",或"抑止昏暴",或"意在微讽",因而"被于纪传","载于礼典","盖稗官所采,以广视听"故也。所以刘勰强调,谐辞隐语必须"会义适时,颇益讽诫",也就是必须在这种"浅""俗"的语言和文体中蕴含深刻、高雅的思想意义,这和他要求艺术形象"称名也小,取类也大"的思想是正相一致的。

很显然,"兴治济身"也好,"弼违晓惑"也好,或者《明诗》篇提出的"持人情性"也好,都是一种社会作用,有着明确的目的性和实用性。因此,刘勰的理性原则,也就只是一种实用理性原则,与柏拉图或亚里士多德的神性理性原则不同。柏拉图认为文艺没有用,诗人应该被赶出理想国,因为文艺作为"影子的影子",无法达到神性的真实;亚里士多德则把人们称之为美的东西叫作神的"目的",认为万物都是神的艺术品,而人的艺术既以神的意图和目的为模仿对象,也就可能比现实生活更美也更真实。表面上看来,亚氏这一观点和刘勰颇有相似之处,但刘勰虽以"文"为"道"的艺术品,但他的"道"归根结蒂不过是披上了一件神秘外衣的儒家之道。也就是说,在他那里,"天道"终究是人道,"神理"终究是伦理,"象天地,效鬼神,参物序",归根到底只是为了"制人纪"(《宗经》)。所以刘勰才说:"唯文章之用,实经典枝条,五礼资之以成,六典因之致用,君臣所以炳焕,军国所以昭明"(《序志》),文学的作用,最后仍然落实在政治伦理和社会生活之中,而不是在对神性、神理、神道的模仿和认识之上。尽管在《原道》篇,刘勰把这"天道"或"神理"硬派作了儒家伦理之道的根据,但这根据一旦在本体论部分完成了它的使命后,也就不再被提及了。

相反,刘勰倒是一而再、再而三地强调文学在社会生活,尤其是在政治伦理方面的作用:诗应该"持人情性"(《明诗》),歌应能"化动八风"(《乐府》),

文章"既其身文，且亦国华"（《章表》），连谐辞隐语也必须"颇益讽诫"（《谐隐》）。这些观点在《文心雕龙》一书中多次被提及，而且还专门撰写了《程器》篇，以说明为了使文学能够达到上述实用目的，作家个人的道德修养是何等重要。在刘勰看来，文学服务于政教伦理和个人献身于军国大业，是"君子"人生理想和政治抱负相辅相成的两个方面。他说：

是以君子藏器，待时而动，发挥事业，固宜蓄素以弸中，散采以彪外，梗楠其质，豫章其干。摛文必在纬军国，负重必在任栋梁；穷则独善以垂文，达则奉时以骋绩。若此文人，应梓材之士矣。

很显然，"垂文"与"骋绩"，不过是知识分子在"穷"（在野）时和"达"（入仕）时服务于封建大业的两种不同方式罢了，它们的目的，还是儒家强调再三的修、齐、治、平。

〖四〗

从文艺应该服务于政教伦理、军国大业这一实用理性原则出发，刘勰又提出了他的审美原则。《程器》篇说："周书论士，方之梓材，盖贵器用而兼文采也。"其实"贵器用而兼文采"，也是刘勰对文学的规定，即文学不仅应该是实用的，而且同时也应该是审美的；或者说得更确切一些，正因为文学是实用的，才必须是审美的。因为"言之无文，行而不远"[1]，无文之言（即非审美的作品）既然无法在人与人之间广泛传播，当然也就无法在传播中产生深远的影响，这显然不利于实现"晓生民之耳目"的实用目的，为此，必须十分强调文学的审美形式。刘勰在《情采》篇指出：

《孝经》垂典，丧言不文，故知君子常言未尝质也。《老子》疾伪，故称"美言不信"；而五千精妙，则非弃美矣。庄周云辩雕万物，谓藻饰也。韩非云艳采辩说，谓绮丽也。绮丽以艳说，藻饰以辩雕，文辞之变，于斯极矣。

也就是说，即便像老子那样以为"美言不信"的人，或者像韩非那样以为"文以害用"的人，自己的著作尚且同样具有审美的形式，就更不必说一贯重"文"的儒家圣人了。在《征圣》篇，他一开始就说：

夫作者曰圣，述者曰明，陶铸性情，功在上哲，夫子文章，可得而闻，则圣人之情，见乎文辞矣。先王圣化，布在方册；夫子风采，溢于格言。……志足而言文，情信而辞巧，乃含章之玉牒，秉文之金科矣。

很显然，"志足而言文，情信而辞巧"，换言之，内容真挚、刚正、充实，形式精巧、华丽、典雅，即同篇所谓"衔华而佩实"，便正是"圣文"作为文学的典范所具备的特质。因此，在强调文学内容重要性的《情采》篇，刘勰在一开篇就说："圣贤书辞，总称文章，非采而何？"这虽然是照例指出儒家所谓"圣人"以为立论之根本，但是"非采而何"四个字却大有文章。因为这种提法，这种语气，不论其自觉与否，都实质上已经把审美形式（采）当作了区分文学与非文学的试金石。按照这句话的内在逻辑，儒家圣贤的经典著作，之所以也可以称为"文章"，即也可以被视为文学作品，不是因为它们合于"道心"，而是因为它们富于"文采"。合于"道心"，只能使它们成为经典；富于"文采"，才使它们同时也成为文学。当然，在刘勰看来，合于"道心"的也必然会富于"文采"，因为派生出"文"来，本来就是"道"的特质。"道"作为本体，天然地有一种使自己的创造物呈现文采、具备审美形式的功能。于是天有日月叠璧之象，地有山川焕绮之形，人有衔华佩实之章，物有千姿百态之文，所有这些，都是"道之文"。"道"既然必然要显现文采，那么，合于"道心"的经典，焉有不具备审美形式的道理呢？

刘勰的这一层意思，在《原道》《征圣》《宗经》诸篇已说得十分透彻。但是，如果说在《原道》篇，刘勰是从"道"这个本体出发来论证"文"的存在根据的话，那么，在《情采》篇，刘勰则是从"采"这个形式出发来论证"情"的重要意义。因此，刘勰首先提出一个逻辑前提：文学必须是一个审美的形式结构（非采而何），但这种审美的形式结构又应该是一定内容的自然显现，他说：

夫水性虚而沦漪结，木体实而花萼振，文附质也。虎豹无文，则鞟同犬羊；犀兕有皮，而色资丹漆，质待文也。若乃综述性灵，敷写器象，镂心鸟迹之中，织辞鱼网之上，其为彪炳，缛采名矣。

所谓"文附质"，即是说一定的形式归根结蒂只是一定的内在本质的外在表现，就像"沦漪"和"花萼"体现着"水"与"木"的"虚"与"实"一样，其规律则正"如机发矢直，涧曲湍回，自然之趣也"，"譬激水不漪，槁木无阴，自然之势也"（《定势》）。所谓"质待文"，就是说一定的内容必须通过一定的外在形式才能显现自己，正如虎豹如果没有斑纹就会沦为犬羊一样。虎豹以其斑纹显示了与犬羊的本质区别，君子则以其包括了文学作品在内的文采风度来显示其与小人的区别。个人是如此，社会也是如此，所以德盛风淳的"唐世"，必然是"焕乎其有文章"；功高业鸿的"周代"，必然是"郁郁乎文哉"。因此孔子"远称唐世，则焕乎始盛；近褒周代，则郁哉可从：此政化贵文之征也"（《征圣》）。政化如此，事迹、修身亦如此，无不以一定的审美形式显示着尽善尽美的内在素质。这就证明了，如果某一事物的内容和本质是美的，那么它的形式和表现也一定会是美的；反过来说也一样，如果某一事物的形式和表现不美，那么只能说明它的内容和本质也并不美好。

刘勰正是这样，从内容与形式相统一的原理出发，论证了文学作品必须是一个审美的形式结构的美学原则，即：文学作为"五情发而为辞章"的"情文"，是"情性"表现出来的"文采"。"情"与"采"对立统一，相辅相成，缺一不可，互为依据。但在刘勰这里，"情性"外化为"文采"，必须通过"言辞"这一中介，即"心生而言立，言立而文明"。"心"（情性）是本源，"文"（文采）是结果，"言"（辞令）则是从前者到后者的中间环节，是表现和传达"情性"的物质手段。对于"言"这个概念，似可作比较宽泛的理解：对于文学，它是言辞和文字；对于音乐，它是乐音与节奏；对于舞蹈，它是人体与动作；对于造型艺术，它是色彩与线条。

"言"的内涵虽然宽泛，但对其进行文饰即艺术加工，使之成为艺术语言——"文言"，则是其共同规律。《征圣》篇说："言以足志，文以足言"；《情采》篇说："文采所以饰言"；《总术》篇说："易之文言，岂非言文"；《原道》篇更说："言之文也，天地之心哉"，都是强调了对"言"进行文饰、使之成为"文言"的必要性。艺术品就是由这样一些"文言"构成的审美的形式结构。"声成文，谓之音"，那节奏化、旋律化、规范化的乐音便是乐曲的"文言"；"干戚羽旄""发扬蹈厉"，那节奏化、线条化、程式化的动作便是舞蹈的"文言"。《礼记·乐记》说："故歌之为言也，长言之也。说（悦）之故言之，言之不足故长言之，长言之不足故嗟叹之，嗟叹之不足故不知手之舞之足之蹈之也。"这里的"长言"即"文言"，之所以必须"长言"，是因为"言之不足"，自然语言已不足以表达情感，非得借助艺术语言（长言）不可。这是一个相当古老的观念，同时也是刘勰的观点。也就是说，在刘勰看来，所谓文学，所谓艺术，本质上都是人的"情性"的表现和传达，而这种表现和传达又是借助外物，尤其是借助对于外物的加工和装饰来实现的，因此文艺是一种"文"或"采"，即是一种审美的形式结构。

〖五〗

从以上分析我们可以看出，在刘勰这里，文学的表现论和反映论、实用论和审美论，都并不对立而反倒相辅相成。它们都统一于文学的本体论。从文学的本体论出发，我们可以这样来概括刘勰关于文学特质的规定：

第一，世界的本体是"道"，包括文学在内的一切现象归根结蒂都是"道"的自然显现，因此文学是"道之文"："鼓天下之动者存乎辞。辞之所以能鼓天下者，乃道之文也。"（《原道》）

第二，"道"并不直接显示自己，它的文采是通过一定的中介物显现出来的；文学则是道通过人这个中介的显现，因此文学是"人文"："人文之元，肇自太极，幽赞神明，《易》象唯先。庖牺画其始，仲尼翼其终，而乾坤两位，独制《文言》，

言之文也，天地之心哉。"（《原道》）

第三，"人文"有政化之文、事迹之文、修身之文等，文学则是"情性之文"，即"情性"通过艺术语言（文言）的自然流露与表现，因此文学是"情文"："情动而言形，理发而文见"（《体性》），"五情发而为辞章"（《情采》）。

第四，文学所表现的"情"是外部客观事物所引起的："情以物兴"（《诠赋》），因此文学必然反映着自然的阴阳交替、社会的兴衰治乱，为社会生活的发展变化所制约、所决定："文变染乎世情，兴废系乎时序。"（《时序》）

第五，文学一方面通过对作者心灵（情性）的表现，反映着外部世界，另一方面又通过对读者心灵（情性）的影响，参与到社会生活中来："持人情性"（《明诗》），因此文学有一定的实用性："唯文章之用，实经典枝条，五礼资之以成，六典因之致用，君臣所以炳焕，军国所以昭明。"（《序志》）

第六，文学的上述功利目的和实用价值，只有在对读者产生了审美作用时才能实现，因此文学必然是审美的："古来文章，以雕缛成体"（《序志》），"圣贤书辞，总称文章，非采而何"（《情采》）。

第七，文学以其审美的形式传达着符合"道心"的深刻的社会政治伦理道德内容，因此文学创作必须"原道"，即"原道心以敷章，研神理而设教"，"写天地之辉光，晓生民之耳目"（《原道》），而这又不过只是道自身的显现罢了："道沿圣以垂文，圣因文而明道。……辞之所以能鼓天下者，乃道之文也。"（《原道》）

很显然，从"道"出发又回到"道"，刘勰构造了一个完整的、有着明显逻辑线索和逻辑序列的艺术哲学体系。不论这一体系正确与否，刘勰在美学史上的地位，却因此无可否定了。

ANNOTATION
注释

1.《左传·襄公二十五年》。

中篇
神理之数

———

创作规律论

故立文之道，其理有三：……三曰情文，五性是也。……五情发而为辞章，神理之数也。——《情采》

第四章
神思之理

〖一〗

从"原道"本体论出发，刘勰征圣宗经、正纬辨骚，确立了"文之枢纽"之后，又论文叙笔、释名敷理，详尽地论述了在他看来是由"五经"发展而来的各类文体，于是"上篇以上，纲领明矣"。纲领既明，则毛目必张，因此，《文心雕龙》下篇，便进入文学的创作论、风格论、作家论和批评论领域。《序志》篇这样概括：

至于剖情析采，笼圈条贯，摛神性，图风势，苞会通，阅声字，崇替于时序，褒贬于才略，怊怅于知音，耿介于程器，长怀序志，以驭群篇，下篇以下，毛目显矣。位理定名，彰乎大易之数，其为文用，四十九篇而已。

根据《序志》篇的这一概说，我们可以看出，《文心雕龙》下篇，除《序志》外，其余二十四篇主要包括两大类内容，一是关于文学创作过程自身的，凡十九篇；二是关于文学活动中主体（包括创作主体与欣赏主体）和客体（包括社会存在与文学作品）关系的，其具体内容可作如下大体上的把握：

（一）关于文学创作过程自身：

（1）"剖情析采"的创作理论：

《神思》（形象思维）

《体性》（艺术表现）

《风骨》（内在精神素质）

《定势》（外在审美趣味）

《通变》（继承与革新）

《情采》（内容与形式）

（2）"笼圈条贯"的写作理论

  A 写作通论

《熔裁》（写作前的总体规划）

《养气》（写作中的心理状态）

《附会》（附词会义）

《章句》（安章宅句）

《事类》（据事类义）

《隐秀》（隐意秀句）

《指瑕》（避免谬误）

《总术》（掌握法则）

  B 修辞理论

《声律》（音韵）

《丽辞》（对仗）

《比兴》（比喻）

《夸饰》（夸张）

《练字》（用字）

（二）关于文学活动中的主客关系

（1）创作主体与客体

《时序》（作家与社会政治）

《物色》（作家与自然景物）

《程器》（作家与道德修养）

《才略》（作家与文学作品）

（2） 欣赏主体与客体

《知音》（欣赏者与文学作品）

必须指出，上述分类只是一种大体上的粗略的把握，各篇章之后的简单说明既无法概括全篇内容，它们的归类也难以做到十分准确。例如《比兴》，就绝不仅仅是一种修辞问题，其中谈到的"兴之托喻，婉而成章，称名也小，取类也大"，牵涉到文学内容必须具有社会伦理普遍意义、以保证文学的社会功利性这样一个重要的美学原则问题，我们前面已有论述。又如《夸饰》篇谈到"意深褒赞，故义成矫饰"，也实际牵涉到在情感逻辑的支配下反丑为美这样一个艺术真实与生活真实的关系的重要美学问题，我们后面将要论及。但刘勰把它们排在《丽辞》之后，《练字》之前，看来只能归于"阅声字"的修辞理论一类。又如《隐秀》《养气》两篇，前者实际上提出了以"自然"为美的审美理想，直接体现着"自然之道"的思想原则；后者实际上提出了"率志委和"的创作规律，直接呼应着《情采》篇之所谓"神理之数"。两篇似都应该归于创作理论，但刘勰把它们排在《事类》《练字》之后，《附会》《总术》之前，中间还杂以《指瑕》，似乎也并未视为"剖情析采"之类。因此，我们只能依照刘勰所排次序，按《序志》篇的概说，作上述大体粗略的分类，意在说明：《文心》一书的结构，是有着严密的内在逻辑线索和逻辑序列的。

即便作为"剖情析采"的创作理论的六篇也是如此。首先是"摘神性"，即分别论述文学创作中两个最基本的问题：形象思维与艺术表现。因为"属文之道，事出神思"，故以《神思》发端；但"神用象通"，毕竟是"情变所孕"，故以《体性》承之。《体性》篇已提出"因内而符外"的命题，所以"摘神性"之后必然是"图风势"，即分别论述文学作品的内在精神力量（风骨）和外在审美风格（体势）。然而，"情致异区，文变殊术"，势无一定而关乎"通变"，所以《定势》之前须插入《通变》，论述文学审美形式和艺术风格的继承（通）与创新（变）。晓"通变之术"，然后方可"定势"。定势者，"因利骋节，情采自凝"者也。因此，《定势》之后，必然紧接《情采》，论述文学作品内容（情）与形式（采）的关系，并以此总结创作论。

正是在经历了这样一个逻辑过程之后，刘勰在《情采》篇提出：

故立文之道，其理有三：一曰形文，五色是也；二曰声文，五音是也；三曰情文，五性是也。五色杂而成黼黻，五音比而成韶夏，五情发而为辞章，神理之数也。

很显然，这里的"神理之数"，正是"自然之道"在创作论中的体现。也就是说，正因为文学的发生遵循着"心生而言立，言立而文明"的"自然之道"，所以文学的创作规律也就必然是"五情发而为辞章"的"神理之数"；而在我们看来，它又主要包括三个方面的内容，即我们在下面即将要论述到的"神思之理"和"性情之数"。

〖二〗

首先是"神思之理"。

按"神思"一词，并非刘勰首创。孙吴华核《乞赦楼玄疏》即有"宜得闲静，以展神思"之说；曹魏陈思王曹植《宝刀赋》更称，工匠"据神思而造象"；稍后于刘勰的南梁萧子显《南齐书·文学传论》也说："属文之道，事出神思，感召无象，变化不穷。俱五声之音响，而出言异句；等万物之情状，而下笔殊形。"可见在魏晋南北朝时期，"神思"已是一个引起了普遍注意的文艺创作活动中的心理现象，因而论创作，不可不论"神思"。刘勰虽未明言"属文之道，事出神思"，但他以《神思》为下篇第一章，其对"神思"问题之重视，已在不言而喻之中。

那么？什么是"神思"？

刘勰自己是这样解释的：

古人云：形在江海之上，心存魏阙之下，神思之谓也。文之思也，其神远矣！故寂然凝虑，思接千载；悄焉动容，视通万里。吟咏之间，吐纳珠玉之声；眉睫之前，卷舒风云之色；其思理之致乎。

从刘勰的这一解释可以看出,第一,"神思"不是感知,而是一种与不在眼前即并非直接刺激感官的"事物"打交道的心理活动,这就是所谓"形在江海之上,心存魏阙之下"。因此,第二,它有一种突破直接经验的功能,使主体处于超越时空的自由状态之中,这就是所谓"寂然凝虑,思接千载;悄焉动容,视通万里"。第三,它又不是推理。也就是说,这种心理活动的材料不是概念,而是有声(珠玉之声)有色(风云之色)的"意象"。在这种心理活动中,主体暂时超脱了客观世界直接经验和理性世界思维模式的束缚("夫神思方运,万涂竞萌,规矩虚位,刻镂无形"),以其超越时空的高度自由,翱翔于意象世界之中,"登山则情满于山,观海则意溢于海,我才之多少,将与风云而并驱矣"。很显然,刘勰的所谓"神思",也就是我们今天所谓"形象思维"或"艺术想象"。

刘勰认为,文学创作首先就是这样一种形象思维或艺术想象活动。当然,文学作为"五情发而为辞章"的"情文",是以运用语言媒介来表现、传达"情性"为特质的。但是,"言授于意"而"意授于思",即首先是运用"神思"构成"意象",然后才是运用"辞令"再现"意象"。"情性"的传达为什么必须通过"意象"这个中介,我们下面还要讲到。总之是,当论及文学的特质时,刘勰注重的是"情性";而当论及文学的创作时,刘勰注重的则是"神思"。

这就将中国美学中的文艺创作论大大向前推进了一步。我们知道,中国古代美学对艺术创作活动的描述,历来有注重主体心理活动的传统。不过,以"诗言志"为代表的传统表现理论,首先注意到的还是审美情感的发生和表现,即如《礼记·乐记》谈到的"凡音之起,由人心生也。人心之动,物使之然也""情动于中,故形于声,声成文,谓之音"之类。曹丕《典论·论文》为这种传统的表现理论增加了一个重要内容:气质。他提出:"文以气为主,气之清浊有体,不可力强而致。譬诸音乐,曲度虽均,节奏同检,至于引气不齐,巧拙有素,虽在父兄,不能以移子弟。"到了陆机写作《文赋》,才开始注意到文学创作的想象特征,指出作家艺术构思的心理特点是"精骛八极,心游万仞""观古今于须臾,抚四海于一瞬"。但是陆机论想象,还带有经验描述的性质。只有到了刘勰这里,艺术想象这种心理活动,才正式被命名为"神思";而它的规律,也才可能被揭示出来。

〖三〗

刘勰这样揭示艺术想象的心理规律。在《神思》篇，他说：

故思理为妙，神与物游。神居胸臆，而志气统其关键；物沿耳目，而辞令管其枢机。枢机方通，则物无隐貌；关键将塞，则神有遁心。是以陶钧文思，贵在虚静，疏瀹五脏，澡雪精神。积学以储宝，酌理以富才，研阅以穷照，驯致以怿辞，然后使玄解之宰，寻声律而定墨；独照之匠，窥意象而运斤：此盖驭文之首术，谋篇之大端。

所谓"思理"，亦即神思之理，也就是艺术想象的心理规律。所谓"思理为妙，神与物游"，是指出艺术想象是一种人的内心世界中的表象运动。唯其是一种表象的运动，才能"思接千载"，"视通万里"；才能"吐纳珠玉之声"，"卷舒风云之色"；也才能"登山则情满于山，观海则意溢于海"，以至于"万涂竞萌"，意象丛生。然而刘勰接下来又说："是以陶钧文思，贵在虚静"，也就是说：正因为（是以）艺术想象是一种表象的运动，所以在进行艺术想象时，艺术家的内在世界必须保持一种"虚静"的心理状态。虚则虚空，静则静止，虚空则何来表象？静止则何从运动？以虚静为神思之规律，是不是有些奇怪呢？

看来必须首先解决何谓"神思"。从《神思》篇看，神思是一种合乎规律的思维，故称"神理为妙"，并屡称"文之思也""意授于思""思表纤旨"云云。但是，神思又非一般思维，而是一种能够突破直接经验、超越时间空间的"神思"。"神"也者，《易·系辞》所谓"阴阳不测之谓神"和《易·说卦》所谓"妙万物而为言者也"。唯其"阴阳不测"且又能"妙万物而为言"，才能超越时空、打破局限，感受直接经验所不能感受者，创造日常活动所不能创造者。艺术想象的这种自由创造特征，非以"神"而无以名之。

很显然，"神思"之"神"不是宗教神学意义上的人格神，而是哲学心理学意义上的神秘性。"形在江海之上"怎么可以"心存魏阙之下"呢？"寂然凝虑""悄焉动容"，怎么就能"思接千载""视通万里"呢？在古人看来，这是很神秘的；而且，这种神秘性很可能与"道"的神秘性有关。《易·系辞》说"一阴一阳之谓道"，又说"阴阳不测之谓神"，所以韩康伯注云："神也者，变化之极，'妙万物而为言'，不可以形诘者也。"我们知道，在艺术想象活动中，表象的运动（包括表象的呈现、再造、转换、组合），其速度都非常之快，而且自始至终都处于一种流动状态，往往非常迅速地从对象的这一部分转移到另一部分，从这一表象转换到另一表象，较之感官直接面对的外部客观世界，要不稳定得多。李白的《行路难》曾非常生动地描述了表象运动的这种不稳定性："欲渡黄河冰塞川，将登太行雪满山，闲来垂钓碧溪上，忽复乘舟梦日边"；刘勰自己也说，在艺术想象活动中，"神思方运，万涂竞萌"。在生理学和心理学水平都十分低下的时代，古人无法解释想象活动的这种心理特征，便只有称之为"神"，并归之于"阴阳之道"的"变化之极"。这样，神思的功能便只有来源于对"道"的把握和观照。《易·系辞》说："知几其神乎"，"几"即事物变化之微；要"知几"，非"虚静"不可。范文澜先生《文心雕龙注》有这样一段说明：

《易·系辞下》："精义入神，以致用也。"韩康伯注曰："精义，物理之微者也。神寂然不动，感而遂通，故能乘天下之微，会而通其用也。"《正义》曰："精义入神以致用者，言先静而后动。圣人用精粹微妙之义，入于神化，寂然不动，乃能致其所用。精义入神，是先静也；以致用，是后动也；是动因静而来也。"彦和"陶钧文思，贵在虚静"之说本此。

这就很清楚地揭示了刘勰"虚静"说的思想来源——玄学化的《周易》哲学。按照这种哲学，世界的本体是虚静的，本体派生万物的过程，是先静而后动，化静而为动；因此学者体察"物理之微者"，也应先静而后动，化静而为动。人的"心神"与"本体"同归于虚静，"寂然不动，感而遂通"，即以一种虚静观照的特殊心理状态，通过对"道"的神秘感应或心领神会，来沟通此岸与彼岸、心理与物理。刘勰认为艺术想象的规律与这种对"道"的领悟规律相同，故称"寂然凝虑""悄焉动容"，即以虚静默想的心理活动，来摄取物象，与物交游。因为只有这样，才能知几察微，打破现实界的感官局限，收到超越时空的"不测"之神功。对于艺术想象规律的这种解释，当然是不科学的，但以古人的认识水平，也只能这样解释了。好在这是一个幸运的错误，即艺术想象作为一种不依赖当前感官直接经验的心理活动，确乎有一种"虚""静"的特点。它不直接诉诸感知（即只以过去感知的表象经验为材料），因此"虚"；它也不必诉诸行为，因此"静"。所以对于感知和行为而言，它的确是"虚静"的。刘勰对艺术想象规律的探索，虽不免于神秘性，但他对想象活动的描述，倒还不失于准确。

为此，刘勰提出了"疏瀹五脏，澡雪精神"的要求。所谓"疏瀹五脏，澡雪精神"，是说在进行艺术想象时，作家应保持一种心气平和、宁静清新的生理和心理状态。刘勰在《养气》篇谈到心理与生理的关系，说："夫耳目鼻口，生之役也；心虑言辞，神之用也。率志委和，则理融而情畅；钻砺过分，则神疲而气衰：此性情之数也。"这里的"性情之数"，既是心理规律，又是生理规律，同时还是艺术表现规律。关于后一点，我们下面还要谈到。总之，刘勰的《养气》篇，正是上承《神思》"虚静"说而发。在他看来，艺术想象作为一种心理活动，是建立在一定的生理基础之上的。"心虑言辞，神之用也"，要想运用"心虑言辞"展开想象，做到"吟咏之间，吐纳珠玉之声；眉睫之前，卷舒风云之色"，就必须"养神"；而"养神"则必须"养气"，因为"气"是"神"的生理基础，"神疲"者必"气衰"，"气衰者虑密以伤神"。按《文心雕龙》一书中之"气"，有血气，有志气（意气），有文气。志气也好，文气也好，都以血气为基础。《体性》篇说："才力居中，肇自血气，气以实志（志气），志以定言（文气），吐纳英华，莫非情性。"正因为"吐纳英华，莫非情性"，所以"钻砺过分，则神疲而气衰"。总之，神思作为一种以虚静状态展开表象运动的心理活动，需要人在生理和心理两方面的全力支持，而集生理心理于一体的便是"气"；而"气"之中作为基础的又是"血气"。"血气"在《养气》篇又称"素气"，是人的自然生理素质或天赋生理条件。曹丕《典论·论文》即称"气之清浊有体，不可力强而致"，"虽在父兄，不能以移子弟"。这是因为，在中国古代思想家看来，人乃气之所形。《庄子·知北游》称"人之生，气之聚也"；《黄帝素问·阴阳应象大论》称"气生形";王充《论衡·无形》称"人禀气于天,气成而形立"。刘勰认为人"为五行之秀,实天地之心"(《原道》),他的人类学水平,超不出上述旧说,因此也毫无例外地把"血气""素气"看作是人的生理基础和天赋条件,当然也是"神思"的生理基础和天赋条件。不过曹丕侧重于强调"气""虽在父兄,不能以移子弟"的天赋特征,刘勰则更侧重于强调"气"作为一种生理条件必须加以养护的道理,提出"玄神宜宝,素气资养"的要求。"玄神"即"元神",乃素气精华之凝于心者,刘勰称之为"神居胸臆"。"心虑言辞"乃神之用;"素气""血气"则为神之本。一旦精气耗损,则神将不神。"故宜从容率情,优柔适会。若销铄精胆,蹙迫和气,秉牍以驱龄,洒翰以伐性,岂圣贤之素心,会文之直理哉!"(《养气》)

很显然,建立在"养气"基础之上的神思之神,是心气平和之神。"是以吐纳文艺,务在节宣,清和其心,调畅其气"(《养气》),即保持血气的旺盛、心气的平和,才能集虚待实,以静待动。这也就是《庄子·达生》所谓"用志不分,乃凝于神"之意。《庄子·养生主》谓"以神遇而不以目视,官知止而神欲行",正是指以一种特殊的心理力量超越客观现实物象的束缚,达到一种自由的境界。这与刘勰所论神思之神的特征,正相一致。这种特殊心理力量的获得,便正是"用志不分"的结果。所以刘勰说"寂然凝虑"。"寂然"即"虚静","凝虑"即"用志不分,乃凝于神"。"用志不分",才可能"虚静";同样的,只有内心"虚静",心气平和,才可能"用志不分"。这就叫"水停以鉴,火静而朗"(《养气》)。这种"用志不分"的"虚静"态度是艺术构思的必要条件,因为"神居胸臆,而志气统其关键";如果"关键将塞",也就是不能做到"用志不分","则神有遁心"。但要做到创作时"用志不分",则必须在平时加强修养。刘勰认为,写作应该"从容率情,优柔适会","意得则舒怀以命笔,理伏则投笔以卷怀"(《养气》)。也就是说,写不出来的时候不要硬写,倒不如"逍遥以针劳,谈笑以药倦",但平时,却要"常弄闲于才锋,贾余于文勇,使刃发如新,凑理无滞"(《养气》)。也就是"积学以储宝,酌理以富才,研阅以穷照,驯致以怿辞"(《神思》)。因为艺术修养太低又要勉强进行创作的人,是很难做到"从容率情,优柔适会"的。正如刘勰在《养气》篇所指出的:"若夫器分有限,智用无涯,或慙凫企鹤,沥辞镌思,于是精气内销,有似尾闾之波,神志外伤,同乎牛山之木;怛惕之盛疾,亦可推矣。"所以刘勰认为,作家既要"博见",又要"贯一","博见为馈贫之粮,贯一为拯乱之药"(《神思》)。博见也好,贯一也好,都是为了"用志不分,乃凝于神"。

这就是"神思"之"神"。它是阴阳不测之神,是精气凝聚之神,是用志不分之神。"文之思也,其神远矣",是阴阳不测之神;"神居胸臆,而志气统其关键",是精气凝聚之神;而"神用象通",则应该是用志不分之神。用志不分是神思的前提,阴阳不测是神思的效应,精气之所凝聚才是"神"的本质。从"神居胸臆""神有遁心""神之用也""神疲而气衰"以及"玄神宜宝,素气资养"等说法看,刘勰确实是把"神"作为一个精神实体来看待的,因此才有所谓"神与物游"的说法。那么,所谓"神与物游",本质上又是什么意思呢?

〖四〗

我们认为,所谓"思理为妙,神与物游",实质上牵涉到审美活动中的主客体关系。

诚然,刘勰说得很清楚,所谓"吟咏之间,吐纳珠玉之声;眉睫之前,卷舒风云之色",乃是"思理之致"。也就是说,艺术想象所创造的审美意象,不是客观世界本身,而是并非实有的观念的东西。但是,观念的"象"却来源于现实的"物",而神思的"思理为妙",妙就妙在能够把现实的"物"转化为观念的"象",从而把现实界和想象界沟通起来。所以在"思理为妙,神与物游"之后,刘勰紧接着就说,"神居胸臆,而志气统其关键;物沿耳目,而辞令管其枢机"。很显然,所谓"神与物游",就是居于"胸臆"的、作为一种精神实体的"神",与外于"胸臆"的、必须靠耳目感知、辞令把握的客观现实的"物"发生审美关系,从而创造审美意象的过程。关于这一点,黄侃先生《文心雕龙札记》说得很清楚:

此（指"思理为妙，神与物游"——引者注）言内心与外境相接也。内心与外境，非能一往相符会，当其窒塞，则耳目之近，神有不周；及其怡怿，则八极之外，理无不浹。然则以心求境，境足以役心；取境赴心，心难于照境。必令心境相得，见相交融，斯则成连所以移情，庖丁所以满志也。

这里所谓"内心与外境相接"，即主体（神）与客体（物）发生审美关系。但并非在任何情况下，主体都能与客体发生审美的关系，即所谓"内心与外境，非能一往相符会"。审美关系的发生和审美意象的创造，在主体方面，有三个条件：首先是主体必须有一种"虚静"的审美态度，内心虚静，志气通畅，才能感知物态而心生"怡怿"。怡怿，即《定势》篇所谓"悦泽"，相当于今之所谓"审美愉快"。审美愉快来自以虚静态度所进行的审美观照，所以刘勰说："四序纷回，而入兴贵闲；物色虽繁，而析辞尚简。"（《物色》）"入兴贵闲"是第一个条件，即虚静的审美态度；"析辞尚简"是第二个条件，即准确的形式把握。刘勰认为，文学家对自然界的审美观照，是以"辞令"即文学语言来把握对象的审美形式，这就叫"物沿耳目，而辞令管其枢机"，"枢机方通，则物无隐貌"。但"物色"（即对象的外观形式）是繁复、杂多的，怎样才能做到"物无隐貌"呢？刘勰认为关键在于抓住"要害"。他指出，"诗骚所标，并据要害"，"故灼灼状桃花之鲜，依依尽杨柳之貌，杲杲为出日之容，瀌瀌拟雨雪之状，喈喈逐黄鸟之声，喓喓学草虫之韵。皎日嘒星，一言穷理；参差沃若，两字连形：并以少总多，情貌无遗矣"。在刘勰看来，正因为《诗》《骚》的作者，准确地把握了对象审美形式的主要特征，所以在再现物象时，虽不过"一言""两字"，但却"以少总多"而"情貌无遗"，所以"虽复思经千载，将何易夺"（《物色》）。这就是所谓"入兴贵闲"而"析辞尚简"，而且在刘勰那里，这两个条件又是完全统一的。因为"入兴贵闲"，是要以虚静的审美态度面对纷繁复杂的大千世界，力求在这观照活动中知几察微，把握对象的精义所在，自然也就析辞尚简，勿务繁杂；同样的，只有"析辞尚简"，才能保证审美态度的虚静，因为"丽淫而繁句"，势必"钻砺过分""牵课才外"，以至于"神疲而气衰"。但更为重要的还是第三个条件，即"必会心相得，见相交融"，也就是既不能单方面地被动地接受客体的刺激（以心求境），又不能单方面地强迫客观符合主观（取境赴心），而应该主客默契、心物交融，"目既往还，心亦吐纳"（《物色》），使主体与客体、情感与对象、神与物、心与境融为一体，同一无间，才能"以神遇而不以目视"，真正做到"神与物游"，真正获得审美愉快，"斯则成连所以移情，庖丁所以满志也"。很显然，这是一种移情活动。

移情，是中国古代艺术家和美学家对待自然的固有态度。中国古代没有系统、明确的移情理论，然而移情却早已作为一种不必言说的原则，渗透在中国人的审美意识之中，甚至升华为一种"天人合一"的哲学观念。所谓"天人合一"，也就是人与自然的同一。中国古代许多思想家都肯定这种同一性，不同程度地主张天人合一或天人相应。在《周易》哲学那里，在庄子哲学那里，在后来的禅宗哲学那里，都处处可见这种实质上是移情的自然观，儒家则更是把"天人合一"的自然观用于他们的伦理哲学。从《礼记·乐记》的"大乐与天地同和，大礼与天地同节"，到董仲舒的"天人感应""同类相动"，再到刘勰的《原道》篇，一以贯之的便是这样一种哲学观念：天道即人道，神理即伦理。天（自然）的阴阳、刚柔、动静，对应着人（社会）的尊卑、贵贱、治乱，即如《易·乾文言》所称："夫大人者，与天地合其德，与日月合其明，与四时合其序，与鬼神合其吉凶，先天而天弗违，后天而奉天时。"既然天与人之间天然地有一种对应关系，那么，地理的东南西北也就必然影响到乐理的变化推移，物理的冷暖枯荣也就必然能引起心理的情感波动。所以刘勰说：

是以献岁发春，悦豫之情畅；滔滔孟夏，郁陶之心凝；天高气清，阴沈之志远；霰雪无垠，矜肃之虑深。岁有其物，物有其容，情以物迁，辞以情发。（《物色》）

至于涂山歌于候人，始为南音；有娀谣于飞燕，始为北声；夏甲叹于东阳，东音以发；殷整思于西河，西音以兴，音声推移，亦不一概矣。（《乐府》）

在这里，情感意绪既因时而别，艺术风貌也因地而异，空间方位对应着时间节奏，东南西北配合着春夏秋冬，它们共同表现了一种生命的节奏。

这个生命的节奏就是"气"。"气"一阴一阳，一开一阖，展开为时间、空间，也展开为生命、秩序，还展开为节律、文采。正因为人与自然的生命节奏都是气，所以"文以气为主"，而文论家多"重气"（《风骨》）；也正因为人与自然的生命节奏都是气，所以主体在审美的观照中就应该虚静，"清和其心，调畅其气"，才能体察天地自然的生命节奏，从而与天地同节，与天地同和。当然，也只有这样，才合于"自然之道"，因为"自然之道"中的一个重要内容，就是"人禀七情，应物斯感"（《明诗》）。为什么"人禀七情"，一旦受到外物刺激，就一定会产生情感反应，即能"应"能"感"呢？还不是因为"天人合一"，人与自然之间本来就存在着某种情感对应关系吗？

很显然，与人的情感存在着某种对应关系的自然，亦即有着和人一样的生命节奏的自然，只可能是一个与人心心相印、息息相通的感性世界，而绝非西方人心目中那个与人对立、供人作科学观察或冷静模仿的无意识无情感的物质自然，那样一种冷冰冰的、疏远化的自然，是我们中国人的心理所不能接受的。中国人以一种不自觉的移情态度看待自然，把它看作是和自己一样有意志、有情感，甚至有伦理道德的生命体，当然也就不难在那里找到与自己的内在情感"同构对应"的某种形式。这种与诗人内心情感状态"同构对应"的外在形式，就是刘勰所谓"要害"。当艺术家把握住"要害"，也就是把握住内心情感与对象形式的"同构关系"时，就能引起审美愉快（怡怿），而他的作品也就虽"一言""两字"却"情貌无遗"。所以"依依"二字，既能写杨柳之状，又能抒惜别之情；"习习"二字，既能摹谷风之盛，又能状盛怒之心。《诗》《骚》之中，那些名篇秀句，"虽复思经千载，将何易夺"的秘密，也许就在这里吧？

正因为艺术家在审美观照中，不是单方面地被动地接受外物的刺激，而是在观照对象的同时，主动地借助内心情感与对象形式之间的"同构关系"，将自己的情感意绪对象化，所以刘勰认为，在上述活动中，不但"情以物兴"，而且"物以情观"（《诠赋》）。也就是说，审美感受是"感应"而不是"反应"。"反应"是单方面的被动接受，只包括"情以物兴"一个方面；"感应"则是心物交融，主客默契，天人合一，既因物兴情，又以情观物，即以一种先于感受的心理格局和心理定势去主动地感受和体验，在这样一种移情的心理活动中感知对象的审美形式，并同时将主体的内心情感赋予对象。这就叫"人禀七情，应物斯感"（《明诗》），这就叫"物以貌求，心以理应"（《神思》），这就叫"情往似赠，兴来如答"（《物色》），这也就是"情以物兴"和"物以情观"。在这样一个有着反馈功能的移情活动中，一方面，"情"对象化了，不再是个人主观的情绪自身；另一方面，"物"也情感化了，不再是自在的外物自身。"情"与"物"同构对应，融为一体，便构成所谓"意象"。"意象"作为心物交融、情景合一的结晶，正是"神与物游"的产物。因此，所谓"神与物游"，便正是艺术家在审美观照的移情活动中，借助内心情感与对象形式的"同构对应"关系，并运用想象的能力，将"物"（表象）与"情"（情感）结合为"意象"的形象思维过程。

那么，什么是"意象"？

〖五〗

"意象"是《神思》篇提出的一个重要概念。"意象"又称"兴象"，刘勰有时称为"比兴"，是前述形象思维和审美观照中"神与物游"的产物。意象的创造为什么又可以称为"萌芽比兴"（《神思》）？要回答这个问题，必须先来讨论一下"比兴"的含义。

"比兴"本是中国古代诗歌创作的两种艺术手法。《文心雕龙·比兴》篇称：

比者，附也；兴者，起也。附理者切类以指事，起情者依微以拟议。起情故兴体以立，附理故比例以生。比则蓄愤以斥言，兴则环譬以托讽。盖随时之义不一，故诗人之志有二也。

观夫兴之托谕，婉而成章，称名也小，取类也大。关雎有别，故后妃方德；尸鸠贞一，故夫人象义。义取其贞，无从于夷禽；德贵其别，不嫌于鸷鸟：明而未融，故发注而后见也。且何谓为比？盖写物以附意，扬言以切事者也。故金锡以喻明德，珪璋以譬秀民，螟蛉以类教诲，蜩螗以写号呼，浣衣以拟心忧，席卷以方志固，凡斯切象，皆比义也。

从上述引文可以看出，"比"与"兴"有一共同特质，即它们都是"有意义的形象"。如"关雎"的意义是"后妃之德"，"尸鸠"的意义是"夫人之贞"，"螟蛉"的意义是"教诲"，"蜩螗"的意义是"号呼"。即便是"麻衣如雪，两骖如舞"之类，也是以具体的形象（雪、舞）来标示抽象的意义（麻衣之色、两骖之姿）。所以，"比"也好，"兴"也好，都是"有意义的形象"，亦即"意象"。所不同的，仅仅在于"比体"之中，意义明确，形象与意义（即比体与喻体）之间存在着某种能够引起类比联想的相似之处，因此读者可以直接从形象联想到它所比喻的意义，而无须解释与说明。"兴体"则不同，它是用形象象征着某种具有社会普遍性的伦理意义，谓之"称名也小，取类也大"，因此较之"比体"，意义更大，格调也更高。但也正因为在"兴体"中，"称名也小"的形象与"取类也大"的意义极不平衡，前者仅仅只是后者的象征，因此意义的表达也就更委婉（婉而成章）、更含蓄（明而未融），只有通过注释才能理解、领悟（发注而后见）。所以，"比则蓄愤以斥言"，语气直白，含义明显；"兴则环譬以托讽"，语气委婉，含义隐晦。之所以要分别运用这两种会产生不同情感效果的手法，"盖随时之义不一，故诗人之志有二也"。但是，"切类以指事"（比）也好，"依微以拟议"（兴）也好，都是创造一种"有意义的形象"，因此，它们都是"立象以尽意"。

"立象以尽意"，是中国艺术乃至中国美学和中国哲学的传统表现手法。中国哲学和中国美学历来认为"言不尽意"，也就是说，概念性语言因其自身意义的确定性，只能标示某种确定的内容，而无法穷尽一切意义，尤其无法穷尽和表达某种只可意会不可言传的精神内容。在哲学领域，这种精神内容就是"形而上"之"道"；在艺术领域，则是人们内心深处极其隐秘或者十分朦胧的情感、意绪、心境、感受。在日常生活中，我们常说"百感交集，难以言表""激动得难以形容"，正是指情感表现的"言不尽意"。"剪不断，理还乱，是离愁，别是一番滋味在心头"，究竟是一番什么滋味呢？我们只能说"说不出是一股什么滋味""真是无法形容"等等。所以"言不尽意"是一种相当普遍的正常的心理状态。然而任何精神内容如果不借助一定的物质媒介，就无法在人与人之间普遍传达；因此，我们古人提出"立象尽意"的命题，以解决"言不尽意"的困难。《易·系辞上》说：

子曰：书不尽言，言不尽意。然则，圣人之意，其不可见乎？子曰：圣人立象以尽意，设卦以尽情伪，系辞焉以尽其言，变而通之以尽利，鼓之舞之以尽神。

很显然，"立象尽意"，是因为"言不尽意"。因此，以"象"代"言"，也就是用感性形象代替概念语言，来象征、暗示、表现某种具有普遍意义而又难以言说的精神内容。这就是"意象"的结构："意"抽象、深远、幽微，"象"具体、切近、显露，"意"与"象"融为一体，因此其特征也就如《易·系辞下》所言，是"其称名也小，其取类也大，其旨远，其辞文，其言曲而中，其事肆而隐"，而这也正是"兴"的特征。"意象"又称"兴象"，大概原因正在于此吧！

这就很清楚了：中国美学的"意象"造型观，正是"立象尽意"的哲学方法论在艺术中的体现，只不过在艺术体系中，"意象"的普遍性，主要还是情感传达的普遍性，即艺术家为了表现、传达内心深处某种情感意绪，借助艺术形象以为媒介，以物传情，以象尽意。因此，"意象"的创造，也就是情感化形象的塑造；而所谓"萌芽比兴"的形象思维，也就是形象的情感化过程。情感的形象化和形象的情感化是同一过程的两个方面，它们共同的规律便是"人禀七情，应物斯感，感物吟志，莫非自然"的"自然之道"。

首先是"情以物兴"。真正的艺术家总是首先被生活中的某种事物所触动、所感发，以至于情感勃兴，不能自已，然后才产生创作冲动的。正如《物色》篇所指出：

春秋代序，阴阳惨舒，物色之动，心亦摇焉。盖阳气萌而玄驹步，阴律凝而丹鸟羞，微虫犹或入感，四时之动物深矣。若夫珪璋挺其惠心，英华秀其清气，物色相召,人谁获安?……一叶且或迎意,虫声有足引心,况清风与明月同夜,白日与春林共朝哉!

在这里,"物色相召,人谁获安"这八个字,形象生动地道出了艺术家处于创作冲动阶段的心理状态。"情以物迁,辞以情发",他迫切地要求借助语言媒介把自己的心情表达出来。然而,"言不尽意",故须"立象尽意";而情感既然因外物而兴起,那么最好的办法,便莫过于再借助这一外物的形式、表象而发抒出去。好在言虽不能尽意,却可以尽象,即所谓"形器易写,壮辞可得喻其真"(《夸饰》)。因此,艺术家在审美观照和形象思维中,便以全身心拥抱现实界,将耳目所感与胸臆所兴融为一体,再用语言手段将"意象"创造出来。《物色》篇这样描述"意象"的创造:

是以诗人感物,连类不穷,流连万象之际,沉吟视听之区:写气图貌,既随物以宛转;属采附声,亦与心而徘徊。

在这里,所谓"诗人感物,连类不穷",也就是审美活动中的"神与物游",即审美观照伴随着艺术想象,在产生了"人谁获安"的创作冲动的同时,即展开神思的翅膀,自由地翱翔于"万象之际""视听之区",并运用想象和联想的能力,创造意象。意象创造的原则是"拟容取心"(《比兴》),亦即《神思》所谓"物以貌求,心以理应"。在这里,容为物容,心为己心,貌为象貌,理为情理。"拟容"也就是通过感官知觉(物沿耳目)将感知材料内在化为表象材料,"取心"则是将内心感受、意绪、情感、心境与上述表象材料相结合,构成"意象"。因为"情以物兴"和"物以情观"是审美感受主客两方面不可或缺的条件,"情往似赠"与"兴来如答"是审美感受同步进行的双向反馈过程,所以在上述"应物斯感""神与物游"的过程中,"目既往还,心亦吐纳",而意象的创造也就当然要"既随物以宛转","亦与心而徘徊"了。

"随物宛转"和"与心徘徊",是意象创造物质形态化的创作规律。因为"夫神思方运，万涂竞萌"，这时的意象还只是一种"心象"，即表象，它仅仅观念地存在于作家艺术家的头脑之中；要使它成为可以被他人（欣赏者）观照感知的艺术形象，还必须现实地运用语言这种特殊媒介，使之物质形态化。这就是《神思》篇所谓"窥意象而运斤""寻声律而定墨"，亦即前引《物色》篇所谓"写气图貌""属采附声"。在这个过程中，作家拟物之容，必须"随物以宛转"，即必须克服自己的主观随意性，尽可能忠实地摹写物貌，以求形似。《物色》篇既肯定"诗骚所标，并据要害"，因此能够"一言穷理"，"两字穷形"，也就是能够以"以少总多"的艺术手法，准确地再现事物的形貌；也肯定刘宋山水诗"吟咏所发，志唯深远，体物为妙，功在密附。故巧言切状，如印之印泥，不加雕削，而曲写毫芥。故能瞻言而见貌，即字而知时也"（即字原作印，据范注改——引者注）。刘勰在标举《诗》《骚》的同时也有分寸地肯定刘宋山水诗，就因为它合于"随物宛转"的原则。但如果仅仅做到"随物宛转"，片面地在"密附"二字上下功夫，忘记了还要"与心徘徊"，就会失之偏颇，甚至有可能钻进死胡同。刘勰说："物有恒姿，而思无定检，或率尔造极，或精思愈疏。""率尔造极"者，在于以虚静的态度观照自然，在拟物之容的同时取己之心，将物象与情意融为一体，所以能"以少总多"而且"情貌无遗"；"精思愈疏"者，则在于片面追求形似，只知拟容而忽略取心，因此"诡势瑰声，模山范水，字必鱼贯"，以至"丽淫而繁句"。刘勰认为，后者极不可取。正确的方法，应该是以情观物，心物交融，这就要求"虚静"。"是以四序纷回，而入兴贵闲；物色虽繁，而析辞尚简；使味飘飘而轻举，情晔晔而更新"，"物色尽而情有余"（《物色》）。这就是说，意象的创造虽意与象缺一不可，但更重要的是"情意"而不是"物色"，因此以"物色尽而情有余"者为上。因为归根到底，"立象"是为了"尽意"，情意是目的，物象是手段，情意是内容，物象是形式，形式与手段应该为内容与目的服务。也就是说，"神用象通"毕竟还是"情变所孕"，审美意象归根结蒂是因为情感传达的目的并在情感的阈限中创造出来的。

因此情感规律是艺术想象亦即形象思维的"逻辑"。所谓"情理设位，文采行乎其中"（《镕裁》），说的正是这个道理。《文心雕龙》多处强调"情动而言形，理发而文见"（《体性》），"情者文之经，辞者理之纬"（《情采》），"必以情志为神明"（《附会》），都是出于这一最根本的规定性。因为文学毕竟是"情文"，"象"不过是"情文"中传情表意的一种中介手段，即"情性"传达的物质载体。由于"情"具有一种非概念性，才"立象以尽意"。既然"意"非"言"之所以能尽，那么与其去作"以言尽意"的无谓努力，毋宁将其隐含于形象背后，留待读者自己去心领神会。所以刘勰说"至于思表纤旨，文外曲致，言所不追，笔固知止"（《神思》），这和后来钟嵘在《诗品序》中所说"言有尽而意无穷，兴也"的思想是正相一致的，即都是强调"意象"背后情感的不可言说性。唯其不可言说，才"笔固知止"；唯其"笔固知止"，才意味无穷。因此，在意象的创造过程中，一方面应"拟容取心"，另一方面又应"明象隐意"。刘勰论"兴体"，谓"明而未融，故发注而后见也"（《比兴》）；论"隐体"，谓"隐之为体，义主文外，秘响傍通，伏采潜发"（《隐秀》），道理也就在于此。

刘勰认为，不但"思表纤旨，文外曲致"是"言所不追"，而且即便是形象的塑造，也有一个"意翻空而易奇，言征实而难巧"（《神思》）的问题。所谓"意翻空而易奇"，是指艺术想象的自由性。想象作为一种心理活动，不受物质条件的局限，故而"翻空易奇"；但要把想象中观念地创造的意象物态化为艺术形象，却不能不受到物质手段的制约，此之谓"言征实而难巧"。所以刘勰指出，在文学创作活动中，常有这样一种情况："方其搦翰，气倍辞前；暨乎篇成，半折心始。"（《神思》）很显然，刘勰已经认识到，所谓艺术创作，作为一个过程，包含着两个阶段：想象与制作。想象是一个纯心理过程。在这个过程中，意象仅仅观念地存在于作家的头脑中，其时"规矩虚位，刻镂无形，登山则情满于山，观海则意溢于海，我才之多少，将与风云而并驱矣"（《神思》），作家的心灵处于极度自由状态之中。制作则是主观诉诸客观、精神转化为物质的过程。在这个过程中，意象将用语言这种物质手段加以凝固，其时"密则无际，疏则千里，或理在方寸而求之域表，或义在咫尺而思隔山河"（《神思》），作家不能不受到驾驭语言的能力的局限。可以说，刘勰对艺术创作过程的分析，已经达到了相当深入、精细的程度。

〖六〗

综上所述，我们似乎可以这样总结：在刘勰看来，所谓文学创作，是一个运用"神思"（即艺术想象或形象思维）将审美感受转化为审美意象的创造性活动过程。首先是"人禀七情"，即人天赋地具有一种情感感受能力。这种天赋的情感感受能力在外界客观事物的刺激下会产生"人谁获安"的强烈的情感冲动，谓之"应物斯感"。这种"应物斯感"的情感冲动，是人皆有之的普遍心理现象，艺术家的特质，则在于把这种情感冲动运用语言媒介表现、传达出去，谓之"感物吟志"。当艺术家处于"应物斯感"的情感冲动之中时，他的心理状态是激动的，即所谓"物色之动，心亦摇焉"；然而当他进行艺术创作时，却必须"清和其心，调畅其气"，保持一种"虚静"的心理状态，这叫作"四序纷回，而入兴贵闲"。刘勰认为，只有内心"虚静"，才能展开"神思"。正因为情感萌动而心灵虚静，所以才"神思方运，万涂竞萌"，心驰神往，意象丛生，这就叫作"神用象通，情变所孕"，即因为情感的冲动而在虚静的心态下运用神思构造意象。"意象"是表象材料与情感意绪的有机结合。这种结合开始于审美观照活动之中。在审美观照活动中，一方面，"情以物兴"，即天赋情感感受能力因外物的刺激而"应物斯感"；另一方面，"物以情观"，即艺术家以先于感受的心理格局和心理定势去观照外物，从而使之与内心情感发生"同构效应"，才可能"应物斯感"。正因为在刘勰看来，审美观照不是一个被动的刺激—反应过程，而是一个主客默契、心物交融、物我同一的"契合"过程，所以"目既往还，心亦吐纳"，"情往似赠，兴来如答"。这里的"兴"，即"兴象"，亦即"意象"。一方面"神居胸臆"而"情往似赠"，另一方面"物沿耳目"而"兴来如答"，因此，意象（兴）作为反馈回来的产物，已是"情"与"物"自然契合的综合体。这样，当艺术家运用语言媒介将意象制作于文学作品之中时，便必须遵循"物以貌求，心以理应"的"拟容取心"原则，"既随物以宛转"，"亦与心而徘徊"。最后，由于文学是一种"辞章"，所以在文学创作中还必须驾驭语言，"刻镂声律"，用精美的语言塑造意象，传达情感。总之，刘勰认为，只要掌握住上述四个环节，即情感冲动（情变所孕）、形象思维（神用象通）、意象塑造（物以貌求，心以理应）和语言运用（刻镂声律，萌芽比兴）这四个环节，便能"结虑司契"而"垂帷制胜"，取得文学创作的成功。

很显然，在上述四个环节中，最根本的还是情感冲动。因为"神用象通"毕竟是"情变所孕"，"感物吟志"毕竟因为"应物斯感"。所以，要想真正掌握文学创作的规律，还必须探讨艺术的表现——性情之数。

第五章
性情之数

〖一〗

前已指出，刘勰在论述文学创作时的生理和心理状态时，曾在《养气》篇提出了"性情之数"的问题。《养气》篇说：

夫耳目鼻口，生之役也；心虑言辞，神之用也。率志委和，则理融而情畅；钻砺过分，则神疲而气衰：此性情之数也。

很显然，所谓"性情之数"，作为创作规律，包括了两个方面的内容，即"率志"与"委和"。关于"率志委和"，王元化先生曾有很好的解释。他认为，所谓"率志委和"，牵涉到"创作的直接性"，"是指文学创作过程中的一种从容不迫直接抒写的自然态度。率，遵也，循也。委，附属也。'率志委和'就是循心之所至，任气之和畅的意思"。[1]根据这个解释，我认为所谓"率志委和"的"性情之数"，也就是"自然之道"在创作活动中的具体体现。正因为文学创作的根本规律，是"心生而言立，言立而文明"的"自然之道"，所以，作家在进行创作时，才应该保持"一种从容不迫直接抒写的自然态度"，"循心之所至，任气之和畅"。也就是说，"委和"本于"率志"，"率志"本于"自然"，作家"吐纳文艺，务在节宣，清和其心，调畅其气"（《养气》），保持心气平和、从容优柔的心理状态，其根本原

225

因，还在于文学是一种"情文"，即人的性情的自然流露。

关于这一点，《养气》篇曾通过对文学创作和学术研究的比较，论述得十分明确。刘勰指出：

夫学业在勤，功庸弗怠，故有锥股自厉，和熊以苦之人。志于文也，则申写郁滞，故宜从容率情，优柔适会。若销铄精胆，蹙迫和气，秉牍以驱龄，洒翰以伐性，岂圣贤之素心，会文之直理哉？

清人纪昀评论刘勰这段话曰"学宜苦，而行文须乐"[2]，应该说是符合刘勰原意的，所以王元化先生认为纪昀这句评语"可谓笃论"[3]。但是，为什么"学宜苦，而行文须乐"？纪昀却未能深究。其实刘勰自己已有回答，即苦乐之别本于劳逸之别。学业辛劳，故苦；行文闲逸，故乐。那么，为什么学业辛劳而行文闲逸呢？因为学术研究是一个长期的艰苦积累、钻研的过程，它必须通过勤奋的学习、思索、记忆、探索，才能把所谓"学问"转化为某种心理材料，形成自己的智能和知识结构；而文学创作则是在创作冲动的驱使下，趁情而作，直抒胸臆，毋庸苦思冥想，劳心竭情。换言之，在刘勰看来，文学创作是"率志"，即一任情性之自然流露，毫不勉强，所以轻松自如，从容愉快。这就叫"率志以方竭情，劳逸差于万里"（《养气》）。也就是说，学术研究是把别人的东西变成自己的东西，把外在的东西变为内在的东西，即所谓"积学以储宝"，因此"劳"，因此"苦"；而文学创作则是一种"自我表现"，是把自己的内心世界自然地抒写出来，因此"逸"，因此"乐"。不过刘勰认为，只有那种真正遵循着"率志委和"的"性情之数"创作规律的文学创作，才是"逸"和"乐"的。在《养气》篇中，紧接"此性情之数也"之后，刘勰指出：

夫三皇辞质，心绝于道华；帝世始文，言贵于敷奏；三代春秋，虽沿世弥缛，并适分胸臆，非牵课才外也。战代枝诈，攻奇饰说；汉世迄今，辞务日新，争光鬻采，虑亦竭矣。故淳言以比浇辞，文质悬乎千载；率志以方竭情，劳逸差于万里：古人所以余裕，后进所以莫遑也。

在这里，刘勰通过对春秋以前的文学与战国以后的文学的比较，提出了一个重要的思想：文学创作应该"适分胸臆"，而决不能"牵课才外"。所谓"适分胸臆"，也就是要根据自己的个性、气质、才华、能力来进行创作，而不要去做与自己"才性"不相符合的事情。很显然，这是更为宽泛意义上的"率志"，即不但是"率情"（表现情感），而且是"任性"（表现个性），总而言之，仍是强调以"情性"的自然流露为文学创作的"性情之数"。明确了这一点，则所谓"率志委和"，也就并非简单地只是创作过程中一种心气平和、优柔从容的心理状态问题，而实质上是揭示了文学创作的艺术表现规律。它强调文学创作是一种始终伴随着愉快情绪的特殊的精神劳动；之所以愉快，是因为其过程之中，作家的心理状态始终"虚静"而"委和"，从容自如，优柔闲逸，并不感到劳心竭力，全然没有心理上的沉重负担；而文学创作之所以优柔从容，则又是因为这种活动，乃是作家真实"性情"的自然流露，即情感的表现和个性的表现。正是在这个意义上，我们认为，所谓"率志委和"的"性情之数"，便正是文学创作的表现规律。

〖二〗

关于文学的表现特质，我们在本书第三章已有论及。在刘勰看来，文学作为一种"人文"，其产生规律是"心生而言立，言立而文明，自然之道也"（《原道》）。因此，文学创作"必以情志为神明，事义为骨髓，辞采为肌肤，宫商为声气"（《附会》），或者说，"情动而言形，理发而文见，盖沿隐以至显，因内而符外者也"（《体性》）。也就是说，文学是"五情发而为辞章"的"情文"（《情采》），"故情者，文之经；辞者，理之纬；经正而后纬成，理定而后辞畅，此立文之本源也"（《情采》）。

根据这个基本原理，刘勰认为，文学首先是"情志"的表现。所谓"情志"，是指某种或具有特定的政治意义，或具有普遍的伦理价值的"情"，即积淀着一定社会内容的伦理情感。因为在刘勰看来，人的情感是一定社会生活的反映，如"大禹成功，九序唯歌；太康败德，五子咸怨"（《明诗》）之类。正因为文学表现的情感是一定社会生活的反映而且具有社会伦理内容，所以才"文变染乎世情，兴废系乎时序"（《时序》）。这一点，我们前面亦已多有论述。但在刘勰看来，伦理意义必须渗透、溶解于情感之中，社会生活必须通过情感的表现才能得到反映，而这正是中国美学的传统观念。因此刘勰一而再、再而三地强调文学的情感特征，认为文学应该是"吟咏情性"的"体情之制"（《情采》），文学创作是"缀文者情动而辞发"、文学欣赏是"观文者披文以入情"（《知音》）的情感过程。所以论诗，认为"在心为志，发言为诗"，"诗者持也，持人情性"（《明诗》）；论歌，认为"乐本心术，故响浃肌髓"，"故能情感七始，化动八风"（《乐府》）；甚至在论及某些以写物和说理见长的艺术样式时，刘勰强调的，也仍是它们的情感特征。

毫无疑问，"诗缘情而绮靡，赋体物而浏亮"[4]，各类艺术有着自己的特殊规律。如果说，诗、音乐、舞蹈更重表现（抒情、表意）的话，那么，赋、绘画、雕塑则更重再现（状物、记事）一些。所谓"写物图貌，蔚似雕画"（《诠赋》），也许正无意之中揭示了赋与造型艺术的相似之处。所以刘勰说："拟诸形容，则言务纤密；象其物宜，则理贵侧附。"（《诠赋》）这虽然主要是就状物"小制"而言，其实也是赋体的共同规律。因为刘勰已指出，赋是诗的一种变体："赋自诗出，分歧异派"，它发展了诗中记事状物的成分而加以铺陈排比，无论皇皇大赋，抑或状物小篇，都无不"重沓舒状"，"极声貌以穷文"，与《诗》那种含蓄、隽永、淡雅、要约的美学风貌迥异。正是赋的这种特征，使它"与诗画境"而"蔚为大国"，成为一种独立的文学样式。

但是，与强调"赋体物而浏亮"的陆机不同，刘勰似乎更注重作为"情文"之一种的赋的情感性。《诠赋》篇一开始就说："诗有六义，其二曰赋。赋者，铺也；铺采摛文，体物写志也。"这就明确指出，赋不过是诗的变体，本质上仍是"情文"，当然应该以"述志为本"，所以虽云"赋体物而浏亮"，但"体物"归根结蒂还是为了"写志"。因此赋中之"物"，也就应该是前述情物交融之"意象"。正是本之于这样一个规定，刘勰才在解释《毛传》所谓"登高能赋，可为大夫"的观点时指出，"原夫登高之旨，盖睹物兴情。情以物兴，故义必明雅；物以情观，故词必巧丽"（《诠赋》）。这种强调为"写志"而"体物"的观点，正是刘勰关于文学表现特质的思想的体现。

同样，在论述说理散文和应用散文时，刘勰也坚持了同一观点。在文体论部分，刘勰具体分析了这类文学的美学特征。例如："颂唯典雅，辞必清铄"，而"赞"则"约举以尽情，昭灼以送文"（《颂赞》）；铭箴以"文约为美"（《铭箴》），谐隐则"辞浅会俗"（《谐隐》）；檄移"植义扬辞，务在刚健"（《檄移》），封禅则"义吐光芒，辞成廉锷"（《封禅》）；再如"章以造阙，风矩应明；表以致禁，骨采宜耀"（《章表》）；又如议对"文以辨结为能，不以繁缛为巧；事以明核为美，不以深隐为奇"（《议对》），等等。这里面有许多是从形式（辞采）方面谈的，但也有从情感方面谈的，如诔碑要求"观风似面，听辞如泣"（《诔碑》），哀吊要求"必使情往会悲，文来引泣，乃其贵耳"（《哀吊》），这两种文体，已近于表现艺术，而杂文则更是如此："原兹文之设，乃发愤以表志，身挫凭乎道胜，时屯寄于情泰，莫不渊岳其心，麟凤其采"，所以"宋玉含才，颇亦负俗，始造对问，以申其志，放怀寥廓，气实使之"（《杂文》）。这里的"气"，无疑是一种情感力量，即我们在以后要谈到的作为"风骨之本"的精神因素，也就是《情采》篇谈到的"志思蓄愤"和《养气》篇谈到的"申写郁滞"。因此，所谓"申志""表志"之文，也就可以广义地看作一种"言志""缘情"之作了。

杂文讲气势，檄移则重声威，它应该"使声如冲风所击，气似欃枪所扫，奋其武怒，总其罪人"（《檄移》），这种"武怒"无疑也是一种情感力量。正是它，使人感到威武狞厉之美。杂文和檄移并非严格意义上的文学作品，却仍具有艺术的魅力，秘密也许就在这里。

如果说，杂文、檄移之类强调的是情感力量，那么，论说、议对之类则更为强调逻辑力量："义贵圆通，辞忌枝碎，必使心与理合，弥缝莫见其隙；辞共心密，敌人不知所乘，斯其要也"（《论说》）。《文心雕龙》中的《正纬》篇就表现出这种逻辑力量。严密的逻辑用明快的语言表达出来，也就呈现出理性的美。

理性的美也同样表现在赋这种文体中。赋是讲究排比对偶的，而排比对偶这种形式中就蕴含有一定的逻辑和理性。正是这种逻辑和理性，使不同的事物或事物的不同方面按照一定的规律和线索，排比成有一定规范程式的句式，从而给人以气势感。这种气势感也表现在相当多的一部分哲学著作中，如"孟轲膺儒以磬折，庄周述道以翱翔"，"并飞辩以驰术，餍禄而余荣矣"（《诸子》）。所谓"飞辩"，正是对"理"的铺陈。所以赋以其铺陈其事的排比形式而富于理性的美，哲理散文则以其铺陈其理的逻辑力量而富于艺术魅力。是以赋近于论，论又近于赋，逻辑推理是其灵魂，情感力量（如孟）和浪漫色彩（如庄）则是其双翼，因此说理散文和应用散文虽以理胜，却仍是"情文"。

如果说赋（体物）与论（言理）都因其情感力量而具有了诗的精神，那么诗中之山水与玄言，则又近于赋与论。刘宋山水诗正是以体物为妙，"故巧言切状，如印之印泥，不加雕削，而曲写毫芥"（《物色》）；东晋玄言诗则正是以说理见长，"诗必柱下之旨归，赋乃漆园之义疏"（《时序》）。但刘勰对于这两种风靡一时的文学潮流，肯定有限而时有微辞。对于玄言诗，他虽不像后来钟嵘那样，斥为"理过其辞，淡乎寡味"，"建安风力尽矣"[5]，但也说"江左篇制，溺乎玄风，嗤笑徇务之志，崇盛亡机之谈"（《明诗》），贬讽之意，已透出字里行间。接下来又说，"宋初文咏，体有因革，庄老告退，而山水方滋；俪采百字之偶，争价一句之奇，情必极貌以写物，辞必穷力而追新"（《明诗》），这就进一步通过对山水诗的肯定而批评了玄言诗。但他对山水诗的肯定也十分有限，即认为尽管刘宋山水诗有"巧言切状"的"密附"之"功"，但其审美价值仍不能与"一言穷理""两字穷形""以少总多，情貌无遗"（《物色》）的《诗》《骚》相比。这固然主要出自他尊儒宗经的思想倾向，也因为在他看来，《诗》《骚》较之玄言、山水，无疑更具有情感特征。所以于东晋诗人中，刘勰特别肯定郭璞的《游仙诗》，认为"所以景纯仙篇，挺拔而为俊矣"（《明诗》），难道不正因为郭景纯是"亮节之士"，"《游仙诗》假栖遁之言，而激烈悲愤，自在言外"[6]吗？

所以，归根到底，在刘勰看来，只有情感才是艺术的生命。缺乏真情实感的作品，不论如何铺张夸饰或者故弄玄虚，终究不能产生永久的艺术魅力。正是出于这样一个基本原理，刘勰在《情采》篇提出了一个著名的观点："为情而造文"。

〖三〗

刘勰的"为情而造文"，是针对"为文而造情"的不良倾向提出来的。《情采》篇说："昔诗人什篇，为情而造文；辞人赋颂，为文而造情。何以明其然？盖风雅之兴，志思蓄愤，而吟咏情性，以讽其上，此为情而造文也；诸子之徒，心非郁陶，苟驰夸饰，鬻声钓世，此为文而造情也。"但是，刘勰并不简单地把它们看作两种不同的创作态度或创作方法，而认为二者之间的高下、优劣、正伪、美丑，都不可同日而语。详而论之，它们有以下重大区别：

第一，"为情而造文"者"情固先辞"（《定势》），在创作之前已先有喜怒哀乐生于心、积于胸、滞于怀，这种强烈的情感心潮使作家处于极为不安的心理状态，从而产生了强烈的创作冲动，其作品已如骨鲠在喉，不吐不快，这才摛文命笔，"申写郁滞"（《养气》）。所以他们的作品，是"情动而言形"（《体性》），是"情动而辞发"（《知音》），是"五情发而为辞章"（《情采》），是情感自然诉诸文辞，因此合于"性情之数"和"自然之道"，即符合文学创作的根本规律。"为文而造情"者，则是内心空虚（"心非郁陶"），无病呻吟，虚造情感，欺世盗名，也就势必离经叛道，步入歧途。

第二，因此，"为情"者"真"，"为文"者伪。"故有志深轩冕，而泛咏皋壤；心缠几务，而虚述人外：真宰弗存，翩其反矣"，即隐瞒真实情感，故作欺人之谈。我们在下面一章还要谈到，刘勰是把真实性尤其是情感的真实，当作文学创作和批评的第一原则的。"为文而造情"，便正违背了真实性原则，故不足取。刘勰甚至用"桃李"和"兰草"为例，来说明真实的必要。他说："夫桃李不言而成蹊，有实存也；男子树兰而不芳，无其情也。夫以草木之微，依情待实，况乎文章，述志为本，言与志反，文岂足征"（《情采》）。也就是说，对于文学创作的内容而言，不但要"真"，而且要"实"。真即真挚，实即充实，这正是"为情"者所具备的。

"为文者"因其"真宰弗存",势必既"虚"且"伪"。然而连"草木之微",尚且"依情待实",既"虚"且"伪"者,又怎能从事以"述志为本"的文学创作呢?

第三,"为情"者高尚,"为文"者卑下。因为"为情"者是出于自己对社会生活的真情实感,因而"吟咏情性,以讽其上"的。他们有感而发,有为而作,以自己的作品干预社会生活,维系伦常道德,希望借助文艺这种手段,使政治清明,社会安定。这在极为注重文艺的社会功利性的刘勰看来,当然是高尚的。然而"为文"者却只是"苟驰夸饰,鬻声钓世",纯属沽名钓誉之徒,当然要被刘勰视为卑下。

第四,"为情"者"要约","为文"者"烦滥"。因为前者以"述志为本",也就但求"辞达而已";后者情感矫伪,内容空虚,只好装腔作势,玩弄技巧,堆砌辞藻,苟驰夸饰。这就叫"为情者要约而写真,为文者淫丽而烦滥"(《情采》)。

因此,第五,"为情"者"逸","为文"者"劳"。因为前者既但求"辞达而已",自然"适分胸臆",决不会"牵课才外",态度也就从容自然,写作也就胜任愉快;后者既"苟驰夸饰",势必矫揉造作,强己所难,因而"虑亦竭矣"。所以刘勰说:"淳言以比浇辞,文质悬乎千载;率志以方竭情,劳逸差于万里:古人所以余裕,后进所以莫遑也"(《养气》)。

第六,刘勰认为,正因为"为情"者"真实""高雅""要约",所以真正具有审美价值;相反,"为文"者尽管在外在形式上颇费心力,却反而不能给人以审美愉快。用刘勰的话来说,就叫作"繁采寡情,味之必厌"(《情采》)。"味"的本义是品尝(动词)和滋味(名词),先秦时常与"声""色"并举,用以标示某种给人以快感的享受。自陆机始,"味"开始用来表示文学作品的艺术趣味和审美感受。此处"味之必厌"的"味",即从"品尝"一义引申而来的艺术欣赏和审美感受的意思。所谓"味之必厌",也就是在艺术欣赏中因生反感(厌)而不能获得审美愉快。刘勰认为,内容空虚、情感矫饰,而又雕琢形式、堆砌辞藻的作品,只能使人产生反感,这正是他对当时文坛不良风气的有力抨击,也正是对"诗言志"开创的中国美学传统的高扬。关于这一点,我们以后还要谈到。

总之,正是通过"为情而造文"这个命题,刘勰把艺术真实、作品格调、社会功利、风格趣味、创作态度、审美感受等一系列文学创作中的重大美学问题，都有机地统一起来了。其中一以贯之的，仍是"自然之道"。也就是说，"为情而造文"所强调的，正是"情性"自然"发而为辞章"。正因其"自然"，所以真实；也正因其真实，所以自然。同样，正因其真实而自然，所以格调高雅，文风简约，创作轻松自如，读来兴味无穷。所有这一切，都合乎"情文"的表现特质，也合乎文学的"自然之道"。纪昀说"齐梁文藻，日竞雕华，标自然以为宗，是彦和吃紧为人处"[7]，诚为笃论。

因此，贯穿于文学创作活动中的"自然之道"，也就是"率志委和"的"性情之数"。"率志"即"率情"，亦即"为情而造文"，也就是称情而作，有感而发，情动言形，毫不勉强，所以《神思》篇说："秉心养术，无务苦虑；含章司契，不必劳情。"也就是说，正因为"率志"，所以"委和"；正因为"委和"，所以"入兴贵闲"而"析辞尚简"（《物色》）；正因为"贵闲""尚简"，所以"体要"而"雅丽"（《征圣》）；正因为"体要"而"雅丽"，所以"味飘飘而轻举，情晔晔而更新"，"物色尽而情有余"（《物色》），味之不厌，兴趣无穷。这便是刘勰总结出来的一条极其重要的创作规律。

[四]

如果说"率志"主要强调了"为文而造情"的情感表现规律，那么"委和"则更多地强调了"因内而符外"的个性表现规律。

前已说过，所谓"委和"，是指文学创作过程中的直接抒写的自然态度，亦即认为文学创作有一种"直接性"或者说"非自觉性"。这种"直接性"或"非自觉性"，是指作家在创作情绪极为亢奋的情况下，文思泉涌，妙句天成，仿佛不假思索，便文不加点，一蹴而就。正如一位著名作家所形象地表述的，说这时就像女人生孩子一样，想也不用想就生下来了。这确实是文学创作中一种相当普遍的心理现象，别林斯基甚至认为这种"非自觉性"是"任何诗的创作的主要特征和必要条件"[8]。

刘勰则注意到创作中的这种情况：某些作家苦思冥想、呕心沥血的作品并不成功，而某些即兴之文、无意之作却名垂千古。用他的话来说，就是"或率尔造极，或精思愈疏"（《物色》）。那么，什么样的情况下"率尔造极"，什么样的情况下"精思愈疏"呢？当然首先要看是"为情"还是"为文"。正如前面所分析的，只有"为情"者才可能"率尔造极"，"为文"者一定是"精思愈疏"。但即便是"为情而造文"，也会出现"精思愈疏"的现象，因为"人之禀才，迟速异分；文之制体，大小殊功"（《神思》）。也就是说，如果是大手笔写小文章，自然容易做到"率尔造极"，如果是才力有限又要创作鸿篇巨制，也就难免"精思愈疏"。所以在谈到创作的"迟速"问题时，刘勰说：

若夫骏发之士，心总要术，敏在虑前，应机立断；覃思之人，情饶歧路，鉴在疑后，研虑方定。机敏故造次而成功，虑疑故愈久而致绩。难易虽殊，并资博练。若学浅而空迟，才疏而徒速，以斯成器，未之前闻。（《神思》）

很显然，在这里，刘勰已经认识到，文学创作的成败，固然首先关系到情感是否真实，创作准备是否充分，艺术构思是否成熟，即所谓"率志以方竭情，劳逸差于万里"（《养气》），但也关系到作家的气质才华、艺术修养、品格情操、学识阅历等多方面心理因素，这些心理因素，刘勰统称之为"性"。

前已说过，当刘勰把文学看作是"情性"的自然流露与表现时，他已经看到这种表现既是情感的表现，又是个性的表现，即既是"情"的直接抒写，又是"性"的直接呈现。如果说"情"的真实与否，决定了"文"是否具有审美价值和艺术魅力；那么，"性"的差异就决定了它将具有什么样的审美风格和艺术魅力。在刘勰看来，所谓"风格"（"体"），无非是"人格"（"性"）在作品中的体现罢了。因此，在专论风格与人格关系，亦即专论作家的个性表现的《体性》篇，刘勰就提出了著名的"因内符外"说——

夫情动而言形，理发而文见，盖沿隐以至显，因内而符外者也。然才有庸俊，气有刚柔,学有浅深,习有雅郑,并情性所铄,陶染所凝,是以笔区云谲,文苑波诡者矣。故辞理庸俊,莫能翻其才;风趣刚柔,宁或改其气;事义浅深,未闻乖其学;体式雅郑,鲜有反其习:各师成心,其异如面。

在这里,刘勰首先从文学的表现特质立论,指出文学的创作,是"情动而言形,理发而文见"的表现过程,因此也就是"沿隐以至显,因内而符外",亦即将无形变为有形,将内在变为外在的过程。这个无形的、内在的东西,就是"情性"。但是,刘勰笔锋一转,又进而指出,人的"情性"即人的内在心理结构是各不相同的。既然文学创作是"因内而符外",那么,不同的内在心理结构也就势必形成不同的外在艺术风格,这就叫"各师成心,其异如面"。那么,人的内在心理结构如何呢?刘勰认为,作家的内在心理结构和作品的艺术风格结构,都分别由四个因素组成,并分别形成一定的对应关系,它们是:

才——辞理

气——风趣

学——事义

习——体式

"才"是作家的才华、才干、才能。"才"有平庸与杰出之分(才有庸俊),驾驭语言的能力手法也就有高下之别。例如,《丽辞》篇说"丽辞之体,凡有四对:言对为易,事对为难,反对为优,正对为劣",这里的难易优劣,也就表现了"辞理"的"庸俊",刘勰认为,这取决于"才"的高下,谓之"辞理庸俊,莫能翻其才"。

"气"是作家的气质、禀赋。"气"有刚健与柔和之分(气有刚柔),作品的美学风貌和趣味也就有阳刚与阴柔之别。中国美学没有"壮美""优美"、"崇高""滑稽"、"悲剧""喜剧"这类范畴,而以"阳刚"与"阴柔"为美的形态。"阳刚之美"和"阴柔之美"的概念,虽然直到清代姚鼐才正式提出,但这种审美观念却早已见之于《周易》。《周易》以"阴阳变化""刚柔相推"为世界始基和自然规律,则万物之美,无非"阳刚"与"阴柔"。《易·系辞下》称:"刚柔者,立本也；变通者，趋时也"，"刚柔相推，变在其中矣"。《文心雕龙·镕裁》称"刚柔以立本，变通以趋时"，便正是从上引《易·系辞下》基本观点化出。既然文学创作是"刚柔以立本"，则文学作品之风格，当然也就或刚或柔。所以专论文学作品审美风貌趣味的《定势》篇就说："文之任势，势有刚柔，不必壮言慷慨，乃称势也。"这里的"势"，也就是《体性》篇的"风趣"，亦即文学作品所表现出来的"自然之趣"。《定势》篇的"势有刚柔"也就是《体性》篇的"风趣刚柔"，刘勰认为，它取决于作家的气质、禀赋。"故魏文称文以气为主，气之清浊有体，不可力强而致。"（《风骨》）如"相如赋仙，气号凌云，蔚为辞宗，乃其风力遒也"，这大概近于"阳刚之气"；又如"论徐干，则云时有齐气"，齐气徐缓，大概可归入"阴柔之美"。总之，文章的"风趣"，实取决于作家天赋的气质。

"学"是作家的学识。"学"有浅薄与渊深之分，作品中的用事述义也就有肤浅与深刻之别。刘勰认为，"事"与"义"都是文学作品中的重要组成部分。"事类者，盖文章之外，据事以类义，援古以证今者也"（《事类》）；"若夫立文之道，唯字与义，字以训正，义以理宣"（《指瑕》）。事类的广博、精核，义理的深刻、宣正，都取决于"学"，谓之"事义浅深，未闻乖其学"。

"习"是作家的习染。"习"有高雅与邪俗之分，作品的艺术式样、审美趣味也就有典雅与淫靡之别。"是以模经为式者，自入典雅之懿；效骚命篇者，必归艳逸之华。"（《定势》）作品的"体"（艺术风格）与"势"（审美趣味）都与习染相关，谓之"体式雅郑，鲜有反其习"。

很显然，在刘勰看来，构成作品艺术风格和审美特征的"风趣"（或阳刚或阴柔的美学风貌）、"辞理"（或平庸或卓杰的修辞艺术）、"事义"（或肤浅或深刻的事类义理）、"体式"（或典雅或淫靡的式样趣味），都直接地由作为作家心理结构的气质、才华、学识、习染所决定，这正是文学创作直接性的心理学根据。"才""气""学""习"这四个因素，共同构成作家的心理结构——"性"，其中又有内外之别，大略是才气为内，学习为外。才与气是"情性所铄"的素质禀赋，即在生理基础之上生成的社会性心理素质与功能；学与习则是"陶染所凝"的艺术修养，即包括审美意识在内的人类精神文明通过教育在个体心理结构中的体现。也就是说，才气主要是先天禀赋，学习主要是后天熏陶。所以刘勰说："文章由学，能在天资，才自内发，学以外成。有学饱而才馁，有才富而学贫。学贫者，迍邅于事义；才馁者，劬劳于辞情：此内外之殊分也。是以属意立文，心与笔谋，才为盟主，学为辅佐。主佐合德，文采必霸；才学褊狭，虽美少功。"（《事类》）这就是在强调才、气、学、习缺一不可、应构成完整心理结构的前提下，更强调才气的重要性。"才为盟主，学为辅佐"，是因为"才自内发，学以外成"，也就是说，因为才气比学习更内在，所以也就更重要。之所以更内在而更重要，则是因为文学创作是一种"因内而符外"的表现过程。因此刘勰说："若夫八体屡迁，功以学成；才力居中，肇自血气；气以实志，志以定言，吐纳英华，莫非情性。……触类以推，表里必符，岂非自然之恒资，才气之大略哉！"（《体性》）

看来才气确实远较学习重要。因为只有才与气，尤其是气，才称得上是"自然之恒资"。"气"完全是先天禀赋，"气之清浊有体，不可力强而致……虽在父兄，不能以移子弟"[9]。不过，"气"仅有刚柔之别，无论或刚或柔，都能产生审美效应；"才"却有高下俊庸之别，直接关系到创作的成败。所以"气"宜"养"而"才"须"练"。"养气"（"玄神宜宝，素气资养"）在于保持创作精神之旺盛，"练才"则是为了提高心理素质，强化心理功能。所以刘勰说："夫才由天资，学慎始习，斫梓染丝，功在初化，器成彩定，难可翻移。……故宜摹体以定习，因性以练才，文之司南，用此道也。"（《体性》）。所谓"因性以练才"，也就是根据自己的"自然恒资"即先天气质来进行智能的训练；而所谓"摹体以定习"，也就是选择正确的"体式"来加强艺术修养。刘勰并不因才气已由先天决定就轻视后天的学习。恰恰相反，正因为学习是一种后天修养，才格外必须谨慎，一旦"器成彩定"，便"难可翻移"。因此"童子雕琢，必先雅制"（《体性》），即从儿童时代起，就应该进行艺术教育，而且应该用高尚、典雅、正统的艺术品来进行教育。因为，"模经为式者，自入典雅之懿；效骚命篇者，必归艳逸之华"（《定势》），如果"远弃风雅，近师辞赋"（《情采》），势必染上"采滥忽真"（《情采》）、"言贵浮诡"（《序志》）等等许多不良习气；而"经典沉深，载籍浩瀚，实群言之奥区，而才思之神皋也"（《事类》），如果"模经为式"，便不但有利于"励德树声"，而且有

· 237 ·

利于"建言修辞"(《宗经》),因此应该以所谓"经典"来作为儿童艺术教育的启蒙读物。显然,刘勰的艺术教育思想包括了三个内容:一是这种教育必须从儿童时代开始;二是这种早期教育必须格外谨慎;三是在这种教育中,既要"模经为式",又要"因性练才",亦即在运用儒家经典进行正统教育的前提下因材施教,量才育人。

"因性以练才"的艺术教育心理学,和"因内而符外"的文学创作心理学,都体现了一个共同的精神,即"适分胸臆"而不"牵课才外"的"自然之道"。前者是艺术修养中的自然法则,后者是文学创作中的自然态度。因此,"率志"也就不是轻率、草率。《指瑕》篇说:"管仲有言,无翼而飞者声也,无根而固者情也。然则声不假翼,其飞甚易,情不待根,其固非难,以之垂文,可不慎欤?"又说"丹青初炳而后渝,文章岁久而弥光,若能檃括于一朝,可以无惭于千载也",可见其慎重了。同样的,"率志"也不是主观任意性或非规范性。刘勰固然看到了艺术样式层出不穷、审美形态千变万化这样一个带有规律性的艺术现象,因此提出"设文之体有常,变文之数无方"(《通变》)的观点,并多次阐释:"裁文匠笔,篇有大小;离章合句,调有缓急;随变适会,莫见定准"(《章句》);"繁略殊形,隐显异术,抑引随时,变通适会"(《征圣》);"文术多门,各适所好,明者弗授,学者弗师"(《风骨》);"诗有恒裁,思无定位,随性适分,鲜能通圆"(《明诗》);"物有恒姿,而思无定检"(《物色》);"文辞气力,通变则久,此无方之数也"(《通变》)……但是,这里的"无方之数""莫见定准""思无定位""思无定检",不是否认审美形式和艺术创作的规律性(艺术样式和审美形态的多样性正是美的规律之一),仅仅只是强调它们没有一成不变的模式、程式、范式,所以它绝不是无视艺术规律的"穿凿取新","逐奇而失正"(《定势》)。形式的多样性并不等于任意性,它必然要受到审美规律的制约;而且,也只有掌握了美的规律,才能由必然王国跃入自由王国——

渊乎文者,并总群势,奇正虽反,必兼解以俱通;刚柔虽殊,必随时而适用。若爱典而恶华,则兼通之理偏,似夏人争弓矢,执一不可以独射也;若雅郑而共篇,则总一之势离,是楚人鬻矛誉盾,两难得而俱售也。(《定势》)

因此，刘勰认为，要"晓会通"，要"善于适要"（《物色》），要"执术驭篇"，反对"弃术任心"（《总术》）。在《文心雕龙》一书中，诸如"要""术""揆""法""式""数""体""规""规矩""矩式""符契""名理""文理""文则""文律""纲纪"一类的文字俯拾皆是，正说明刘勰非常重视创作的规律和法则，因而"率志"也就绝非是任意性和非规范性。

"率志"既非轻率、草率，又非弃术、任心，那么它的含意是什么？我们认为，就是文学创作的直接性，即指作家按照自己的情感、个性、感受、直觉，直接去进行创作。萧子显《南齐书·文学传论》说得好：

文章者，盖情性之风标，神明之律吕也。蕴思含毫，游心内运，放言落纸，气韵天成，莫不禀以生灵，迁乎爱嗜，机见殊门，觉悟纷杂。……各任怀抱，共为权衡。

我们认为，萧子显这段话与刘勰的思想，是颇为接近的。所谓"文章者，盖情性之风标，神明之律吕"，便正是"吐纳英华，莫非情性"的"五情发而为辞章"；所谓"气韵天成"，便正是"自然之势""自然之趣"（《定势》）和"思合而自逢，非研虑之所求也"（《隐秀》）；而所谓"各任怀抱，共为权衡"，便正是"率志"。因此所谓"率志"，也就是直接把自己的"情性"表现于作品而自然形成"气韵"与"情趣"。作家的艺术修养应该达到这样一个境界：他的理性认识、生活积累、艺术技巧、审美能力，都已转化为他心理结构的有机构成，并能以一种必然性呈现于他面前，再借助他的手直接地表现出来。所谓"大手笔"，即是如此。

这也就是"委和"。"委和"作为创作的直接性，正是"大手笔"所达到的高度从容、自然的艺术境界。由于他们天赋极高，才华横溢，后天的艺术修养又达到了炉火纯青的地步，其创作也就进入了"从心所欲不逾矩"的自由王国，往往文思泉涌，水到渠成，意得志满，率尔造极，名篇秀句，思合自逢，而这时他们创作的作品，也就必然是合于"自然之道"，有着极高审美品位的杰作——"雅丽之文"。

ANNOTATION
注释

1. 王元化：《文心雕龙创作论》，上海古籍出版社 1979 年版。
2. 纪昀：《文心雕龙》评语。
3. 王元化：《文心雕龙创作论》，上海古籍出版社 1979 年版。
4. 陆机：《文赋》。
5. 钟嵘：《诗品》。
6. 刘熙载：《艺概》。
7. 纪昀：《文心雕龙》评语。
8. 《古典文艺理论译丛》第 11 集，人民文学出版社 1966 年版。
9. 曹丕：《典论·论文》。

下篇
雅丽之文

审美理想论

圣文之雅丽，固衔华而佩实者也。——《征圣》

第六章
真善美原则

〖一〗

当刘勰提出"率志委和"的"性情之数"时，他实际上也提出了自己的审美理想，即只有遵循"率志委和"的表现规律，一任"情性"自然生发而为"辞章"的"自然"之文，才是符合审美理想的优秀作品。换言之，"自然之道"不仅贯穿于文学本体论、创作规律论，也贯穿着审美理想论；而在刘勰看来，既能在内容上合乎"道心""神理"，又能在形式上合于"自然"法则的，便正是儒家的经典。它们"义既极乎性情，辞亦匠于文理"，是"性灵熔匠，文章奥府"（《宗经》），因此既是修齐治平的金科玉律、彝训法典，又是美和艺术的最高典范，当然也就最集中地体现了审美理想。

关于审美理想，有的研究者很重视"六观"，认为那是刘勰提出的审美标准。按"六观"见于《知音》篇："将阅文情，先标六观：一观位体，二观置辞，三观通变，四观奇正，五观事义，六观宫商，斯术既形，则优劣见矣。"也就是说，在进行文学鉴赏和文学批评时，应该从六个方面考察文章的优劣。第一是"位体"，即《熔裁》所谓"规范本体"。《熔裁》说："情理设位，文采行乎其中。刚柔以立本，变通以趋时。立本有体，意或偏长；趋时无方，辞或繁杂。蹊要所司，职在熔裁，櫽括情理，矫揉文采也。规范本体谓之熔，剪截浮词谓之裁。"可见"位体"之"位"，即"情理设位"；"位体"之"体"，即"规范本体"。"本体"即"情理"，"规范"即"设位"，所以"位体"也就是"设情"，即所谓"草创鸿笔，先标三准：履端于始，则设情以位体……"因为文学是"情文"，是"五情发而为辞章"，所以要想"文采行乎其中"，就非得"情理设位"不可。所谓"一观位体"，也就是先看看文章是否首先做到了"设情以位体"，即是否能做到根据文章的"情理"（内容）来规范体制，矫揉文采。"三准既定，次讨字句"，所以"二观置辞"。"置辞"即语言的运用，包括《章句》《丽辞》《练字》等篇总结的一系列文辞语言的运用法则，如"搜句忌于颠倒，裁章贵于顺序"（《章句》），"言对为美，贵在精巧；事对所先，务在允当"，"必使理圆事密，联璧其章；迭用奇偶，节以杂佩，乃其贵耳"（《丽辞》），以及"缀字属篇，必须练择：一避诡异，二省联边，三权重出，四调单复"（《练字》）之类。第三是"观通变"，即看文章是否"凭情以会通，负气以适变"（《通变》），即是否能在坚持"为情而造文"的前提下，既继承传统，又勇于创新，而且还要看这种创新（制奇），是否"参古定法"。第四是"观奇正"，即看在前述"制奇"（创新）中，是"参古定法"之"正"，还是"厌黩旧式，故穿凿取新"的"奇"，这可以在文章表现出的"体势"和"风趣"中看出来。即如《定势》篇所言："密会者以意新得巧，苟异者以失体成怪。旧练之才，则执正以驭奇；新学之锐，则逐奇而失正"。所谓"观奇正"，就是考察文章是"执正以驭奇"呢，还是"逐奇而失正"？第五是"观事义"，亦即"观事类"。"事类者，盖文章之外，据事以类义，援古以证今者也"（《事类》），也就是典故的运用。第六是"观宫商"，即考察作者对语言平仄节奏的掌握能力，是否能在"寻声律而定墨"（《神思》）时做到"练才洞鉴，剖字钻响，识疏阔略，随音所遇"，"声不失序，音以律文"（《声律》），产生和谐优美的音乐效果。

总之，所谓"六观"，也就是从规范本体、运用文辞、参古制奇、风趣邪正、据事类义和比音节律等六个方面，来考察文学作品的优劣得失。很显然，"六观"是"术"而不是"义"，是方法而不是原则，是角度而不是尺度。它只是提出了艺术鉴赏和文学批评的几个着眼点，并没有昭示审美理想的具体内容。审美理想绝不是具体的批评方式和鉴赏角度，而是艺术家和批评家的最高美学原则。艺术家和批评家总是以自己的审美理想为准则，或指导艺术创作（即以美的理想为追求目标），或进行审美评判（即以美的理想为衡量尺度）。对于这样一个重大问题，刘勰当然要在"文之枢纽"部分来谈它；而既然在刘勰看来，集中体现了审美理想的最高典范是"五经"，那么，要探讨刘勰关于审美理想的观点，我们应该注意的便不是《知音》"六观"，而只能是《宗经》"六义"。《宗经》篇说：

故文能宗经，体有六义：一则情深而不诡，二则风清而不杂，三则事信而不诞，四则义直而不回，五则体约而不芜，六则文丽而不淫。扬子比雕玉以作器，谓五经之含文也。

"六义"就是"六宜"，所谓"文能宗经，体有六义"，就是说如果作家在进行创作时能够以经为宗，那么其作品就能在六个方面获得很高的艺术成就。因此"六义"也就实质上是指体现了审美理想的六条标准。以今观之，它是文学创作和文学批评的真善美原则：一、三是"真"，二、四是"善"，五、六是"美"。

〖二〗

刘勰的"真"，包括两个方面："情深而不诡"和"事信而不诞"，前者指感情的真实，后者指形象的真实。

上一章分析"为情而造文"时我们即已指出，真实性是刘勰文学创作论的第一原则，当然也是其文学批评论和审美理想论的第一原则。这种真实性首先是情感的真实，即作家首先必须在创作之前具有真情实感，并能运用文学这种形式把这真情实感如实地表现出来，也就是要写真情，说真话，刘勰谓之"写真"。"写真"的前提是"情动于中"，"志思蓄愤"，从而"吟咏情性"，"为情而造文"，其作品便是"情深而不诡"的"体情之制"。"写真"的反面是"忽真"，"忽真"即"真宰弗存"而"言与志反"，写虚情，说假话，"故有志深轩冕，而泛咏皋壤；心缠几务，而虚述人外"（《情采》）。刘勰认为，这种"真宰弗存"的"逐文之篇"，与那"要约而写真"的"体情之制"，其美学价值不可同日而语。

244

不过，在这里，所谓"真情""真宰"，仍应作较宽泛的理解，它当然首先是"郁陶"，是"郁滞"，是"志思蓄愤"的真情实感。但又不止于此，而包括真实情感的流露中所表现出来的思想意识和道德修养。所以"真宰"，即真实的心灵；而"情深而不诡"，"为情而造文"，也就是儒家"修辞立其诚"思想的体现。《易·乾文言》（刘勰认为它是孔子所作）谓："君子进德修业。忠信，所以进德也；修辞立其诚，所以居业也。"《征圣》篇在引述了《左传·襄公二十五年》"言以足志，文以足言"和《礼记·表记》"情欲信，辞欲巧"之后说："志足而言文，情信而辞巧，乃含章之玉牒，秉文之金科矣。"所谓"志足"即"充实"，"情信"即"真挚"，因此"写真"也就是作家人格的真实写照。按照《易·系辞下》的观点，"将叛者其辞惭，中心疑者其辞枝，吉人之辞寡，躁人之辞多，诬善之人其辞游，失其守者其辞屈"，文品决定于人品，风格标示着人格，所以刘勰认为只有人品高尚的人才会"为情而造文"。也只有"为情"而作的"体情之制"才有美学价值。刘勰的真实性原则中，已含有"善"的原则。

刘勰的"真"，首先是情感的真实，但同时也强调形象的真实性，并认为"真象"是表现"真情"的必要条件。他对《诗经》作了全面肯定，以为必须"宗"；对《楚辞》则有褒亦有贬，以为必须"辨"。辨，判也；判，分也。也就是批判地继承、有限地肯定，其中原因之一在于：《诗经》是"真情"和"真象"的和谐统一，而《楚辞》虽然也是"为情而造文"，即如《比兴》篇所指出："楚襄信谗，而三闾忠烈，依诗制骚，讽兼比兴"；《辨骚》篇也说："每一顾而掩涕，叹君门之九重，忠怨之辞也"；然而其中却夹杂着一些"假象"，如"托云龙，说迂怪，丰隆求宓妃，鸩鸟媒娀女，诡异之辞也；康回倾地，夷羿彃日，木夫九首，土伯三目，谲怪之谈也"（《辨骚》），刘勰认为极不可取，并认为这正是《楚辞》之不如《诗经》之处，即所谓"异乎经典者也"。刘勰指斥《楚辞》所谓"异乎经典者"凡四，除前引二者之外，还有："依彭咸之遗则，从子胥以自适，狷狭之志也；士女杂坐，乱而不分，指以为乐，娱酒不废，沉湎日夜，举以为欢，荒淫之意也。"这里前二者（"诡异之辞"和"谲怪之谈"）是不真，后二者（"狷狭之志"和"荒淫之意"）是不善，与刘勰认为"同于风雅者"的四个方面——"典诰之体""规讽之旨""比兴之义""忠怨之辞",形成鲜明的对照,因此他才说:"故论其典诰则如彼,语其夸诞则如此。固知楚辞者,体慢于三代,而风雅于战国,乃雅颂之博徒,而词赋之英杰也。"(《辨骚》)也就是说,正因为《楚辞》之中有"取镕经意"而"同于风雅"者,所以应予肯定;也正因为其中还有不真不善的"异乎经典者",所以应予鉴别;而《楚辞》之所谓不真者,便正是"假象"。

刘勰要求"真象",指斥"假象",是因为他认为,形象的歪曲会破坏情感的表现,只有真实的形象才能寄托真挚的情感。因此,刘勰的"真",就是艺术的真实,而不是生活的真实;是表现的真实,而不是模仿的真实;是心理的真实,而不是物理的真实。本着这一原则,刘勰反对"假象"却赞成"夸饰"。他甚至说:"自天地以降,豫入声貌,文辞所被,夸饰恒存。虽诗书雅言,风格训世。事必宜广,文亦过焉。是以言峻则嵩高极天,论狭则河不容舠,说多则子孙千亿,称少则民靡孑遗,襄陵举滔天之目,倒戈立漂杵之论,辞虽已甚,其义无害也。""广""过""已甚",都不真实,也不中庸,为什么"其义无害"?为什么不但无害,而且反而真实,"壮辞可得喻其真"?就因为它所传达的情感感受是真实的。刘勰认为,有了真情,就可以以假喻真,反丑为美:"且夫鸮音之丑,岂有泮林而变好?荼味之苦,宁以周原而成饴?——并意深褒赞,故义成矫饰。"(《夸饰》)很显然,正是在情感表现规律的作用下,自然丑变成了艺术美,而"壮辞可得喻其真"这个所谓艺术真实与生活真实的关系问题,也只能从艺术创作的情感规律中去找答案。

然而正是在同一《夸饰》篇,刘勰再次批判了"假象"。他说:"自宋玉景差,夸饰始盛。相如凭风,诡滥愈甚:故上林之馆,奔星与宛虹入轩;从禽之盛,飞廉与焦明俱获。及扬雄甘泉,酌其余波;语瑰奇,则假珍于玉树;言峻极,则颠坠于鬼神。至《西都》之比目,《西京》之海若,验理则理无可验("可"原作"不",据纪昀、范文澜改——引者注),穷饰则饰犹未穷矣。又子云羽猎,鞭宓妃以饷屈原;张衡羽猎,困玄冥于朔野。奕彼洛神,既非罔两;唯此水师,亦非魑魅:而虚用滥形,不其疏乎!此欲夸其威而饰其事,义睽剌也。"对汉赋的这一批评,同对《楚辞》所谓"诡异之辞"和"谲怪之谈"的批评,完全是一致的。很奇怪,为什么

《诗》《书》中的"已甚"之辞就该肯定，而《辞》《赋》中的"夸诞"之语就该否定呢？这岂非太不公平了吗？对比一下，就可以知道，刘勰的"真象"，是指有生活真实基础的形象，并不要求描写时照搬生活。刘勰实际上已经意识到，艺术形象总是有限的具体，艺术世界中的形象与客观世界中的现象的关系，只能"似"而不可能是"是"。因此艺术之贵，不在"是"，而在"似"；不在"形似"，而在"神似"。唯其追求的是"神似"，才可"以假喻真"，"以少总多"，即或用夸饰之辞摹声拟貌，或用简省之笔写照传神。所以"一言穷理""两字穷形""壮辞可得喻其真"，都是讲艺术真实。但是，艺术真实必须以生活真实为基础："饰穷其要，则心声锋起，夸过其理，则名实两乖。"（《夸饰》）也就是说，以假喻真也好，反丑为美也好，都不但要"合情"，而且要"合理"。这"理"既包括心理之理和伦理之理，也在一定意义上包括物理之理，即有无此物之理。刘勰认为，凡确有其事者，无论如何夸饰，都无伤大雅甚至反得其真；至于生活中根本没有、纯粹靠幻想臆造的形象，则应在坚决排斥之列。

而这也正是"自然之道"的体现："人禀七情，应物斯感，感物吟志，莫非自然。"（《明诗》）人的情感既然本来就是在现实生活中因外物的触动而生发的，那么，要表现这种情感也就当然必须凭借现实生活中固有的形象了。这一层意思，刘勰虽然没有明确说出来，却可以推知。其实，刘勰因囿于儒家成见，未能看到所谓"诡异之辞"和"谲怪之谈"，同样有着自己的现实基础；而屈骚楚辞中的这些浪漫色彩，同样是中华民族古老文化的精华。既然只要"意深褒赞"，便"义成矫饰"，为什么只允许"已甚"之辞反丑为美，就不允许"夸诞"之语以假喻真呢？刘勰把所谓"诡异之辞""谲怪之谈"和所谓"狷狭之志""荒淫之意"相提并论，统称之为"异乎经典者"，也许，正是因为这些形象没有受到儒家道德观念的规范和洗礼，才被刘勰列入排斥之列吧？

〔三〕

所以，刘勰不但要求"真"，而且要求"善"。他的"善"，包括"风清而不杂"和"义直而不回"。

何谓"风"？《风骨》篇说："诗总六义，风冠其首，斯乃化感之本源，志气之符契也"；又说："情之含风，犹形之包气"。这与《毛诗序》对"风"的定义是一致的："风，风也，教也；风以动之，教以化之。"《毛诗序》的"动""教"即《风骨》篇的"感""化"，可见"风"是一种既有教育意义（教化）又有感人力量（感动）的精神因素；而"风清而不杂"，便显然是指这种精神因素的纯正而言。

那么，何谓"义"？《诗·小雅·鼓钟》："淑人君子，其德不回。"《毛传》曰："回，邪也。""不回"就是"不邪"。邪恶与正直相对，正是指道德而言。《宗经》赞美"六经"是"义既极乎性情"，《明诗》则说"诗者，持也，持人情性；三百之蔽，义归无邪，持之为训，有符焉尔"；《论语·为政》："子曰，诗三百，一言以蔽之，曰'思无邪'。"可见，"义直而不回"，即"义归无邪"，亦即"思无邪"。它与"持人情性"相呼应，也正是指文学作品中蕴含的伦理道德教育意义。

刘勰的这种观念显然来源于孔子。《论语·八佾》："子曰：《关雎》乐而不淫，哀而不伤。""哀""乐"都是感情，而"不淫""不伤"即"不过"，则正是对这种感情的道德规范和节制。《辨骚》篇引西汉淮南王刘安《离骚传》云"《国风》好色而不淫，《小雅》怨诽而不乱，若《离骚》者，可谓兼之"，也与此同。正因为在儒家看来，作为文学作品内容的"情"，乃是一种积淀着社会内容的伦理情感，因而具有伦理道德特质，可以"持人情性"，所以孔子论诗，才能从"诗"（文艺学）说到"礼"（伦理学）——

子夏问曰："巧笑倩兮，美目盼兮，素以为绚兮，何谓也？"子曰："绘事后素。"曰："礼后乎？"子曰："起予者商也！始可与言诗已矣。"[1]

子贡曰："贫而无谄，富而无骄，何如？"子曰："可也，未若贫而乐，富而好礼者也。"子贡曰："《诗》云：'如切如磋，如琢如磨。'其斯之谓与？"子曰："赐也始可与言诗已矣，告诸往而知来者。"[2]

孔子这两段话，刘勰在《明诗》篇作了引述，他说："自商暨周，雅颂圆备，四始彪炳，六义环深，子夏监绚素之章，子贡悟琢磨之句，故商赐二子，可与言《诗》。"其实"商赐二子"对《诗》的理解，与其说是美学的，毋宁说是伦理学的。孔子和刘勰都倍加赞赏的"商赐二子"的说诗方式，作为一种非美学的文学批评态度，却又正好体现了儒家的美学思想。

儒家美学思想是一种注重社会功利的伦理美学。在它看来，艺术是、也只能是实现某种社会功利目的（政治理想、道德规范、政权建设、人格塑造等等）的工具和手段。因此，文学艺术的内容，必须或具有某种特定的政治意义，或具有某种普遍的伦理价值；文学艺术的社会功能，也就具有宽泛的社会功利性。它包括政治性，却又并不等于政治性，而是多元因素的，大约包括"美刺""教化""移风易俗"和"陶铸情性"四个方面。"美刺"即直接对社会生活（政治、经济、文化）表明自己的是非判断，《诗·魏风·葛屦》所谓"维是褊心，是以作刺"，《诗·小雅·节南山》所谓"家父作诵，以究王讻"，《毛诗序》所谓"达于事变而怀其旧俗者"等即是。《明诗》篇谓"顺美匡恶，其来久矣"，也正是指"美刺"。"教化"，即对贵族子弟（后来推广到对民众）进行思想道德的教育和灌输。"教者，效也，出言而民效也。"（《诏策》）《尚书·尧典》所谓"命女典乐，教胄子"，《毛诗序》所谓"上以风化下"等即是如此。《原道》篇谓"晓生民之耳目""研神理而设教"，都正是指"教化"。"移风易俗"，即影响整个民族的道德观念；"陶铸情性"，即影响每个社会成员的人格个性。《荀子·乐论》所谓"乐者，圣人之所乐也，而可以善民心，其感人深，其移风易俗"，"足以感动人之善心"，《礼记·经解》所谓"温柔敦厚，诗教也"等即是。以上四个方面最后都可以归结到"情性"。"美刺"是"吟咏情性，以讽其上"（《情采》）；"教化"是"洞性灵之奥区"（《宗经》）；"移风易俗"是"情感七始，化动八风"（《乐府》）；"陶铸性情"就更不用说了。总之，在儒家美学思想看来，文学的社会功利性主要是靠艺术感染力对人的性情发生潜移默化的教育、熏陶作用，以达到提高每个个人以及整个民族精神素质的目的。

刘勰全面继承了儒家这些美学思想。与道家的无为思想和超功利态度相反，他的"自然之道"作为审美规律和审美理想，就包括了上述功利要求和道德规范在内。在刘勰那里，"原道心以敷章"（真）与"研神理而设教"（善），"写天地之辉光"（反映）与"晓生民之耳目"（教育），"观天文以极变"（自然规律）与"察人文以成化"（社会功利），"励德树声"（道德修养）与"建言修辞"（文学创作），"感物吟志"（抒发感情）与"持人情性"（陶冶个性），"顺美匡恶"（讽刺时世）与"吐纳成文"（表现才华），"情感七始"（艺术感染）与"化动八风"（道德熏陶），"观乐"（审美欣赏）与"识礼"（伦理教育），等等，都是统一的。唯其如此，他才在肯定了《楚辞》"取镕经意"的同时又指责它的所谓"狷狭之志"和"荒淫之意"（《辨骚》），也才在肯定谐辞隐语"辞虽倾回，意归宜正"，"会义适时，颇益讽诫"的同时告诫作者："本体不雅，其流易弊"，若"空戏滑稽"，则"德音大坏"（《谐隐》）。所有这些，都体现了刘勰强调美善统一，强调道德规范和社会功利的一贯思想。

〖四〗

刘勰的"美"，同样也包括了两个方面，即"体约而不芜"和"文丽而不淫"，简而言之，即"约"与"丽"。

"约"即"要约"，亦即简洁。《征圣》篇说："《易》称辨物正言，断辞则备；《书》云辞尚体要，弗唯好异。"《乐府》篇说："陈思称李延年闲于增损古辞，多者宜减之，明贵约也。"《铭箴》篇说："义典则弘，文约为美。"《诔碑》篇说："其叙事也该而要。"《论说》篇说："若毛公之训诗，安国之传书，郑君之释礼，王弼之解易，要约明畅，可为式矣。"《事类》篇说："综学在博，取事贵约。"《物色》篇说:"皎日嘒星,一言穷理;参差沃若,两字穷形,并以少总多,情貌无遗矣";又说:"物色虽繁,而析辞尚简"。可谓一而再、再而三地强调"要约"。"要约"的反面是"繁芜","繁芜"为刘勰所不取。《诠赋》篇说:"逐末之俦,蔑弃其本,虽读千赋,愈惑体要。"《议对》篇说:"文以辨洁为能,不以繁缛为巧;事以明核为美,不以深隐为奇,此纲领之大要也。"《风骨》篇说:"《周书》云辞尚体要,弗唯好异,盖防文滥也。"《序志》篇说:"去圣久远,文体解散,辞人爱奇,言贵浮诡,饰羽尚画,文绣鞶帨,离本弥甚,将遂讹滥。"这都是尚"要约"而反"繁芜"之证。

"丽"即"雅丽",亦即典雅、秀丽。《征圣》篇说:"然则圣文之雅丽,固衔华而佩实者也。"《辨骚》篇引班固语评屈骚说:"然其文辞丽雅,为词赋之宗。"《诠赋》篇说:"原夫登高之旨,盖睹物兴情。情以物兴,故义必明雅;物以情观,故词必巧丽。丽词雅义,符采相胜。"《颂赞》篇说:"原夫颂唯典雅,辞必清铄。"《诏策》篇说:"潘勖九锡,典雅逸群。"《体性》篇说:"雅丽黼黻。"《通变》篇说:"商周丽而雅。""雅丽"即"文质彬彬",是一种"中和之美",我们在第八章还要谈到。"雅丽"的反面是"质木"和"淫侈"。"淫侈"即"繁芜",是"过";"质木"则是"不及"。"质木"之辞虽简,却不是"要约";"雅丽"之辞虽"文",却不是"繁芜"。《总术》篇说:"精者要约,匮者亦鲜;博者该赡,芜者亦繁;辨者明晰,浅者亦露;奥者复隐,诡者亦典。"所以,"要约"和"雅丽"也就不简单地是形式的简明和美丽。"要约"之简不是简陋,而是由有限中求无限,于空灵处见充实,以少胜多,计白当黑。"雅丽"之华也不是浮华,而是丽而不浮,文而不侈,华美而不失其典,新奇而不失其正。如果说前者体现了中国古典文学艺术的基本准则和特色,那么,后者则带有鲜明的儒家思想特色,同样具有民族个性。

因此,在刘勰那里,"要约"和"雅丽"是同一的,刘勰有时并提,如《诔碑》篇说:"其叙事也该而要,其缀采也雅而泽,清词转而不穷,巧义出而卓立";《物色》篇说:"诗人丽则而约言"。"要约"和"雅丽"作为一种美学风格,其表现是形式简约而内容丰富(《宗经》"辞约而旨丰"),辞语明朗而含义深邃(《章表》"明而不浅"），语气委婉而文意正直（《哀吊》"义直而文婉"），体态清朗而文思深峻（《风骨》"风清骨峻"，《物色》"味飘飘而轻举，情晔晔而更新"），是一种自然、明朗、刚健、典雅的中和之美。

刘勰认为，"要约"而"雅丽"的风格，本之于"为情而造文"的原则。针对南朝"体情之制日疏，逐文之篇愈盛"的倾向，刘勰提出"文采所以饰言，而辩丽本乎情性"的基本观点，并根据这一基本观点，总结出"为情者要约而写真，为文者淫丽而烦滥"（《情采》）的规律，把文之繁简与情之真伪直接联系起来。当然，持这种观点的，也非特刘勰一人，挚虞也说过："古诗之赋，以情义为主，以事类为佐；今之赋，以事形为本，以义正为助。情义为主，则言省而文有例矣；事形为本，则言当而辞无常矣。文之烦省，辞之险易，盖由于此。是以司马迁割相如之浮说，扬雄疾辞人之丽淫。"[3]很显然，这是对大量的文学创作实践的经验总结。一个情感勃发的艺术家总是以传达情感为目的，因而力求在最简省的笔墨中蕴含最丰富的内容；而一个没有多少真情实感又偏要无病呻吟沽名钓誉的人，势必装腔作势，堆砌和玩弄辞藻，这一点，我们在前面已多有论述。总之，在刘勰那里，文学是一种"情文"，因此，在文学创作和欣赏过程中，"缀文者情动而辞发，观文者披文以入情"（《知音》），作家把自己的情感对象化，欣赏者则对这种对象化了的情感进行再感受。也就是说，在文学欣赏过程中，读者只有透过艺术的形式进入艺术的内容，亦即进入艺术家的心灵，才能真正在领会的基础上获得审美愉快。因此，欣赏者的审美鉴赏力首先就是心灵的感受能力："故心之照理，譬目之照形，目瞭则形无不分，心敏则理无不达。"（《知音》）反之，作家的艺术功力也就表现在艺术品对欣赏者心灵的感染力："必使情往会悲，文来引泣，乃其贵耳。"（《哀吊》）正是基于此，刘勰提出了"繁采寡情，味之必厌"的审美规律，并根据这一审美规律，提出了"要约""雅丽"的审美理想。

由此可见，"要约""雅丽"的实质，乃是强调"为情而造文"，反对"为文而造情"，它是"五情发而为辞章"的"神理之数"在审美理想中的体现，当然也就是"心生而言立，言立而文明"的"自然之道"在审美理想中的体现。也就是说，文学作品要想呈现出"要约""雅丽"的美学风格，首先要求它必须是"为情而造文"

的"体情之制"。反过来，所谓"体情之制"，也必定是情真、事信、风清、义直、体约、文丽之作。因为"情文"，如前所述，乃是真实性情的真实抒写和自然流露；所以"体情之制"，也就是运用简洁明朗、典雅秀丽的文字，并借助真实可靠的"事类"，抒写和表现有着一定政治伦理、社会意义的真实感情。

这样，情真、事信、风清、义直、体约、文丽这"六义"，也就是一个不可分割的统一体。作为审美理想，它表现了真善美的和谐统一，而这和谐统一的境界也就是"自然"。刘勰认为，文学作品的内容，应该是"真情"与"善意"（风与骨）的统一，从而达到一种伦理情感的自然和谐；文学作品的形式，应该是"要约"与"雅丽"（质与文）的统一，从而达到一种审美形式的自然和谐；文学作品的创造，应该是"率志"与"合契"（心与术）的统一，从而达到一种创造过程的自然和谐。自然、和谐，这就是刘勰那里的审美理想、审美典范和美的最高境界。

ANNOTATION
注释

1.《论语·八佾》。
2.《论语·学而》。
3. 挚虞：《文章流别论》。

第七章
风骨与体势

〖一〗

如果我们对《宗经》"六义"按其顺序作一个深入的研究，就会发现它与《风骨》篇提出的"风""骨""采"三个范畴有着密切的内在联系。要言之，《宗经》"六义"之一、二关乎"风"，三、四关乎"骨"，五、六关乎"采"。也就是说，所谓"风"，即要求"情深而不诡""风清而不杂"；所谓"骨"，即要求"事信而不诞""义直而不回"；所谓"采"，即要求"体约而不芜""文丽而不淫"。因此所谓"六义"，也就是从风、骨、采三方面提出的六条美学原则。《宗经》六原则关乎《风骨》三范畴，它们之间的关系如下图所示：

$$
\begin{array}{l}
\text{风}\left\{\begin{array}{l}\text{一则情深而不诡}\\ \text{二则风清而不杂}\end{array}\right\}\text{真}\\
\text{骨}\left\{\begin{array}{l}\text{三则事信而不诞}\\ \text{四则义直而不回}\end{array}\right\}\text{善}\\
\text{采}\left\{\begin{array}{l}\text{五则体约而不芜}\\ \text{六则文丽而不淫}\end{array}\right\}\text{美}
\end{array}
$$

很显然，所谓《宗经》"六义"，还只是从"原道""宗经"的本体论高度所提出的关于审美理想的六条抽象原则，《风骨》篇关于风、骨、采的论述，才是刘勰审美理想的具体体现。

那么，什么是"风骨"？

我们认为，对于"风""骨"，以及诸如"体""势""气""韵""滋味"等等中国古代文论中特有的审美范畴，主要应从其精神实质上去领会和把握，而不宜细分死抠，更不宜用西方的美学范畴或当代的理论概念去比附。这些中国古代特有的审美范畴，大都宽泛而含混，丰富而多歧，具有形象与概念的二重性，因此很难用现代理论的术语概念来替换。把握这些审美范畴的最好办法，还是从古人自己的解释论述出发，进行细致深入的分析。那么，刘勰自己如何解释"风骨"呢？《风骨》篇这样说：

诗总六义，风冠其首，斯乃化感之本源，志气之符契也。是以怊怅述情，必始乎风，沉吟铺辞，莫先于骨。故辞之待骨，如体之树骸；情之含风，犹形之包气。结言端直，则文骨成焉；意气骏爽，则文风清焉。若丰藻克赡，风骨不飞，则振采失鲜，负声无力。是以缀虑裁篇，务盈守气，刚健既实，辉光乃新，其为文用，譬征鸟之使翼也。故练于骨者，析辞必精；深乎风者，述情必显。捶字坚而难移，结响凝而不滞，此风骨之力也。若瘠义肥辞，繁杂失统，则无骨之征也；思不环周，索莫乏气，则无风之验也。昔潘勖锡魏，思摹经典，群才韬笔，乃其骨髓峻也；相如赋仙，气号凌云，蔚为辞宗，乃其风力遒也。能鉴斯要，可以定文，兹术或违，无务繁采。

从刘勰的这段论述，我们可以得知，"风"与"骨"具有以下共同特点：

第一，它们是文学作品的某种内在素质而不是外部形态："辞之待骨，如体之树骸；情之含风，犹形之包气。"即如王元化先生所说："骨对于辞来说，骨虚辞实，骨是内，辞是外（正如骸包括在体内一样）。风对于情来说，风虚情实，风是内，情是外（正如气包括在形内一样）。就这个意义来看，风和骨都是作为形体的内在素质，所以同属于'内'的范畴。"[1]

第二，"风"与"骨"这两种内在素质，又都有某种内在的力量，故又称"风骨之力"。由于"风骨"具有某种内在力量，所以具有风骨的文学作品也就会对读者产生某种"迫人力",也就是产生审美的心理效应。因此风骨是作品获得审美价值的根本原因:"捶字坚而难移,结响凝而不滞,此风骨之力也";"昔潘勖锡魏,思摹经典,群才韬笔,乃其骨髓峻也;相如赋仙,气号凌云,蔚为辞宗,乃其风力遒也"。反之,"若丰藻克赡,风骨不飞,则振采失鲜,负声无力"。也就是说,如果没有风骨之力,即便文采丰富,也不能动人心弦,反倒可能使文辞黯淡,声韵消沉。

第三,因此,"深乎风"而"练于骨",是文学创作的第一美学原则。即如刘勰所说:"是以怊怅述情,必始乎风,沉吟铺辞,莫先于骨。"也就是说,在抒情写意之前,必须先有"风";在命笔作文之前,必须先有"骨"。"风骨"较之"辞采",要远为重要得多:"能鉴斯要,可以定文,兹术或违,无务繁采。"

那么,这两种在文学创作之前就必须具备的、有着内在精神力量的素质是什么呢?我们认为,就是《宗经》"六义"要求的真情、清风、信事、直义。

先来看"风"。刘勰释"风"曰:"诗总六义,风冠其首,斯乃化感之本源,志气之符契也。"也就是说,在《诗经》所标举的风、雅、颂、赋、比、兴这六条文学创作的金科玉律中,"风"是第一位的。它是作品能够感动读者,从而起到"教化"作用的根本原因,是作者思想感情的真实表现。根据儒家的美学思想,它只能是一种具有深刻的政治伦理社会意义的真实情感。它首先必须真实,唯其真实,才能感人;它又同时必须正直,唯其正直,才能化人。所以要求"怊怅述情,必始乎风",也就是要求作家所抒之情既真且清,亦即《宗经》"六义"所谓"情深而不诡""风清而不杂"。"真"则"感","清"则"化",所以"风"是"化感之本源"。作家所抒之情既真挚深沉,又清白正直,那么他也一定是"为情"而造,"率志"而作,也就一定"要约而写真",也就一定"意气骏爽"。所以"意气骏爽,则文风清焉"。反之,如果作家是"为文而造情",那么,这种为写作而写作伪造出来的"情",就一定是"言与志反"的虚情假意,既无真实性,又无伦理教化价值,而且他写作时也一定是"苟驰夸饰""钻砺过分",也就一定"神疲而气衰"。所以刘勰说:"思不环周,索莫乏气,则无风之验也。"很显然,所谓"风",是对文学作品内容——"情"的规范,它要求"情"既"真"且"善",既有真实性,又有伦理价值。刘勰认为,做到了这一点,文学作品就会使读者产生一种一心向善的情感感动。

因此，所谓"风力"，也就是一种能使人心灵变得纯洁高尚（清）起来的情感感染力。这种感染力就像"风"一样，能鼓舞人心，使其产生飞动向上之志，积极进取，实现儒家所谓"修齐治平"的政治理想。所以刘勰用"风"这种形象化的概念来标示对文学作品内容的美学规范。其所以方之以"风"者，正取其鼓动人心之意。当然，在刘勰看来，这种鼓动力无疑只能本之于"道心"："辞之所以能鼓天下者，乃道之文也。"（《原道》）

如果说"风"这个形象化的概念所标示的是对文学作品内容的规范，那么"骨"这个形象化概念所标示的，则是对文学作品形式——文辞的规范。"骨"是人体的内在结构，因此它所象征的，是作品的内在结构力，所谓"骨力"即是。人若骨骼健壮，就端庄正直，立如松，坐如钟；文章若"骨髓峻"，其文辞势必堂堂正正，端庄厚实，所以说"结言端直，则文骨成焉"。反之，人若无骨，就只是肥肉一堆；文章若"无骨"，也就如烂泥一摊，所以说"若瘠义肥辞，繁杂失统，则无骨之征也"。那么，什么是文章之骨髓？《附会》篇说："必以情志为神明，事义为骨髓。"可见"文骨"即"事"与"义"。《宗经》"六义"对事义的要求，是"事信而不诞""义直而不回"。在刘勰看来，最符合这两条原则的，当然是儒家的经典，所以他说："昔潘勖锡魏，思摹经典，群才韬笔，乃其骨髓峻也。"可见要做到"骨峻"，就必须以经典为模式；而"模经为式者，自入典雅之懿"（《体势》），所以有骨之文，其美学风格即为"典雅"。"深乎风者"，情真、风清，所以"述情必显"，也就"体约而不芜"；"练于骨者"，事信、义真，所以"析辞必精"，也就"文丽而不淫"。由此可见，《风骨》篇的论述，确乎是《宗经》"六义"的具体化。

这就是"风"与"骨"。大体上说，"二者皆假于物以为喻"。其所喻者，总的来说，"风即文意，骨即文辞"[2]。也就是说，"风"是一种对文意的要求，是借助文意表现出来，但比文意更为内在的精神素质，即情感的真挚和情操的高洁，它能使作品产生一种引人向上的感染力，从而表现出一种昂扬、飞动的气势美；"骨"是一种对文辞的要求，是借助文辞表现出来，但比文辞更为内在的精神素质，即事类的真实和义理的正直，它能使作品产生一种端庄稳重的结构力，从而表现出一种厚实、精悍的凝重美。"风"与"骨"的总体要求，是强调真实的、生动的、凝重的、富于表现力（风力、骨力）的美。它是有力度的、发自内心的、能扣人心弦鼓动人心的，而不是经过反复复制的、程式化规范化、静止呆板的一般形式美。所以文学作品仅仅有"采"，还不是真的美和艺术，必须兼"风""骨""采"而有之，才是真正的杰作。用刘勰的话来说，就是："若风骨乏采，则鸷集翰林；采乏风骨，则雉窜文囿；唯藻耀而高翔，固文笔之鸣凤也。"（《风骨》）在这里，刘勰用鹰隼、野鸡和凤凰这三个形象，生动地描述了风骨与采的三种关系："采乏风骨"者，犹如野鸡，看起来五光十色，其实毫无才力，一如民间所谓绣花枕头、红漆马桶、银样镴枪头，最为刘勰所不齿；"风骨乏采"者，犹如鹰隼，虽然雄健有力，高飞及天，但毕竟少了一点光彩，令人遗憾；唯有兼风、骨、采而有之者，才像凤凰一样，既能翱翔万里，又有文采斐然，而这也正是刘勰的审美理想。

〖二〗

如果说"风骨"是对文意和文辞的规范，因而是文学作品的内在素质的话，那么，"体势"则是文意与文辞的表现，因而是文学作品的外部形态。

关于"体"与"势"，一如"风"与"骨"，过去论者也是众说纷纭，但多将其割裂开来，用现代文艺理论的概念去比附。或谓"体"为风格，则"势"不知何物；或谓"体"为文体、体裁，则又与《体性》篇"八体"说相悖。其实，"体"与"势"合起来，才大略相当于今天所谓"美学风格"；分开来，则是构成风格的内外两个层次。《定势》篇说得很清楚："夫情致异区，文变殊术，莫不因情立体，即体成势也。"也就是说，正因为文学作品的内容因人因时因地因事而异，千变万化，生生不已，所以文学作品的风格也就千姿百态，层出不穷。但其共同规律，却是"因情立体，即体成势"。很显然，这里的"情"即"文意"，"体"与"势"即"文辞"。"体"是文辞所表现的"体式"，即《体性》篇列举的"典雅""远奥""精约""显附""繁缛""壮丽""新奇""轻靡"等八种风格模式；"势"则是这八种风格模式所必然具备和运用的对称、错综、排比、奇正、繁略、形体安排、音响组合等文辞技巧所表现出的美学风貌和审美趣味,故又称"风趣"。刘勰论"势","势""趣"互文,可知"势"即"风趣"。刘永济先生对此曾有过精辟的论述,他说:"统观此篇,论势必因体而异,势备刚柔奇正,又须悦泽,是则所谓势者,姿也,姿势为联语,或称姿态;体势,犹言体态也。……观其圆转方安,水漪木阴之喻,非姿而何?盖文章体态虽多,大别之,富才气者,其势卓荦而奔纵,阳刚之美也;崇情韵者,其势舒徐而妍婉,阴柔之美也。"[3]很显然,"体"比"势"更简单也更抽象,"势"比"体"更复杂也更具体;"体"比"势"更内在也更基本,"势"比"体"更外在也更丰富。"数穷八体"(《体性》)而"势无一定"[4],正是"势"的千姿百态,使文学风格流派层出不穷,日新月异。

"势"既是修辞技巧所表现出的审美风趣,那么虽云势无一定而规律存焉。其规律,一则是"因情立体,即体成势"。"是以括囊杂体,功在铨别,宫商朱紫,随势各配。章表奏议,则准的乎典雅;赋颂歌诗,则羽仪乎清丽;符檄书移,则楷式于明断;史论序注,则师范于核要;箴铭碑诔,则体制于弘深;连珠七辞,则从事于巧艳:此循体而成势,随变而立功者也。虽复契会相参,节文互杂,譬五色之锦,各以本采为地矣。"(《定势》)在这里,"括囊杂体,功在铨别",是因"体裁"而定"体式","宫商朱紫,随势各配",则是因"体式"而定"语势"。所以其规律之二,即是"声画妍蚩,寄在吟咏;吟咏滋味,流于字句"(《声律》)。也就是说,"势"作为文辞表现出的风趣、滋味,正是指从文学语言的音韵、节奏、字形以及字义的对称、均衡、错综与和谐之中得到的美感。

对称,表现在汉语言文学中首先是所谓"丽辞"(对偶、对仗)。丽,俪也,古字是以两只并排的美丽的鹿,象两两相比之形。丽辞是汉字修辞特有的审美特征。以象形为基础的方块字,不但每个字是一个独立的音节,而且几乎就是一个独立的语义单位和一幅图画,古代汉语语法,使两句意义不同的句子可以较为便宜地组成字数相等、语法结构相同的对子;而一字多义和一义多字的特点,又使这种对子不至于重复,从而构成一种既均衡又错综的形式美。刘勰说"造化赋形,支体必双,神理为用,事不孤立。夫心生文辞,运裁百虑,高下相须,自然成对"(《丽辞》),他是从"自然之道"的高度来论述对称原理的,从而赋予它一种天然合理性。其实普列汉诺夫也说过"对称的规律","它的根源是什么呢?大概是人自己的身体的结构以及动物身体的结构:只有残废者和畸形者的身体是不对称的,他们总是一定要使体格正常的人产生一种不愉快的印象"[5]。由此看来,对称能给人以美感,也确乎是很自然的了。"然契机者入巧,浮假者无功",并非所有的对偶都能给人美感,而经典作家的"不劳经营"(《丽辞》),也并非不懂规律,而应说是在掌握规律基础上的得心应手。"辞理庸俊,莫能翻其才"(《体性》),对偶丽辞的高下优劣,也许正表现了作家的才华和修养吧!

对偶作为一种修辞美,它首先是均衡。字数相等,结构相同,意义相近,用事相当,总之,是趋向于"同"。即使所谓"反对",也不是求异。"幽显同志",仍然是求其同。"是以言对为美,贵在精巧;事对所先,务在允当。若两事相配,而优劣不均,是骥在左骖,驽为右服也。若夫事或孤立,莫与相偶,是夔之一足,趻踔而行也。"(《丽辞》)其实,避免"优劣不均",或"莫与相偶",也是对整篇文章的要求,并不止于对偶丽辞之类。《章句》篇说:"章句在篇,如茧之抽绪,原始要终,体必鳞次。启行之辞,逆萌中篇之意;绝笔之言,追媵前句之旨:故能外文绮交,内义脉注,跗萼相衔,首尾一体。若辞失其明,则羁旅而无友;事乖其次,则飘寓而不安。"这段论述虽然最后归结于"搜句忌于颠倒,裁章贵于顺序",但实含均衡的要求在内,因为蚕茧的抽丝和鱼鳞的排列,都是很均匀的。这样,《附会》篇讲的"若首唱荣华,而腰句憔悴,则遗势郁湮,余风不畅",就是对不均衡结构的批评;而"总文理,统首尾,定与夺,合涯际,弥纶一篇,使杂而不越",则是对整篇文章外部完整、内部均衡的要求了。

但对称不仅仅是均衡,是"同";它也是错综,是"异"。"幽显同志,反对所以为优也;并贵共心,正对所以为劣也。"(《丽辞》)正因为"反对"是在"异"中见"同",所以才有"异采",即非同凡响之美。不仅仅是文意的错综("理殊"),而且是字音和字形的错综。对前者的要求见于《声律》篇"沉则响发而断,飞则声扬不还,并辘轳交往,逆鳞相比",这与沈约所谓"宫羽相变,低昂互节,若前有浮声,则后须切响"[6]的主张是正相一致的。对后者的要求见于《练字》

篇:"缀文属篇,必须练择:一避诡异,二省联边,三权重出,四调单复",后三条都指错综:"善酌字者,参伍单复,磊落如贯珠矣"。字音和字形的错综,是比较纯粹的形式感,它说明好的文学作品,即便抛开其情感内容,仅从语言文字的排列组合之中也能得到某种审美感——节奏感与韵律感:"譬舞容回环,而有缀兆之位;歌声靡曼,而有抗坠之节也。"(《章句》)因此,"必使理圆事密,联璧其章;迭用奇偶,节以杂佩,乃其贵耳"(《丽辞》)。这正是中国古典文学所特有的音乐感在理论上的说明。

错综与均衡是统一的,因此,错综不是错乱。"双声隔字而每舛,叠韵杂句而必睽"(《声律》),还有"辞失其朋""事乖其类"(《章句》)等都是错乱,都在排斥之列。刘勰要求的,是寓变化于统一,寓对比于协调,寓错综于均衡,一言以蔽之曰:和谐。

和谐,是均衡(同)与错综(异)的统一(和)。按照儒家中庸之道的思想原则,"和"也就是"正"。不过在刘勰这里,与其说是"正"作为一种"和",毋宁说是"奇"与"正"、"变"与"通"的统一。因为虽云"因情立体,即体成势",但文体有常而势无一定,即如《通变》篇所言:"夫设文之体有常,变文之数无方","凡诗赋书记,名理相因,此有常之体也;文辞气力,通变则久,此无方之数也。名理有常,体必资于故实;通变无方,数必酌于新声"。文辞气力既然其变无方,那么,辞气所表现出来的语势和风趣,当然也就变化多端了。然而势无一定而称定势者,便牵涉到刘勰的"通变"观。

刘勰的"通变"观,本之于《周易》哲学。《周易》哲学的一个重要特点,就是非常注意着眼于"变"。《易·系辞上》曰:"富有之谓大业,日新之谓盛德。生生之谓易,成象之谓乾,效法之谓坤。极数知来之谓占,通变之谓事,阴阳不测之谓神。"在《周易》哲学看来,整个世界阴阳阖辟,刚柔相摩,生生不息,变化无穷,但万变不离其宗。所以郑玄说:"《易》一名而含三义:易,简,一也;变易,二也;不易,三也。"[7]变易即变,不易即通,《易·系辞上》称:"一阖一辟谓之变,往来不穷谓之通","化而裁之谓之变,推而行之谓之通"。显然,只有"通其变",才能"往来不穷",因此,《易·系辞下》称:"易穷则变,变则通,通则久,是以自天祐之,吉无不利。"也就是说,唯变能通,唯通能久。这既然是宇宙间万事万物的普遍规律,在刘勰看来,当然也就是文学的规律。因此他说:"文律运周,日新其业。变则其久,通则不乏","然绠短者衔渴,足疲者辍涂,非文理之数尽,乃通变之术疏耳"(《通变》)。

毫无疑问,既然"文辞气力,通变则久",那么,就应该鼓励作家创新,在突破旧的审美规范的基础上创造新形式。然而,在《文心雕龙》一书中,我们很难看到这种鼓励,更多地看到的,却是刘勰对当时文学"趋新"的指责。《通变》篇论文学史,谓:"推而论之,则黄唐淳而质,虞夏质而辨,商周丽而雅,楚汉侈而艳,魏晋浅而绮,宋初讹而新。从质及讹,弥近弥澹。"按照这个逻辑,文学从商周以后,便日趋堕落,每况愈下,已一发不可收拾。《定势》篇也说:"自近代辞人,率好诡巧,原其为体,讹势所变,厌黩旧式,故穿凿取新;察其讹意似难,而实无他术也,反正而已。"这种指责,在其他篇章中,也时有所见。究其所以,在于刘勰之论"通变",本之于《周易》,因此有可"易"者,有不可"易"者。"易"者,"文辞气力"也;"不易"者,儒家思想的美学原则也。综观全书,莫不如此。《原道》倡言"道心惟微,神理设教";《征圣》标举"征之周孔,则文有师矣";《宗经》指斥"楚艳汉侈,流弊不还",提出"正末归本,不其懿欤";《情采》则与之呼应,谓"联辞结采,将欲明经",所以"贲象穷白,贵乎反本";《序志》总结文学发展史,谓"去圣久远,文体解散,辞人爱奇,言贵浮诡,饰羽尚画,文绣鞶帨,离本弥甚,将遂讹滥";《通变》则明确开出药方,谓"练青濯绛,必归蓝蒨,矫讹翻浅,还宗经诰。斯斟酌乎质文之间,而櫽括乎雅俗之际,可与言通变矣"。"还宗经诰",也就是"征之周孔",刘勰认为,只有这样,才能"抑引随时,变通会适"(《征圣》)。一切离经叛道之"变",只会导致"讹势""浮诡"的恶劣后果。

由此可见,刘勰的"变",是"参古定法"(《通变》)之变;刘勰的"奇",是"执正以驭"(《定势》)之奇。所以虽云"变文之数无方"(《通变》),却绝非提倡主观任意性,而仅仅只是在征圣宗经、参古定法的前提下进行艺术创作的灵活性。所以他说:"密会者以意新得巧,苟异者以失体成怪。旧练之才,则执正以驭奇;新学之锐,则逐奇而失正;势流不反,则文体遂弊。秉兹情术,可无

思耶！"(《定势》)

所以，刘勰之所谓"定势"，意在"参古定法"而反对"失体成怪"。这里的"古"，即儒家传统；这里的"体"，即"模经为式"。这样，刘勰关于"体"与"势"的美学原则，也就无非是"体约而不芜"与"文丽而不淫"两条；而所谓"因情立体，即体成势"，也就与《宗经》"六义"完全一致。也就是说，如果"情"（广义的，泛指内容）实现了情深、风清、事信、义直的要求，其所要求之"体"，就必然是"约而不芜"之体；其所成之"势"，也就必然是"丽而不淫"之势。"体"与"势"，也就是《情采》篇之"采"。《情采》篇纪昀评语曰"因情以敷采，故曰情采"，展开来，就是"因情立体，即体成势"。这样一来，在刘勰的美学思想体系中，文学特质与审美理想的关系，就可以用下图来标示：

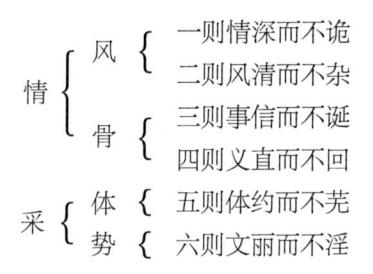

$$
\text{情}\begin{cases}\text{风}\begin{cases}\text{一则情深而不诡}\\\text{二则风清而不杂}\end{cases}\\\text{骨}\begin{cases}\text{三则事信而不诞}\\\text{四则义直而不回}\end{cases}\end{cases}
$$
$$
\text{采}\begin{cases}\text{体}\{\text{五则体约而不芜}\\\text{势}\{\text{六则文丽而不淫}\end{cases}
$$

根据以上分析，我们可以得出结论：在刘勰这里，符合他审美理想的文学作品，应该是既合于"心生而言立"的"自然之道"，又合于"为情而造文"的"神理之数"，因而风清、骨峻、体正、势新，内容真挚、充实，形式简约、明丽的作品，很显然，它只能是《征圣》篇所标榜的"衔华而佩实"的"雅丽之文"。

〖三〗

刘勰的审美理想，是对《周易》美学思想的继承和发展。

宗白华先生说过："《易经》有六个字：'刚健、笃实、辉光'，就代表了我们民族一种很健全的美学思想。"[8]试看《风骨》篇，其思想便正本之于此，不但"刚健既实，辉光乃新"一语即由《易经》化出，而且风、骨、采也正与"刚健、笃实、辉光"相对应："风力遒"就是"刚健"，唯其"刚健"，才"意气骏爽"；"骨髓峻"就是"笃实"，唯其"笃实"，才"结言端直"；而"藻耀""采鲜"也就是"辉光"，唯其"辉光"，才"文明以健"，"篇体光华"。从这个意义上也可以说，刘勰的审美理想也就是我们民族的审美理想："刚健、笃实、辉光"。

但是，刘勰又补充和发展了《周易》的美学思想，其主要之点，在于引进了"自然"范畴。作为审美理想的"自然"，集中体现在《隐秀》篇。如果说，《风骨》篇更多地强调了艺术内容的"刚健""笃实"，那么，《隐秀》篇则更多地强调了审美形式的"辉光""自然"；如果说，《风骨》篇着眼于内在因素，要求"气势美"和"凝重美"，那么，《隐秀》篇则着眼于外部形态，要求"含蓄美"和"卓绝美"；如果说，《风骨》篇讲究的是"飞动之势"和"充实之感"，那么，《隐秀》篇讲究的则是"文外之旨"和"篇中之秀"……这两方面与其说是对立的，毋宁说是互补的。《隐秀》篇正是从"自然之道"出发，补充了《风骨》篇所继承的《周易》的美学思想。

有的研究者认为，《风骨》与《隐秀》所要求的，是两种不同形态的美，前者要求"阳刚之美"，后者要求"阴柔之美"。此说似可商榷。试问：《隐秀》所引"朔风动秋草，边马有归心"，乃篇中秀句，不正是呈现出一种阳刚之美吗？反之，许多"怊怅述情"的作品，不也可以呈现"阴柔之美"吗？《风骨》谓"怊怅述情，必始乎风，沉吟铺辞，莫先于骨"，这"必""莫"二字，便正是强调"风骨"原则的普遍意义。"采乏风骨"不是阴柔之美，"风骨乏采"也不是阳刚之美。反之，只有"深乎风"，才能产生"文外之重旨"；只有"练于骨"，才能创造"篇中之独拔"。风骨在前，是文之始先；隐秀在后，是文之英蕤。它们并不是两种平行并列的审美形态。

情感内容的风力和骨力、真情和善意、刚健和笃实，通过审美形式的两种不同形态表现出来，就是"隐"和"秀"。"隐也者，文外之重旨也"（《隐秀》），范文澜注云："重旨者，辞约而意富，余味无穷。陆士衡云'文外曲致'，此隐之谓也。""隐"的要旨大约有二：一是"义主文外"，弦外有音；二是"以少总多"，言不尽意。而艺术给人美感的秘密，就正在于让欣赏者通过有限的形象感受领会到无限的意味。"无穷之意达之以有尽之言，所以有许多意，尽在不言之中。文学之所以美，不仅在于有尽之言，而尤在无穷之意"，"换句话说，留着不说的越多，所引起的美感就越大越深越真切"[9]。所以说，"隐之为体，义主文外，秘响旁通，伏采潜发，譬爻象之变互体，川渎之韫珠玉也"（《隐秀》）。它给欣赏者留下了充分的余地，任凭他们去联想，去理解，去揣度，去补充。正是靠着这些联想和补充，中外众多的古典名著才保持了它们永久的美学魅力。正如后来清人李渔所说："和盘托出，不若使人想象于无穷。"[10]所以刘勰说"至于思表纤旨，文外曲致，言所不追，笔固知止"（《神思》），也就是深知"言有尽而意无穷"的美学奥秘。

如果说，"隐"强调的是"不要说出"，那么"秀"要求的却是"特别说出"。"秀也者，篇中之独拔者也"（《隐秀》），范注云："独拔者，即士衡所云'一篇之警策'也。陆士龙《与兄平原书》云：'《祠堂颂》已得……然了不见出语，意谓非兄文之休者。'又云'《刘氏颂》极佳，但无出言耳'。所谓出语，即秀句也。"可见"秀"是一篇之中特别警策、特别佳妙、特别醒目、特别突出的句子。这也是一种"以少胜多"，即以一句之少胜一篇之多，犹画龙点睛，能使全篇文章活起来，给欣赏者留下深刻的印象。这是很见艺术功力的。我国古典文学作品汗牛充栋，真正广为流传、脍炙人口的，往往还是那些"秀句"或有"秀句"的名篇。所以"隐"与"秀"都是中国古典艺术的特色，刘勰立专篇论隐秀，表现了他高超的审美鉴赏力和睿智与卓识。

表面上看起来，"隐"与"秀"是对立的。南宋张戒《岁寒堂诗话》引《隐秀》逸文说："情在词外曰隐，状溢目前曰秀。"一个强调内美，一个强调外秀；一个蕴含深意，一个表现卓绝；一个以有限之言含不尽之意，一个集全篇之精得一句之华；一个含蓄，一个明朗；一个深远，一个浅近……但是，二者并不矛盾，而是相反相成，共同构成中国古典艺术的独特风味。好的作品，往往是篇外有隐意，篇中有秀句，而且有的名句是隐也是秀，如刘勰所引"朔风动秋草，边马有归心"即是。刘永济先生说："文家言外之旨，往往即在文中警策处，读者逆志，亦即从此处而入。盖隐处即秀处也。"[11]诚为笃论。

"隐"与"秀"相反相成，其共同规律是自然。《隐秀》篇已残缺不全，但这一层意思却幸而留存了下来：

凡文集胜篇，不盈十一；篇章秀句，裁可百二：并思合而自逢，非研虑之所求也。或有晦塞为深，虽奥非隐；雕削取巧，虽美非秀矣。故自然会妙，譬卉木之耀英华；润色取美，譬缯帛之染朱绿。朱绿染缯，深而繁鲜；英华曜树，浅而炜烨：隐篇所以照文苑，秀句所以侈翰林，盖以此也。（按后三句据詹瑛先生引梅庆生六次校定本改）

很显然，这与我们前面多次谈到过的创作态度的"自然"，是正相呼应的。作家率志委和，优柔适会，舒怀命笔，从容写作，而隐篇秀句也就"思合而自逢"，"自然会妙"了。范文澜先生说得好："隐秀之于文，犹岚翠之于山，秀句自然得之，不可强而至，隐句亦自然得之，不可摇曳而成。此本文章之妙境，学问至，自能偶遇，非可假力于做作，前人谓谢灵运诗如初日芙蕖，自然可爱……可知秀由自然也。正是自然之旨。"[12]隐秀皆出于自然，而"偶遇"又以"学问至"为前提，所以隐秀之"自然会妙"，也就不是"无为"的结果或天才的产物，而是经过长期修养、辛勤劳动所获得的自由自在、简单自然。

在本书一开始我们即已说过，"自然"是刘勰美学思想体系中最重要的范畴之一。黄侃先生说："彦和之意，以为文章本由自然生，故篇中数言自然。"[13]刘永济先生也说："舍人论文，首重自然。"[14]在前面几章中，我们已经看到，"自然"范畴确实贯穿了《文心雕龙》全书："人文"是"心生而言立，言立而文明，自然之道也"（《原道》）；天地万物之文是"夫岂外饰？盖自然耳"（《原道》）；文学创作是"感物吟志，莫非自然"（《明诗》）；才华表现是"察其为才，自然而至"（《诔碑》）；文章体势是"如机发矢直，涧曲湍回，自然之趣也"，"譬激水不漪，槁木无阴，自然之势也"（《定势》）；丽辞巧对是"心生文辞，运裁百虑，高下相须，自然成对"（《丽辞》）；隐篇秀句是"思合自逢"，"自然会妙"（《隐秀》)。由此可见，刘勰所论"自然"，范围极广，从自然美到艺术美，从文之创作到情之表现，乃至文辞才气，音节韵律，莫非自然。因此，它也当然是刘勰审美理想的重要内容。

作为审美理想的"自然"，主要是文之风格的"自然之势"和文之英蕤的"自然会妙"。前者讲"因情立体，即体成势"的表现规律，即因情感内容而决定文章体式，由文章体式规范文辞趣味，其关系纯任自然，一如"圆者规体，其势也自转；方者矩形，其势也自安"（《定势》），凡本着这一规律所创作者，即为自然之文而有自然之势。后者讲"率志委和"的创作规律，即作家称情而作，凭性而写，一任真实性情自然流露，若情深意真、才高气足，自然自逢秀句，自成隐篇，其文也自成自然之文而有自然之妙。具有自然之妙的自然之文，其"丽辞"必然是"高下相须，自然成对"（《丽辞》）；其"音律"必然是"随音所遇，若长风之过籁，南郭之吹嘘耳"（《声律》），（"嘘"原作"竽"，据纪评改，且纪评曰，"言自然也"——引者注）。这也就是《原道》所说的"林籁结响，调如竽瑟；泉石激韵，和若球锽"之意。有的研究者据该篇"云霞雕色，有逾画工之妙；草木贲华，无待锦匠之奇。夫岂外饰，盖自然耳"一语，认为刘勰视自然美在艺术美之上。其实此处之用心，实乃以自然美之"自然"，反衬艺术美之不可不自然。试看草木泉石之"无识之物"，尚有自然之文，"有心之器"——人，岂可无文，或有文而不自然？所以《原道》篇之论天地万物自然之文，实为替审美理想的"自然之势"和"自然会妙"张目。自然之文既然有自然的形美、音美、意美，当然也就是"辉光"之文。这样，刘勰审美理想的具体内容完整地表述出来，就是这八个字：刚健、笃实、辉光、自然。

〖四〗

这就是刘勰的审美理想和理想的美。这种美，因"风力"而"刚健"，因"骨力"而"笃实"，因"秀句"而"辉光"，因"隐篇"而"自然"。风、骨、隐、秀，似乎各各对立，"风"是遒劲的飞动之势，"骨"是坚实的凝重之感，"隐"是含蓄的内在之美，"秀"是突出的外露之华。然而，正是它们相反相成，互相渗透，共同构成了"刚健、笃实、辉光、自然"这样一种美学风格。具有这种美学风格的作品，内含阳刚，外饰阴柔，衔华佩实，明丽淡雅，就像玉一样。刘勰多次以玉喻文。《隐秀》篇说："珠玉潜水，而澜表方圆"；《指瑕》篇说："斯言之玷，实深白圭"；《宗经》篇更谓"扬子比雕玉以作器，谓五经之含文也"。含文之玉，作为理想，表现出的乃是一种"绚烂之极归于平淡"的美，而这也正是我们民族的审美理想。宗白华先生说过"中国向来把'玉'作为美的理想。……一切艺术的美，以至于人格的美，都趋向玉的美：内部有光采，但是含蓄的光采，这种光采是极绚烂，又极平淡。"[15]刘勰"自然"观念所追求的，便正是这种"玉的美"。

毫无疑问，以"自然"为美的理想，非自刘勰始。《论语·八佾》引《诗》云："巧笑倩兮，美目盼兮，素以为绚兮。""巧笑倩兮，美目盼兮"，不就是美在自然吗？而"素以为绚"也就是"以素为绚"，亦即"绚烂之极归于平淡"。又如《说苑·反质》载孔子语："丹漆不文，白玉不雕，宝珠不饰"，也是以自然本色为美。至于《庄子·知北游》所谓"天地有大美而不言"，更是强调美在天然，反对人工造作。汉末魏初，文章崇尚"清峻，通脱，华丽，壮大"，其中"清峻""就是文章要简约严明的意思"，"通脱即随便之意"[16]，二者都反对矫饰和做作，崇尚自然。晋人之审美意识，最爱"清风朗月""玉露晨流"一类，对大自然之向往，往往达到痴情的地步。所以《世说新语》说：丝不如竹，竹不如肉，渐近自然故也。故刘勰以前，即已有人把"自然"作为美的理想，但明确把"自然"作为一个审美范畴提出，并抬到"道"的高度的，却是刘勰。

刘勰的"自然"范畴，有着特定的内涵，即刚健、笃实、辉光。这里有"天行健，君子以自强不息"的人生哲学，有"充实之谓美"的伦理观念，有"焕乎其有文章"的美学追求。它与"原道心以敷章，研神理而设教"的社会功利目的相联系，体现的正是儒家的社会理想和审美理想，与道家清静无为的"自然"观相反，也与清峻自然的魏晋风度异趣。刘勰的"自然"，远不如晋人那么潇洒、超脱，也没有他们那么多玄思和神韵。因此，它在形态上，也不是老庄的"大音希声，大象无形"或晋人的超然出世、萧散玄远，而是儒家一再鼓吹的、体现着"中庸"观念的"文质彬彬"的"中和之美"。

ANNOTATION
注释

1. 王元化：《文心雕龙创作论》，上海古籍出版社 1979 年版。
2. 黄侃：《文心雕龙札记》，中华书局 1962 年版。
3. 刘永济：《文心雕龙校释》，中华书局 1962 年版。
4. 黄侃：《文心雕龙札记》第 128 页"彼标其篇曰《定势》，而篇中所言，则皆言势之无定也"。
5. 普列汉诺夫：《没有地址的信》，三联书店 1964 年版。
6. 沈约：《宋书·谢灵运传论》。
7. 郑玄：《周易正义序》。
8. 宗白华：《美学散步》，上海人民出版社 1981 年版。
9. 《朱光潜美学文集》第 2 卷，上海文艺出版社 1982 年版。
10. 李渔：《笠翁文集·答同席诸子》。
11. 刘永济：《文心雕龙校释》，中华书局 1962 年版。
12. 范文澜：《文心雕龙注》，人民文学出版社 1958 年版。
13. 黄侃：《文心雕龙札记》，中华书局 1962 版。
14. 刘永济：《文心雕龙校释》，中华书局 1962 年版。
15. 宗白华：《美学散步》，上海人民出版社 1981 年版。
16. 鲁迅：《而已集·魏晋风度及文章与药及酒之关系》，人民文学出版社 1973 年版。

第八章
中和之美

〖一〗

通过前面几章的分析，我们已经看出，在刘勰这里，审美关系的心与物、文学作品的情与采、艺术表现的体与性、创作过程的心与术、情感内容的风与骨、审美风趣的隐与秀等等，这些审美范畴都是互相渗透、补充、参合、调剂的。正是美和艺术结构内部不同层次上各个对立面的互补与调和，才使刘勰把审美理想——"自然"，在实质上归入"中和之美"；而它的哲学基础，便正是孔子的"中庸之道"。

中庸，是儒家学说的理论基石和根本法则："中庸之为德也，其至矣乎。"[1]它不仅是世界观，也是方法论；不仅用之于政教伦理，也影响到艺术审美，给中华民族的文化心理打下了深深的烙印。哲学上讲渗透依存、参合调剂；伦理学上标榜仁爱谦让、温和折中；美学上追求温柔敦厚、雍容典雅，无不与之有关。从《周易》到《论语》《孟子》《荀子》《礼记》，贯穿于儒家经典中的"中庸"，不仅仅是真，也是善，也是美。真善美混为一体，审美意识与哲学思想、伦理观念互相交织、互相影响，美学理想也就往往同时成为社会理想和人格理想：

子曰：质胜文则野，文胜质则史。文质彬彬，然后君子。[2]

在这里，"文质彬彬"的本义，是指君子通过自我修养所达到的道德境界，但因为在孔子那里，伦理学和美学本来就是一对互补结构，他所追求的美，是道德人格的美，他所追求的道德人格，是美的道德人格，所以这一道德境界，也可以看作是艺术经过修饰所达到的美学境界。刘勰所谓"文质相称"（《才略》），所谓"雕琢其章，彬彬君子"（《情采》），便已是在美学的意义上而不是伦理学的意义上继承孔子的上述思想了。但"文质彬彬"作为一个儒家伦理美学的命题，不论用之于伦理学，还是用之于美学，其基本精神，仍是"中庸"，即尚"和"而不尚"同"、尚"异"。因为在儒家看来，"和实生物，同则不继"[3]，五味调和才是佳肴，五色协和乃成文采，五音平和方为雅乐，"质胜文"或"文胜质"之所以不可取，就在于趋向于"同"。"同"也就是"过"，"过犹不及"[4]，而"彬彬"，则是"文质相半之貌"[5]，也就是无过无不及，适度用中，它是"中和之美"的典型形式。

"文质彬彬"既然是"文质相半之貌"，那么"质"与"文"这对范畴，就无法如我国学术界所通常理解的那样，解释为文学作品的内容和形式。因为内容和形式的关系，是无论如何无法用"相半"二字来规范的。实际上，《文心雕龙》一书中，文学作品的内容和形式，是用"情"与"采"这对特定的美学范畴来标示的；而"质"与"文"，则往往用来表示两种不同的美学风格："质"是不假修饰的、本色的因而是质朴的美，"文"是经过修饰的、外加的因而是华丽的美。《时序》篇说"时运交移，质文代变，古今情理，如可言乎"，即是说随着时代的变化，文学作品也呈现出或质朴或华丽的不同风貌，如上古之质，近代之文，商周之文质彬彬等。《知音》篇说"篇章杂沓，质文交加，知多偏好，人莫圆该"，即是说欣赏者因个性气质、审美趣味的不同，表现出对或质朴或华丽的不同风格的不同偏爱。很显然，这里的"质"与"文"，都无法解释为文学作品的内容与形式。

毫无疑问，就其本义而言，"质"与"文"之间确有一种内容与形式的关系。第二章即已指出，"文"的本义是一种修饰、装饰和在某种素材上的加工。"文"既为"饰"，也就必然有被饰者，被饰者就是"质"。所以《韩非子·解老》说："文为质者饰也。"因此"质"也就是质地、素材，即《定势》篇"各以本采为地"的"地"，《诠赋》篇"文虽新而有质，色虽糅而有本"的"本"，《论语·八佾》"素以为绚兮"的"素"，所以"本质""质地""质素""素质"往往连缀成词。

"文"既然是对"质"的加工、装饰、修饰，引申开来，也就是"质"的形式，故《情采》篇称：

夫水性虚而沦漪结，木体实而花萼振，文附质也；虎豹无文，则鞟同犬羊，犀兕有皮，而色资丹漆，质待文也。

"文附质"，是说形式依附于内容；"质待文"，是说内容依靠形式来体现。然而刘勰并未像我们许多论者所想象和推测的那样，把"质"与"文"的关系扩大化，用来讲文学作品的内容与形式；相反，刘勰仍然恪守它们的原义，仍把"文"看作"质者饰"。那么，在刘勰这里，"质"的具体对象是什么呢？是语言。《情采》篇说："文采所以饰言，而辩丽本乎情性。"也就是说，语言是情性的符号，而文采则是语言的装饰。这也正是《原道》篇"心生而言立，言立而文明"的意思。因此，如果硬要说"质"与"文"是内容与形式的话，那么，它们也仅仅只是文学作品形式的内容与形式，而不是作品本身的内容与形式。作品本身的内容与形式是"情"与"采"，"质"与"文"则是"采"的内容与形式。换言之，在刘勰这里，"质"也好，"文"也好，都是"言"或"言"所表现出的风格和趣味；尤其是"质"这个概念，从来就没有等同过作为文学作品内容的"情"。如：

《孝经》垂典，丧言不文，故知君子常言，未尝质也。（《情采》）
三皇辞质，心绝于道华；帝世始文，言贵于敷奏。（《养气》）
墨翟随巢，意显而语质。（《诸子》）
王绾之奏勋德，辞质而义近。（《奏启》）
后汉曹丕，辞气质素。（《议对》）

很显然，这里的"质"，都不是"情"，而是情动而形之"言"。有"文言"，有"质言"，"质言"是不加修饰的质朴的语言。最典型的"质言"，一是"丧言"，二是民间语言，前者是有意不加文饰，后者才是真正本色的"质言"：

谚者，直语也。丧言亦不及文。（《书记》）

"直"也就是"质言"，以其不假文饰，故质直。与"质言"相对，经过加工修饰的华丽的语言是"文言"：

言以足志，文以足言。（《征圣》）
易之文言，岂非言文？（《总术》）

最早的"文言"，传统上认为是《易传·文言》。刘勰说："人文之元，肇自太极，幽赞神明，易象唯先。庖牺画其始，仲尼翼其终，而乾坤两位，独制《文言》，言之文也，天地之心哉。"（《原道》）很显然，这里把八卦视为最早的"人文"，把《文言》视为最早的"文言"，甚至还把"天地之心"当作"文言"产生的根据。其实最早的"文言"，当是劳动者歌谣之中的"长言"。"长言"就是把字音拖长，拖长之中，自然也就增加了文饰。"言之不足，故长言之"，正因为"长言"有审美特质，才可以补"言"（即"质言"）之"不足"。"长言之不足，故嗟叹之"，即加衬字，衬字也是文饰。声调、节奏、韵脚、对偶都是文饰。《礼记·乐记》云"文采节奏，声之饰也"，即此之谓。

我们知道，狭义的语言是文学的表现形式，广义的语言（音乐语言、绘画语言、舞蹈语言等）是艺术的表现形式。因此，语言的修饰程度，就使文学艺术的形式呈现出或质或文的美学风貌，这就是文质概念的第三层含义。也就是说，在刘勰这里，"质"与"文"有三层密切相关的含义：第一，"文"是对"质"的加工和修饰；第二，"质"是未经加工修饰之"言"，"文"是已经加工修饰之"言"；第三，"质"是未经修饰的、本色的、质朴的美，"文"是已经修饰的、外加的、华丽的美。"文质彬彬"作为"文质相半之貌"，也就是华丽与质朴各半、相辅相成、无过无不及的"中和之美"。

〔二〕

"文"与"质"的彬彬相半、无过无不及,其基本精神如前所述,正是尚"和"而避免于"同"。亦如黑格尔所指出的:"假如一个存在物不能够在其肯定的规定中同时袭取其否定的规定,并把这一规定保持在另一规定之中,假如它不能够在自己本身中具有矛盾,那么,它就不是一个生动的统一体,不是根据,而且会以矛盾而消失。"[6]正是为了避免这种消失,刘勰才在"文质相称"这种A而B的最典型的中庸形式之外,又提出了两种"防过"的形式:

A不非B:文不灭质(《情采》)
A不过A:直而不野(《明诗》)
　　　　文而不侈(《奏启》)

这种形式也不仅限于文质关系。如《夸饰》篇曰"夸而有节,饰而不诬","旷而不溢,奢而无玷"。又如《熔裁》篇曰:"美锦制衣,修短有度,虽玩其采,不倍领袖",虽然并未使用上述形式,但"防过"精神仍十分明显。

但是,儒家的中庸,有"经"有"权"。经,常也;权,变也。在特殊的情况下要讲权变。因此,作为A不非B的通融,又有一种A而不B的形式,即单方面地强调文或质:

乾坤两位,独制《文言》。(《原道》)
《孝经》垂典,丧言不文。(《情采》)

一则"独制《文言》"而不质,一则纯质而不文,亦即《书记》篇所谓"或全任质素,或杂用文绮"。这种不拘于一时之执中、以偏概全的形式,正是广阔背景下的中庸。在这里,问题的关键仅在于内容的要求:

至如主父之驳挟弓，安国之辨匈奴，贾捐之陈于朱崖，刘歆之辨于祖宗：虽质文不同，得事要矣。（《议对》）

因此关键还在于"因情立体，即体成势"（《定势》），势之刚柔文质，全在于情。这也是《情采》篇所强调的"文采所以饰言，而辩丽本乎情性"以及"文质附乎性情"。"文"也好，"质"也好，都应视"情性"而定。"文质彬彬"之"自然"，最终必须服从"五情发而为辞章"之"自然"。

不过，这种以偏概全的形式毕竟只是一种特殊情况，更多地还是要"文质相称"。因此，如果出现了"弄文而失质"（《颂赞》）的情况，就要泄过，以归于文质相称的正常状态：

是以衣锦褧衣，恶文太章，贲象穷白，贵乎反本。（《情采》）

也就是说，文采斑斓华丽非常的锦衣之上还要加一件麻布罩衫（褧衣），是因为厌其文采太"过"而以褧衣之"质"泄之；《贲》卦的最后一卦是"白贲"，是因文饰至极便贵于"反本"。"反本"即"返本"，亦即返素、返质。因为，"贲"，也就是在素质之上加以文饰。《易·序卦》云："贲者，饰也。"文饰到极点，竟是一片洁白，故称"白贲"。《易·贲·上九》云："白贲无咎。"王弼注云："处饰之终，饰终反素，故在其质素，不劳文饰而无咎也。以白为饰，而无患忧，得志者也。"这就是刘勰"贲象穷白，贵乎反本"思想之所本。然而，既然"贲"之本义在于饰，即在质素（白）之上再加其他颜色的文饰，为什么最高的文饰竟是不要文饰，而重新归于素白呢？刘向《说苑·反质》有一段话很能说明问题：

孔子卦得贲，喟然仰而叹息，意不平。子张进，举手而问曰："师闻贲者吉卦，而叹之乎？"孔子曰："贲非正色也，是以叹之。吾思夫质素，白当正白，黑当正黑。夫质又何也？吾亦闻之，丹漆不文，白玉不雕，宝珠不饰。何也？质有余者，不受饰也。"

也就是说，当某一事物的素质本身就具有足够的审美价值时，便无须再用外加文饰去美化，而且这种外加的文饰，反倒有可能破坏那本色的美。但这里有一个条件，即该事物的素质必须是极美的。所以《礼记·郊特牲》说："大羹不和，贵其质也；大圭不琢，美其质也；丹漆雕几之美，素车之乘，尊其朴也，贵其质而已矣"；《淮南子·说林训》说："白玉不琢，美珠不文，质有余也"；《韩非子·解老》说："和氏之璧不饰以五采，隋侯之珠不饰以银黄，其质至美，物不足以饰之。夫物之待饰而后行者，其质不美也。"因此，当某一事物的素质极美时，它是无须文饰，也不受文饰的；反过来也一样，当某一事物已无须文饰或不受文饰时，它自身也就达到了极高的审美品位。所以，当某一事物的素质还处于简单、粗糙、原始、低级状态时，文饰便是一种合理的要求。"虎豹无文，则鞟同犬羊，犀兕有皮，而色资丹漆"（《情采》）。但当文饰过于繁缛、复杂，以至于"弄文而失质"，搞得文质比例失调时，人们又会要求"返质""返素""反本"，一如以"褧衣"之"质"泄"衣锦"之"文"。于是最高的"文"，便成了"无文之质"；最高的"饰"，便成了"返素之饰"。饰极而能返素，正说明此时之质，已不受文饰，它自身也就达到了极高的审美品位。

因此，"返素之饰"也就不等于"无饰之素"，毋宁说是一种"大文若质"，就像德行上的"大智若愚""大巧若拙"，艺术上的"大音希声，大象无形"一样。"大智若愚"是修养的结果，"大文若质"也就并非天才的产物。正如黑格尔所说的："既简单而又美这个理想的优点毋宁说是辛勤的结果，要经过多方面的转化作用，把繁芜的、驳杂的、混乱的、过分的、臃肿的因素一齐去掉，还要使这种胜利不露一丝辛苦的痕迹，然后美才自由自在地、不受阻挠地、仿佛天衣无缝似的涌现出来。这种情况有如一个有教养的人的风度，他所言所行都极简单自然，自由自在，但他并非从开始就有这种简单自然，而是修养成就之后才达到这样炉火纯青。"[7]显然，这种看上去自然天成的美，只能是艺术家长期修养和辛勤劳动的结果；正如"白贲"——无饰之饰是饰穷之饰一样。因此，刘勰提出的"反本"，也就不是要回到原始粗俗简陋之"质"，而是要向美和艺术的更高形态飞跃。《易·贲·上九》程颐传云："所谓尚质素者，非无饰也，不使华没实耳。"它不是排斥"文"，而是要求

"质"本身就包含着"文"。这"文"应该与"质"有机地结合在一起，而且根本就是事物内在美的自然展现，而不是外加的装饰和遮掩。刘勰"标自然以为宗"，正是为了追求这种美学境界。

这种境界用哲学语言表述就是大B＝A'，它是否定之否定的结果。人们总是因不满于单调而要求繁复，又因厌弃过于繁缛而要求单纯；总是因不满于粗糙而要求细致，又因厌弃过于细腻而要求粗犷；总是因不满于枯淡而要求浓郁，又因厌弃于浓厚而要求淡雅……在这里，单纯、粗犷、淡雅，已不再是回到单调、粗糙、枯淡，而是一种更高的品位。普列汉诺夫在谈到"文身"时——前已指出，"文"这个象形字，便正是像人身刺以花纹之形——曾经指出，起先是有人不满于身体上没有任何装饰而"文身"，但当所有的人都文身时，"地位最高的人就停止文身"[8]。这种停止文身和还不懂得文身时的不文身，在外表上相似，逻辑上却处于更高的层次，因为它是否定之否定即扬弃的结果。文身否定了不文身，停止文身又否定了文身，所以是一种扬弃的美。孔子讲《贲》卦，也有似于此，只不过他讲的不是文身而是修身。很显然，地位最高的人停止文身，德行最高的人无须修身，这是同一逻辑和同一过程的结果。因此，如果说停止文身，标志着一个人的社会地位已达到最高阶层；停止修身，标志着一个人的道德修养已臻于最后完成；那么，"贲象穷白"，便标志着一个人的艺术功力已炉火纯青。纯青之炉火是一片单纯，纯美之艺术是一片素白，而这一境界也就是"自然"。

〖三〗

"白贲之美"作为"自然之文"或"若质之文"，其形态（大B=A'）虽与A而B、A不非B、A不过A等不尽相同，但基本精神仍是尚"和"，唯其以"质"泄"文"之过，才达于无饰之饰的"中和"境界。然而它又毕竟既不同于A而B之"执中"，也不同于A不非B之"防过"，更不同于A而不B之"权变"，而是经过了两次否定的"中和"，是一种动态的"中庸"，是"中和之美"的最高形态，甚至它本身

也就是"道":

诗曰:"衣锦尚絅",恶其文之著也。故君子之道,暗然而日章;小人之道,的然而日亡。君子之道,淡而不厌,简而文,温而理。知远之近,知风之自,知微之显,可与入德矣。[9]

请看,这种"淡而不厌,简而文,温而理"的"君子之道",和刘勰的"自然之道",是何其相似乃尔!只不过前者是道德境界,后者是美学境界罢了。但儒家美学既然是一种伦理美学,那么这二者也就本来便是相通的,而且二者共同的思想内核,便是那至高无上的"中和之道":

喜怒哀乐之未发谓之中,发而皆中节谓之和。中也者,天下之大本也;和也者,天下之达道也。致中和,天地位焉,万物育焉。[10]

"中和之道"既然如此重要,也就势必成为刘勰审美理想的核心而贯穿全书:

至于林籁结响,调如竽瑟,泉石激韵,和若球锽。(《原道》)
虽精义曲隐,无伤其正言;微辞婉晦,不害其体要。(《征圣》)
酌奇而不失其真,玩华而不坠其实。(《辨骚》)
意古而不晦于深,文今而不坠于浅。(《封禅》)
要而非略,明而不浅。(《章表》)
使繁约得正,华实相胜,唇吻不滞,则中律矣。(《章表》)
八体虽殊,会通合数,得其环中,则辐辏相成。(《体性》)
昭体,故意新而不乱;晓变,故辞奇而不黩。(《风骨》)
陆机亦称,四言转句,以四句为佳。观彼制韵,志同枚贾,然两韵辄易,则声韵微躁;百句不迁,则唇吻告劳;妙才激扬,虽触思利贞,曷若折之中和,庶保无咎。(《章句》)

如乐之和，心声克协。（《附会》）

这样的例子，在《文心雕龙》一书中，比比皆是，不可胜数。但是，"中和之美"绝非仅就审美形式而言，而是：（一）心物交融，即人对现实审美关系中的主客默契、物我同一。（二）情理相参，即社会性伦理情感的表现发抒之"乐"，实质上是个体情感体验在群体伦理观念的节制下达到"和谐"的心理满足与心理平衡。（三）因情敷采，即文学作品内容与形式的和谐统一。（四）率志委和，即创作过程中"率志"与"合契"相统一的自然态度。（五）文质相称，即审美形式内部华丽美与质朴美的中和状态。正是这多层次诸范畴的和谐统一，构成了"中和"理想的完整内容。

这也正体现了儒家思想的特色：一天人，同美善，合知行，齐物我，从自然观到认识论，从伦理学到审美观，无不体现着中和精神，而整个宇宙也就成了一个包括人在内的，和谐、统一、有秩序、有节奏的生命整体。这是一个充满了音乐情趣的天人合一、物我合一和时空合一的有机体。我们古代的先哲们早就把音乐的特征归之于"和谐"。《礼记·乐记》郑玄注云："乐之器，弹其宫则众宫应。然不足乐，是以变之使杂也。《易》曰：'同声相应，同气相求。'《春秋传》曰：'若以水济水，谁能食之？若琴瑟之专一，谁能听之？'"而我们的先哲一下子便由音乐的和谐想到人与自然的和谐："声依永，律和声，八音克谐，无相夺伦，神人以和。"[11]总之，从自然到人类，从社会到个体，从内容到形式，从伦理到审美，都无不处于和谐之中。

因此，"中和之美"也就不仅仅是审美心理学——和谐的艺术引起心理的平衡，而且也是艺术社会学——艺术为政教伦理服务，审美形式受儒学教义的规范。"乐"是"同"，也是"节"，毋宁说是通过节制而达到的和谐。"故先王之制礼乐，人为之节"[12]，而"中和之美"也就不仅仅是"和"（和谐），同时也是"雅"（正统）。这种正统艺术的情感内容必须"乐而不淫，哀而不伤""怨诽而不乱"；其审美形式必须"文而不侈""直而不野"，饰而有节，简而不枯；其社会效果则必须小至"温柔敦厚"，大至"神人以和"；其审美理想也就必然是刚健、笃实、辉光、自然。

很显然，刘勰的"中和之美"，是一种渗透了儒家伦理哲学观念的理智之美。不是狂热，也不是冷漠；不是执迷，也不是旁观；不是发泄，也不是禁忌；不是超脱，也不是沉沦，而是植根于现实人生之中，规范于伦理观念之内，清醒而又执着，热切而有节制，蓄愤而不求反抗，率情而不失法度。总之，文质彬彬，有节有度，典雅明丽，端庄大方，不是贵族地主的富丽华贵（如两汉辞赋），也不是士族地主的玄妙潇洒（如魏晋风度），而是庶族地主的温柔敦厚、大方得体。这是经过学习、锻炼、修养才得到的美，而不是世袭的华贵和天生的飘逸，一如后来盛中唐杜诗、韩文、颜字所体现出的那种艺术风格。它们作为一种从内容到形式都终究（不一定是直接）受到儒家教义的规范、制约、渗透，个人情感中有社会内容，艺术形式中有理性因素的新艺术，便正是刘勰所希望的。

[四]

"自然"作为多层次诸因素的和谐统一，就其展开和表现而言，首先是自由与必然、合目的与合规律的统一。所以，刘勰一方面标举"自然会妙"，反对"雕削取巧"（《隐秀》），似乎主张"纯任自然"（《隐秀》篇纪昀评语）；另一方面又强调"古来文章，以雕缛成体"（《序志》），充分肯定人工制作。一方面，主张"率志"，强调"思合而自逢，非研虑之所求也"（《隐秀》）；另一方面，又反对"任心"（《总术》），要求"文成规矩，思合符契"（《征圣》）。一方面是自由创造，"变文之数无方"；另一方面又是一定之规，"设文之体有常"（《通变》）。一方面是"至精而后阐其妙，至变而后通其数，伊挚不能言鼎，轮扁不能语斤，其微矣乎"（《神思》），另一方面是"不截盘根，无以验利器；不剖文奥，无以辨通才。才之能通，必资晓术，自非圆鉴区域，大判条例，岂能控引情源，制胜文苑哉"（《总术》）等等。正是这些似乎矛盾的命题和论述，相反相成，互参互补，丰富着"自然之道"的内容。

其实，"自然之道"这个范畴本身就包含着这样两重矛盾："自然"，就其本意来说，是天然的，无目的即无为的；但刘勰的"自然"指艺术美——"人文"而言，它又恰恰是人工的，有目的即有为的。作为"自然之文"的"人文"，本来是人"情性"的自由展现；但它却又必须"原道"，因而是受制约受规范的。所以，刘勰的"自然"，有着它特定的内容，与中国哲学史上其他"自然"范畴不可混同。

仍然要溯源到孔子。孔子曾设想过他七十岁时所能达到的道德境界："七十而从心所欲，不逾矩。"[13]这一境界也就是自由（从心所欲）与必然（不逾矩）、合目的（从心所欲）与合规律（不逾矩）的统一。刘勰的"自然"境界亦然："率志"即"从心所欲"（自由、合目的），"合契"即"不逾矩"（必然、合规律）。它们是对立的，也是统一的，唯其如此，刘勰尽管大讲"术""法""数""则"，强调审美形式的规范化程式化，却与"自然"观念毫不冲突。

审美形式的规范化和程式化，实际上也是它的世俗化。这是一种易于接受、便于仿效、可学而至、可习而能的人工美，体现了庶族地主（即世俗地主阶级）的审美意识。与此相反，门阀士族地主欣赏的，却是那种可望而不可即、可敬而不可近、可能而不可习、可至而不可学的天才美，即那种"飘如游云，矫若惊龙""岩岩若孤松之独立""傀俄若玉山之将崩"的不可企及的境界。刘勰的审美理想显然与此不同。他虽然强调天才，但同时也强调学习："才学褊狭，虽美少功"（《事类》）；而他在《声律》《丽辞》《练字》等篇讲了那么多技巧、诀窍、法则，也就是企图找到一种程式、规格、律令，作为审美形式的规范。《文心雕龙》全书凡五十篇，文体论便占去二十篇，并一一论其写作之要，用意大概也在于此。当然，对这种程式、规格、律令的探求，非特刘勰一人而已。同时代的沈约就做了不少的工作。但沈约的"四声八病"未免刻板、拘泥，远不如刘勰的"双声隔字而每舛，迭韵杂句而必睽；沉则响发而断，飞则声扬不还"（《声律》）、"言对为易，事对为难，反对为优，正对为劣"（《丽辞》）、"一避诡异，二省联边，三权重出，四调单复"（《练字》）之类的规定来得灵活、适当。实际上，"纤意曲变，非可缕言"，最多只能"振其大纲"（《声律》），规定得过于刻板，不能从规范中见出自由，那就反而不如不规定了。所以刘勰重法度却灵活（不作过细的、刻板的规定，承认"变文之数无方"

等）、讲规范却自由（主张"迭用奇偶，节以杂佩"，允许"或全任质素，或杂用文绮"等）。《文心雕龙》一书，以骈文写成，其中却不乏散句，才气横溢，挥洒自如，正是他自己理论的最好实践。

这种灵活、自由的法度、规范，以及这种规范本身所要求的对称、均衡、错综等，正是从形式的角度体现了"中和"的审美意识，因此，刘勰的规范，就不同于六朝形式主义美学的纯技巧规定，而是一种和内容联系在一起的审美规范，甚至毋宁说首先是对内容的规范。它要求作为艺术内容的情感"乐而不淫，哀而不伤""怨诽而不乱"，同时还要"设模以位理，拟地以置心"（《情采》），把它们纳入一定程式规格之中。所以，从内容到形式，从合目的到合规律，一以贯之的仍是儒家的信条、道义、伦理规范、哲学思想。这种对儒家思想极尽尊崇的态度，与刘勰同时代人颇相异趣，倒与后代的杜甫、韩愈等甚为接近。他们都是用正统的"雅声"（形式）来表达正统的"情志"（内容），以期收到"君臣所以炳焕，军国所以昭明"（《序志》）的社会效果。因此，如果说，所谓"魏晋风度"——"非汤武而薄周孔"的政治态度，"纵情背礼败俗"的任诞行为，饮酒吃药、扪虱谈玄、醉心山水、超脱人事的神采风度，天马行空、挥洒自如、超伦轶群、气度不凡的智慧天才等，可以看作李白个性解放精神和浪漫主义风格的先声；那么，《文心雕龙》所追求的审美理想，却是杜诗、韩文的前导。无论是"致君尧舜上，再使风俗淳"的理想，还是"文以载道"的主张，无论是"铺陈始终，排比声韵"的形式，还是"文从字顺""词必己出"的风格，无不可在《文心雕龙》一书中找到根据。如果说，在魏晋六朝玄学佛教取得相对优势之后，随着庶族地主阶级登上政治舞台，儒家思想的重新抬头乃是一种历史的必然的话，那么，刘勰的审美理想，似乎也就可以看作是文艺理论对这一历史趋势的敏感反映。

刘勰的审美理想，尤其是他那原道宗经，恪守儒家信条的态度，在今天看来实在未免迂腐保守，但在当时，却是走向自由的。这是一种既摆脱了直接功利的钳制（如西汉之附骥尾于经学），又摆脱了自身形式的束缚（如六朝对声律对仗的苛刻讲求），走向新的美学境界的自由进程。它保留功利要求而不使之成为狭隘框架，注重形式规范而不至沦为外在教条。《文心雕龙》一书中没有"自由"概念，但刘勰对审美形式和艺术规律的探索和表述，他书中描述的那种"形在江海之上，心存魏阙之下"（《神思》）的超越时空的艺术想象，那"诗人感物，联类不穷，流连万象之际，沉吟视听之区"（《物色》）的物我同一的审美体验，那"拓衢路，置关键，长辔远驭，从容按节，凭情以会通，负气以适变"（《通变》）的趋时法古的通变之数，那"奇正虽反，必兼解以俱通，刚柔虽殊，必随时而适用"（《定势》）的"并总群势"的艺术之才，直至对声律、章句、丽辞、练字等形式美的总体把握，不都处在非确定性的自由运动之中吗？再看刘勰关于艺术创作审美特征的描述："高下相须，自然成对"，"岂营丽辞，率然对尔"（《丽辞》），"思合而自逢"，"自然会妙"（《隐秀》），"诗有恒裁，思无定位"（《明诗》），"物有恒姿，而思无定检"（《物色》），"思无定契，理有恒存"（《总术》）……一面是无目的的合目的性，一面是无规则的合规律性，艺术与审美的自由特征，是不是已被刘勰把握住了呢？

〖五〗

毫无疑问，刘勰是不可能从人的社会实践这一高度来把握审美和艺术的自由特质的。刘勰的"自然"，只是要求创作目的不直接表露，"情性"自然展现为"文采"，不显人为痕迹，好像自然天成。因此，他的"自由"，也就只不过是要求自由自如地运用文学在形式（声律、对偶、修辞等）方面所取得的艺术经验，并把它们程式化、规范化，成为有一定模式又有一定弹性，既必须遵循又可以灵活运用的新的审美形式，并运用这种新的审美形式为庶族地主阶级的政治内容服务。所以，刘勰的"反本"，也就不仅仅是形式上的"返素"，而且是内容上的"原道"。"盖《文心》之作也，本乎道"（《序志》）。"道"是"文"的本体，当然也是"文"之自然、自由、和谐的根本原因。

刘勰这种从本体论高度探讨审美本质和艺术规律的尝试，把《礼记·乐记》的思想大大向前推进了一步。《礼记·乐记》本有从宇宙整体着眼看礼乐关系的特点，如"乐者，天地之和也；礼者，天地之序也。和，故百物皆化，序，故群物皆别。乐由天作，礼以地制"，"乐者敦和，率神而从天；礼者别宜，居鬼而从地。故圣人作乐以应天，制礼以配地"等。但严格地说来，《礼记·乐记》还只限于伦理领域，它是把"乐"（艺术）也看作政治、伦理；当然反过来，"礼"（政治、伦理）也就成为一种广义的艺术了。刘勰则把《礼记·乐记》论述过的礼与乐、异与同、序与和、理与情、善与美的对立统一，扩散到整个宇宙而赋予它们认识论的意义。《礼记·乐记》只联系到自然的现象，《文心雕龙》却联系到世界的本体；《礼记·乐记》只用自然现象作参证，《文心雕龙》却用世界本体作根据。在刘勰看来，这个作为根据的世界本体，其基本特征就是自然，谓之"自然之道"，而"自然"的表现特征就是和谐。你看，"仰观吐曜，俯察含章，高卑定位，故两仪既生矣。唯人参之，性灵所钟，是谓三才，为五行之秀，实天地之心。心生而言立，言立而文明，自然之道也。傍及万品，动植皆文"，"夫岂外饰，盖自然耳"（《原道》）。这是一个何等完整的逻辑序列，是一幅何等和谐的美的画图。所以"自然之道"也就是"中和之道"，天地万物的刚柔阴阳，人伦纲常的尊卑贵贱，情感意绪的喜怒哀乐，审美形式的文采风趣，都表现了一种节奏感而趋向于和谐。这就是"中和"，这就是"自然"。它是"自然之道"与"伦理之道"的同一，是"神理之数"与"雅丽之文"的同一，也是本体与现象、自然与社会、神与人、真与善的统一。认识、伦理、审美，自然、社会、艺术，真、善、美，都在"道"这里找到了它们共同的起点和归宿。

也许，这便正是《文心雕龙》美学思想的一个重要特征。它与这部文论专著体大思精、究本穷源、逻辑严密、体系完整的特点正相一致，同时也标志着《文心雕龙》承前启后的历史地位。本论稿第一章即已指出，《文心雕龙》的时代，是中国古代美学思想的重大转折期。前期以《礼记·乐记》为代表，是一种混同于包容于伦理哲学之中的美学；后期以《沧浪诗话》为代表，包括大量的诗话、词话、画论、书论和小说评点等，是更加注重审美感受、审美趣味的较为标准的美学。《文心雕龙》则处在二者之间。较之《礼记·乐记》，一方面，它是独立的文艺理论，不再附庸混同于经学；另一方面，它又不可避免地带有从伦理哲学脱胎而来的印记，不少地方仍将美与善混为一谈。较之《沧浪诗话》，一方面，它是完整的文艺理论，有自己的理论体系、逻辑序列和周密的论证，不是片段的、零碎的审美感受和审美经验；另一方面，它又远不如《沧浪诗话》等著作那样细致，那样纯粹，那样注重艺术和审美自身的规律，那样准确而细腻地把握了审美的特征。它主要还是外在地描述或规定艺术的特征，一般地、现象地研究艺术与社会生活、艺术与政治伦理的关系，研究艺术的主题、内容、形式、体裁、构思、技巧、方法和社会功能。它是写作概论、文艺理论和艺术哲学的混合物，就全面、系统、完备、严整而言，确实前无古人，后无来者，但就倾向的鲜明性而言，则前不如《礼记·乐记》，后不如《沧浪诗话》，甚至不如同时代的《诗品》。《诗品》尚有诸如"吟咏情性，亦何贵于用事"和"今既不被管弦，亦何取于声律耶"一类虽有矫枉过正之嫌却足以发聋披聩的见解，而《文心雕龙》虽不乏闪光之处，却被淹没在它庞大的体系之中了。所以，《文心雕龙》"体大而虑周"是好事，也是坏事，是长处，也是短处。体大则难免疏阔，虑周则流于平淡，"弥纶群言"则已见不张，"唯务折衷"则锋芒不显。文艺史上开一代新风的往往是有些偏颇的理论，四平八稳、面面俱到的理论却难以引起反响，其中的奥妙，是否可以再深究一下呢？

比较一下中国古代美学史转折期的两部重要著作《文心雕龙》和《诗品》，是十分有趣的。章学诚说："《诗品》之于论诗，视《文心雕龙》之于论文，皆专门名家，勒为成书之初祖也。《文心雕龙》体大而虑周，《诗品》思深而意远，盖《文心》笼罩群言，而《诗品》深从六艺溯流别也。"[14]但它们虽然都是"专门名家，勒为成书之初祖"，却实则"一个是旧传统的结束者，一个是新作风的倡导者"[15]。《文心雕龙》笼罩群言，包罗万象，把先秦两汉伦理美学和魏晋六朝形式美学作为被扬弃的环节包容于自身，从而结束了一个旧的时代；《诗品》则深从六艺，注重分析，更多地从具体的审美感受出发，从而开创了后代诗话、词话不重思辨重感受、不重体系重经验的新风气。然而，《文心雕龙》的理论形式虽属于前代，它的审美理想却昭示着后人；《诗品》的理论形态虽属于后代，却并未提出更多超越前人的观点。刘勰的贡献在于理论的建树，钟嵘的功力在于艺术的鉴赏，所以《诗品》是"为文学的批评"，而《文心雕龙》是"为批评的批评"[16]，它们都是"文学的自觉时代"

的产物，共同标志着中国古代美学的走向成熟，而它们自己在中国美学史上的历史地位，也只能作如是观。

ANNOTATION
注释

1. 《论语·雍也》。
2. 《论语·雍也》。
3. 《国语·郑语》。
4. 《论语·先进》。
5. 何晏：《论语集注》引包咸注。
6. 黑格尔：《逻辑学》下册，商务印书馆 1976 年版。
7. 黑格尔：《美学》第 3 卷（上），商务印书馆 1979 年版。
8. 普列汉诺夫：《没有地址的信》，三联书店 1964 年版。
9. 《礼记·中庸》。
10. 《礼记·中庸》。
11. 《尚书·尧典》。
12. 《礼记·乐记》。
13. 《论语·为政》。
14. 章学诚：《文史通义·诗话》。
15. 范文澜：《中国通史》第 2 册，人民出版社 1978 年版。
16. 郭绍虞：《中国文学批评史》，上海古籍出版社 1979 年版。

简短的结论

在作了以上初步探讨之后,我们是否可以作一个简短的结论呢?

似乎可以这样说,《文心雕龙》作为"文学的自觉时代"的最大理论成果,是一部从世界本体出发,全面、系统、逻辑地研究文学特质和规律的艺术哲学著作。在这个中国美学史上罕见的逻辑体系之中,一以贯之的是"自然之道"。它以道家的"自然"法则为外壳,以儒家的伦理情感和功利目的为内核,以玄学本体论为理论高度,以佛教因明学为逻辑方法,集先秦两汉魏晋齐梁美学思想之大成,总诗歌辞赋书文史论创作经验之精粹,形成一个空前绝后的理论化、系统化的艺术世界观而"勒为成书之初祖"。这个艺术世界观认为,"道"是宇宙间一切事物的本体,包括文学艺术和一切审美形式在内的"文",归根结蒂是"道"的产物,是"道"的外在形式和表现,因而具有一种与天地并生、与万物共存的普遍性。然而"文"作为一种具有审美意味的外在形式,又总要依附于一定的内容。由于"心生而言立,言立而文明"是"自然之道",因此这内容对于文学来说,本体上是"道",具体的是"情"。这样,文学作为"五情发而为辞章"的"情文",便以"情性"的自然流露与表现为特质,以"情"为内容,"采"为形式,"因内而符外,沿隐以至显",故创作须"情动而辞发",欣赏乃"披文以入情"。这"情",就其感性方面而言,是天赋情感能力与外界客观事物相互作用的结果;就其理性方面而言,是个人情感感受与社会伦理观念相互渗透的产物;就其发生心理而言,是由静而动的"应物斯感""人谁获安";就其表现心理而言,是由动而静的"入兴贵闲""率志委和"。因此,

"情"（文学内容）作为"心"与"物"（主体与客体）、"情"与"理"（个人与社会）、"动"与"静"（感受与表现）的统一，必定蕴含于"意象"之中并以"意象"为传达载体。"意象"是以情感为中介，外物表象与伦理观念相结合、"拟容取心"的"有意义的形象"，产生于"情往似赠，兴来如答"的审美观照活动和"思理为妙，神与物游"的艺术想象活动之中，是作家在"虚静"的心理状态之下，"情变所孕"和"思理之致"。所以，文学创作的"寻声律而定墨""窥意象而运斤"，也就是"情动而言形，理发而文见"，归根结蒂是要"为情而造文"。"为情而造文"者，"志思蓄愤，而吟咏情性，以讽其上"，既有真情实感，又有信事善意，注重内心真实，讲究社会效益，因而富于"风骨之力"，也就必然"适分胸臆"，无须"牵课才外"，故而"从容率情，优柔适会"，"自然会妙"，"文质相称"，出而为"秀句"，凝而为"隐篇"，立"要约"之"体"，成"雅丽"之"势"，形成刚健、笃实、辉光、自然的"中和之美"。这种审美风格体现了"原道心以敷章，研神理而设教"的创作原则，符合《宗经》"六义"所标举的美学规范，因而具有感化力量，能够"持人情性"，昭明军国，化成天下，实现儒家美学思想所要求的社会功利目的。刘勰认为，这样的文学作品，也就是能够"鼓天下之动"的"道之文"。

很显然，《文心雕龙》的这个美学思想体系，在总体上是属于儒学文化系统的。我们看到，刘勰确实非常自觉地强调儒家思想在文学艺术领域内的正统地位，并不惜为此把儒家的"道""圣""经"抬到吓人的高度："道"是一种只有少数圣人通过"河图""洛书"之类"神启"才能领悟到的"神秘的天意"，"经"是不可超越的真善美的最高典范，"圣"作为"道"与"经"的中介，则是后世文人永远不可企及的超级天才。当刘勰提出"道沿圣以垂文，圣因文而明道"，从而赋予"圣"以中介作用时，他就在使作为纲常伦理的儒家之道上升为作为世界本体的"自然之道"的人间化的同时，将实用理性的儒学思辨哲学化即玄学化了。因此《周易》哲学成了《文心雕龙》的理论基础，"自然"法则成了《文心雕龙》的审美理想，甚至连它的篇目，也要"彰乎大易之数"。"一切已死的先辈们的传统，像梦魇一样纠缠着活人的头脑"[1]，使刘勰只能"拖着一条庸人的辫子"，成为中国古代文论史上"奥林匹斯山上的宙斯"[2]。

然而我们的任务，是要把刘勰美学思想的"革命的方面"从"过分茂密的保守方面"解救出来，因此我们无疑要更多地谈到刘勰对中国古代美学思想的贡献，希望这种清理，对于建设中国今日之美学，能有所增益；至于刘勰思想中的糟粕，相信接触到《文心雕龙》的读者，当自能鉴别与批判。

ANNOTATION
注释

1.《马克思恩格斯选集》第1卷，人民出版社1972年版。
2. 同上书。

后记

　　改定《论稿》最后一个字，不由得感慨系之！

　　本书初稿于1980年，杀青于今日，其间历时六载，五易其稿，虽终得奉献于读者之前，仍颇感惭愧而心力竭矣。"文章千古事，得失寸心知"，其呕心沥血、含辛茹苦的滋味，唯有深藏于作者内心，自己去品尝了。要说的是，如果没有诸多前辈及同仁的悉心指导、鼎力相助，它的完成，也许将永远只是作者的一厢情愿。

　　本书最初是作者的硕士论文，由武汉大学中文系吴林伯教授指导写成。论文写作过程中，又得到胡国瑞、刘纲纪、王文生、王启兴、刘禹昌教授指导，其后又承蒙我国著名文论家、美学家王元化、牟世金、周来祥、郭预衡教授审阅，颇多勉励，这才萌动了写成一本小册子的念头。书稿写成后，又承蒙上海文艺出版社高国平、赵南荣两位同志热情支持，复旦大学李庆甲教授拨冗审阅，提出宝贵修改意见，遂形成现在这个样子。虽仍不像样，但总算可以接受更大范围的批评指正了。读者的任何意见，无论是鼓励的，抑或是批判的，都将是对作者辛勤劳动的最好酬答。

　　中国美学史，是一片亟待开拓的处女地；而整理古人的思想，又确乎是一件吃力不讨好的事情。以古解古，今人仍不得要领，何况马郑诸儒至乾嘉学派，确实"弘之已精"，今人重蹈旧辙，料难超越前人；以今解古，又难免穿凿比附、拔高古人之嫌，甚至隔靴搔痒或指鹿为马。然而，如果不站在当今世界文化的高度，不运用马克思主义科学的世界观和方法论，又怎么能够把刘勰思想中那宝贵的精神财富开掘出来？"人体解剖对猴体解剖是一把钥匙"，我们今天了解刘勰，应该比刘勰当年了解他自己更为清楚。尽管在事实上，《文心雕龙》非但不是美学的专门著作，甚至不是纯粹的文艺理论，其中还有很重的文章学（写作理论）的成分；尽管在事实上，刘勰并不可能提出什么是美和艺术的本质、什么是美的规律之类的问题，而仅仅可能对上述问题作一些直观的素朴的描述或设定，但把这些直观描述和素朴设定清理出来，将有助于我们弄清中国美学思想发展的来龙去脉，也将为建立马克思主义的和现代化的民族美学提供理论材料。为此，作者才毅然决定将这本极不成熟的小册子奉献给学术界和理论界，并渴望得到尽可能多的批评指正。

最后，我要再次感谢上海文艺出版社对青年学人的热情扶持，感谢恩师胡国瑞教授为本书作序，感谢武汉大学刘道玉校长以及众多的同行、朋友们对本书写作的关怀、支持！

易中天
1986年7月17日识于武昌珞珈山

易中天

1947年出生于长沙
曾在新疆工作,先后任教于武汉大学、厦门大学
现居江南某镇,潜心写作

谈美随笔

作者_易中天

产品经理_林昕韵　装帧设计_TT Studio　物料设计_于欣　产品总监_王光裕
技术编辑_顾逸飞　执行印制_刘淼　策划人_贺彦军

鸣谢（排名不分先后）

段冶　陈金

果麦
www.guomai.cn

以 微 小 的 力 量 推 动 文 明

图书在版编目（CIP）数据

谈美随笔 / 易中天著. -- 杭州：浙江文艺出版社，2024.12
ISBN 978-7-5339-7594-4

Ⅰ.①谈… Ⅱ.①易… Ⅲ.①美学－文集 Ⅳ.
①B83-53

中国国家版本馆CIP数据核字（2024）第084151号

谈美随笔
易中天 著

责任编辑　金荣良
产品经理　林昕韵
装帧设计　TT Studio

出版发行　浙江文艺出版社
地　　址　杭州市环城北路177号　邮编 310003
经　　销　浙江省新华书店集团有限公司
　　　　　果麦文化传媒股份有限公司
印　　刷　北京盛通印刷股份有限公司
开　　本　710毫米×955毫米　1/16
字　　数　299千字
印　　张　18.75
印　　数　1—5,000
版　　次　2024年12月第1版
印　　次　2024年12月第1次印刷
书　　号　ISBN 978-7-5339-7594-4
定　　价　68.00元

版权所有　侵权必究
如发现印装质量问题，影响阅读，请联系021-64386496调换。